WORKING WITH
EMOTIONAL INTELLIGENCE

情商 3

影响你一生的工作情商

[美] 丹尼尔 · 戈尔曼 / 著
葛文婷 / 译

中信出版集团 · 北京

图书在版编目（CIP）数据

情商. 3，影响你一生的工作情商 /（美）丹尼尔·戈尔曼著；葛文婷译. -- 2 版. -- 北京：中信出版社，2018.1（2018. 6 重印）

书名原文：Working With Emotional Intelligence

ISBN 978-7-5086-8379-9

I. ①情… II. ①丹… ②葛… III. ①情商－通俗读物 IV. ①B842.6-49

中国版本图书馆 CIP 数据核字（2017）第 285322 号

情商 3——影响你一生的工作情商

著　　者：[美] 丹尼尔·戈尔曼
译　　者：葛文婷
出版发行：中信出版集团股份有限公司
（北京市朝阳区惠新东街甲 4 号富盛大厦 2 座　邮编　100029）
承 印 者：北京通州皇家印刷厂

开　　本：880mm×1230mm　1/32　　印　　张：17　　字　　数：326 千字
版　　次：2018 年 1 月第 2 版　　印　　次：2018 年 6 月第 3 次印刷
京权图字：01-2013-0967　　广告经营许可证：京朝工商广字第 8087 号
书　　号：ISBN 978-7-5086-8379-9
定　　价：69.00 元

在这个时代，没有人能保证你有“铁饭碗”，“工作”一词的含义已被“便携式技能”迅速取代，要想应聘成功并保住工作岗位，就必须培养这些重要特质。而这些重要特质——或者称之为性格、品格或能力，更贴切的名称应该是情商。

—— 丹尼尔·戈尔曼

献　给

我的父母，费伊和欧文·戈尔曼

我的舅舅，艾尔文·M.魏伯格

我的恩师，戴维·麦克莱兰

他们为我揭示情商和工作的秘密

目录

第一部分　为什么情商比技能更重要

第四部分　提高情商：如何学，如何做

第五部分 提升团队情商

Part

- 1 -

第一部分

为什么情商
比技能更重要

第一章

情商新标准：你需要什么样的工作情商

现在，评估我们工作的标准正在发生变化。衡量我们能否胜任的是一种新标准，评判的内容不仅包括我们有多精明能干、受过怎样的培训、相关业务素质如何，而且包括我们如何进行自我管理、怎样为人处世。这个新标准正日益受到广泛重视。在决定招聘哪些人员、决定员工的裁员和留任、决定提拔晋升的人选时，人们都使用这个新标准。

用新的评判标准，既能看出谁会出类拔萃，也能看出谁在关键时刻最容易把事情搞砸。无论我们目前从事什么工作，这些新衡量标准考核的部分都关系到我们未来的工作。

这些新标准并不看重我们在学校所学的知识，学术能力也不在新标准的考核范围内。新标准假定你已满足基本的工作要求，拥有足够智慧和技术上的实用知识。因此，这个标准更加侧重评估个人特质，比如主动精神、同理心、适应能力和说服力。

这种新标准不是瞬息万变的流行风尚，也不是仅适用一时的管理策略，而是科学研究的成果，有理有据，令人信服。研究人员对各行各业成千上万名员工进行了调查研究，此次研究的精确程度前所未有，研究重点是“表现卓越的员工需具备哪些特质”。结果显示出业绩斐然的员工具备了什么能力和特质，尤其是作为领导者需要哪些能力。

如果你在一家大公司上班，那么考评时就是看你是否具备这些能力，尽管你自己可能浑然不觉。如果你正在求职，招聘者多半也会用这些标准进行考评，只不过没有人会明确提醒你这套标准的存在。无论你选择什么工作，一旦明白如何培养这些能力和特质，它就有助于你事业的成功。

如果你是公司管理层的一员，那么你需要分析自己的公司正在鼓励发展这些能力，还是横加遏制呢？某种程度上，如果组织气候促进这些能力特质的发展，你的公司就会更有效率和成果。这样就能实现团队智能最大化，也能互相取长补短，最大限度地发挥每个人的能力。

如果你在一家小公司上班，或者自己开公司，那么你的能力是否达到巅峰状态，很大程度上也取决于是否具备这些能力和特质。其实，这些能力和特质在学校里几乎学不到。尽管如此，你的事业成功与否或多或少取决于你对这些能力的掌握。

在这个时代，没有人能保证你有“铁饭碗”，“工作”一词的含义已被“便携式技能”迅速取代，要想应聘成功并保住工作岗位，就必须培养这些重要特质。数十年间，人们时不时谈及这些特质，并给它们冠以不同的名称——性格、品格、软技能或能力，对于这些能力，我们最终有了更深刻确切的理解，所以更贴切的名称应该是——情商。

工作情商为什么如此重要

一位咨询公司经理曾告诉我:“我在工学院上学时，各科平均成绩倒数第一。后来我参军去了候补军官学校，在班级里却成为第一名，这一切要看你怎样进行自我管理、怎样与人相处、怎样开展团队合作、怎样运用领导权。同样道理也适用于职场。”

换句话说，真正重要的是以不同方式展示自己的聪明才智。在《情商》①(*Emotional Intelligence*)一书中，我主要谈到教育对情商的影响，只有很少篇幅谈到情商对工作与公司生活的影响。[1]

然而，商界的反应强烈，对此话题兴趣浓厚，这让我感到万分惊喜。信件、传真、电子邮件和电话络绎不绝，反响热烈；我忙着回复信件、讲解、提供咨询、答疑解惑，顿时觉得自己仿佛踏上了漫漫征程，任重而道远；面对形形色色、数不胜数的人——上至公司总裁、下至普通秘书，讨论内容都围绕着怎样把情商应用到日常工作当中。

久而久之，我发现自己听到的都是相似的回馈。后来，有很多事业有成但学习成绩平平的人告诉我，他们发现出类拔萃的关键因素不是专业技能，也不是书本知识，而是情商。他们说，我在书中谈到情商丧失会招致生意上的损失，这是千真万确的。现在是大胆挑战狭隘的“能力万能论”的时候了。他们对于在自己的工作岗位抱有什么样的期望，有了一种新观念。

这些人十分坦诚，很客观地谈到公司人事测评体系中未能触及的

① 丹尼尔·戈尔曼“情商”系列图书均由中信出版社出版。——编者注

层面。很多人具体谈到自己经历的教训（本书每次重述“情商丧失”案例时不会提到具体个人姓名或公司名称）。但是，也有很多人讲述成功的案例，证明情商对提高工作效率具有实用价值。

于是我开始了历时两年的调查，并将调查结果写进本书中。我努力调查研究，应用了我多年来所学的各种专业技能。开始，我使用新闻记者的方法，深入挖掘素材，得出结论。然后，我又转换角色，回到本专业，以职业心理学家的视角，竭尽全力研究情商在个人、团体和组织机构中发挥的作用。在研究中，我运用了几百家公司的数据资料，采用严谨的科学方法，量化分析情商的价值。

这一研究勾起我往昔的校园回忆。曾几何时，我在哈佛大学求学，后来留校任教，其间也做过类似的研究。那个研究只是对智商（IQ）神话地位的初步挑战，当时人们认为成功的关键仅在于智力因素。这一荒谬的观念居然受到众人的追捧。我的工作促成了一个小小的学科分支的诞生，该学科研究分析哪些实用能力推动人们在不同工作岗位和各种机构中获得成功。研究结果令人震惊：工作表现是否卓越超群，情商比智商更重要。

几十名不同学科的专家对世界各地近500家企业、政府机构、非营利性组织进行了分析调查，所得的结果却十分相似。他们避免了某个人或某个团体单独进行研究时难以避免的偏差与局限，所以研究结果十分有说服力。他们的结论都指向一点：情商在取得工作成果的过程中扮演着举足轻重的角色。实际上，任何岗位都是如此。

诚然，他们的观点对于职场来说也不是什么新鲜事。怎样进行自我管理、怎样与周围的人交往，这些都是大量传统管理理念的核心，但是我们调查的创新之处在于其中的资料与内涵。我们已经进行了25年有价值的、以观察为基础的研究，研究结果确切地显示出情商与成功息息相关。

再者，在我们从事心理学研究的几十年间，我一直关注着神经科学前沿的新发现，这一点为我深入探索情商模式奠定了脑科学的研究基础。有很多商界人士长期以来对“软性”心理学按照惯例持怀疑态度，一向对此冷嘲热讽、不屑一顾，对那些风靡一时的理论也是如此。但是，神经科学清楚地显示出情商的地位非比寻常。

针对情感的原始大脑中枢当中，已经存在自我管理与适应社会的技巧。因此，为人处世的技能是以生存与适应能力发展的传统为基础的。

神经科学中提到，大脑中针对情感的部分与大脑中针对思想的部分是不同的。在写这本书的过程中，我始终围绕“洞悉事物的能力”这个重点。这让我对传统的公司培训与开发模式提出了挑战。

其实不仅我一人曾提出这个挑战。在过去两年，我担任了情商研究组织联合会的主席，这个组织是由各商学院、联邦政府、企业的许多研究人员组成的。我们的研究结果显示：商界中，训练人们聆听、团队建设的领导方式和随机应变能力方面的培训存在很多缺陷。

大部分培训课程都注重知识方面，其实这是一个极大的误区，结果耗时费力。培训真正需要的是：从新的角度考虑采取什么措施帮助员工提高情商。

走出情商的误区

当我走访世界各国时，曾向很多商界人士咨询并交流心得，我遇到某些有关情商的普遍误区。让我先澄清一些最常见的误区。

第一，情商不是指行为温和儒雅。举例来说，在某些事关重大的时刻，情商可能不需要行为温和儒雅，相反，有时就是需要直言不讳，指出令对方不舒服、一直逃避的重要事实。第二，情商并非放纵情绪、尽情发泄——“让个性随风飘扬”，而是要好好管理自己的情绪。这样，在表达时既得体又很有效果，让大家齐心协力，顺利达成共同的目标。

而且，女性并非在情商方面比男性优越，而男性也不比女性优越。在情商方面，我们每个人各有千秋。我们当中有些人具有同理心，却不擅长排解自己的负面情绪；有些人擅长察言观色，却在人际交往方面表现欠佳。

确实，男性与女性以整体上来说都有其不同的优势与弱势。一份情商分析对上千名男性与女性进行调查发现：平均来说，女性在情绪方面更加敏感，体贴别人，善于处理人际关系；[2] 男性则有更强的自信心，乐观积极，更容易适应环境，可以更好地释放心理压力。

但总的来说，男女两性的相似之处远远多于不同之处。有些男性善于社交，在人际关系方面像最敏感的女性一样，很体贴，乐于替人着想；同样，有些女性像最善于控制情绪的男性一样，能够承受压力。的确，平均来说，男女两性的优势与弱势相差甚小，所以在情商方面没有性别的差异。[3]

最后，情商高低并非是与生俱来、一成不变的，也不是仅在儿童时期的早期才会得到开发。智商在十几岁之后就不会有太大的改变，但是情商不同，在我们一生当中，情商都可以通过从经验当中学习来持续开发——我们的情商可以不断提高。实际上，一项针对人们情商进行的长达数年的追踪研究表明，人如果越来越善于控制情绪和抑制冲动，越来越善于激励自己努力，能运用同理心，善于社交，那么他的情商也随之升高。对于这种情商的提升，有一个以前常被提起的贴切的形容词——成熟。

情商：被遗忘的重点

如今越来越多的公司发现开发情商是企业管理学中不可或缺的重要元素。特里亚公司是一家瑞典电信公司，这家公司的经理对我说："与其他公司的竞争不再只是产品，还包括你的用人方式。"琳达·基根（Linda Keegan）是花旗银行负责行政发展的副总裁，她曾对我说："情商是一切管理培训项目的内在前提。"

我曾经多次听到这些案例：

- 一家生产航天产品的工厂里有100名员工，它的总裁对我说，他供货的公司中有一家叫作"联合信号"的公司，这家公司要求这位总裁及所有员工都接受时下流行的"质量管理小组"培训。这位总裁认为："他们想要我们有团队精神，这一点很好，但是我们觉得那可不容易：如果你们还不是一个团队，何谈团队精神呢？要大家组成一个团队，我们就需要提高自己的情商。”

• 德国西门子公司协调总部的经理告诉我：“我们开发新产品，并且加速产品的更新换代，这些方式非常有效地增加了利润。但是在取得这些显著成功的同时，我们公司的发展十分缓慢。如今，我们了解到必须更好地用人，做到人尽其才，才能再次推进公司的发展。所以，我们现在正在尝试让公司在情商方面得到拓展。”

• 福特汽车公司的前项目经理曾经提到，在设计林肯大陆车型时，他们采用了麻省理工学院斯隆商学院开发的“学习型组织”法。他说，自己在了解了情商以后，突然有所感悟，觉得“如果我们想成为有效的学习型组织，就要开发情商”。

1997 年，美国培训与发展协会针对一些大公司的基本情况做了调查。调查发现，在评估生产经营情况、招聘员工时，4/5 的公司正在通过培训和开发的方式提高员工的情商。[4]

既然大家在开发情商方面都已达成共识，那么我又何须再写这本书呢？因为很多或者大多数组织在提高情商方面效果不明显，徒然浪费了大量的时间、精力与财力。比如，对领导能力培训的效果所进行的系统研究发现（参见第四部分），如果高层管理人员进行一星期的强化训练，那么所受的训练对他们的工作表现反而会产生微小的负面影响。

很多公司已逐渐认清了这一事实：即使进行费用高昂的培训，也可能出问题——确实这种情况时有发生。如果在培训中没有培养个人与公司的情商，也没有提到“情商是提高竞争力的秘诀”，那么所谓的“培训”就很荒谬了。

为什么现在情商变得至关重要

加利福尼亚州一家生物技术公司的首席执行官夸耀推动公司发展至今采取的特殊管理方式，所有人（包括他在内）都没有固定的办公室，大家只有流动办公室，每个人都有一台小型笔记本电脑可以与他人交流。职位的头衔不那么重要，员工们在一个跨职能的团队中工作。员工们充满斗志，通常每周工作七八十个小时。“如果出现问题怎么解决呢？”我问他。

“绝对不会出现问题。”他信誓旦旦地向我保证。

他的话实在荒谬至极。有一次，我随机找他的员工聊天，才得知了真相：狂热的节奏使人们筋疲力尽，私生活也被剥夺了。虽然每个人都可以通过网络与他人沟通，但大家都觉得对方没有真正倾听。

人们渴望互相联络，渴望得到他人的理解，也渴望开诚布公地好好沟通一下。

在这个分散的新式工作计件制度的商业环境中，人际关系比以前更重要。大变革从未停息，科技一日千里、全球竞争以及机构投资者的压力不断升级，经营的暗潮日益汹涌。

另一个现实让情商变得比过去任何时候都更加重要：由于各公

司尽力缩小规模，使得留下来的员工担负更多的责任——这些责任都是很明显的。过去，一名中层管理者可以轻而易举地掩饰个人的急躁脾气和羞怯心理；现在，这些能力（比如，管理自己的情绪、克服困难、团队合作和领导的能力）都暴露无遗，比过去更加一目了然且显得举足轻重。

劳动力的全球化使得富裕国家将员工的情商放在特别优先考虑的位置。在这些国家中，如果他们想维持较高的工资，要依赖于一种新的生产力。结构上的重整与技术上的革新是不够的，就像上文所提的生物技术公司一样，流水线作业与其他革新常常带来新的难题，这些难题则亟待高情商来解决。

随着商业的改变，管理者所需的特质也在改变。研究人员对表现极其出色的员工进行了长达几十年的跟踪调查，该研究数据显示，组建团队与应变能力这两项技能在 20 世纪 70 年代与公司的成功没有太大关系，但是在 20 世纪 90 年代变得十分重要。崭新的能力开始在优秀的管理者身上表现出来，特别是革新能力与集思广益的能力。新的挑战需要新型优秀人才。

你随时面临失业的可能

一位朋友在一家《财富》500 强公司工作。一天，这家公司要裁员，计划解雇几千名员工，这位朋友告诉我："真的很恐怖！这么多我认识多年的朋友被解雇、降职或者调离，每个人都进入了难以应付的非常时期。我虽然还有工作，但是我在这个位置上仍旧感觉危机四伏。

“我在这里30年了，以往我们的想法是：只要我们踏实工作，公司就会养活我们。现在突然告诉我们，‘公司里任何人都不会有高枕无忧的工作了’。”

看起来，现在无论哪家公司都不会有高枕无忧的工作了。对员工来说，现实确实残酷。大家的观念逐渐变成：没有谁的工作是绝对有保障的，即使他们所在的公司前景光明也在劫难逃，这就意味着恐慌、忧虑与迷茫的情绪会四处蔓延。

这种不安的情绪正在滋长。一家美国猎头公司的报告表明，打电话咨询招聘信息的人多半是在职人员，他们因为害怕失业，所以已经开始寻觅其他的工作机会。[5]美国电话电报公司开始公布首批4万名裁减人员名单时（该公司那一年的年利润是47亿美元），一项民意调查显示大约1/3的美国人担心家人可能马上失业。

在美国经济创造的就业机会多于失业人数时，这种恐慌甚至仍旧无法消散。工作当中的动荡不安（经济学家称之为“劳动力市场的弹性”）现在成了工作生活中令人烦恼的现实。这是现今工作生涯中令人困扰的现状，是造成席卷欧洲、亚洲和美洲世界发达国家中主要经济体的全球性风潮。公司业绩蒸蒸日上并不能保证员工工作稳定，即使经济蓬勃发展，失业也在所难免。麻省理工学院经济学家保罗·克鲁格曼说，这种自相矛盾的现象是“我们促进经济繁荣而不得不付出的惨痛代价”。[6]

现在，关于工作前景有一种明显的迷茫之感。一家跨国公司的中层主管对我说：“我们的办公场所就如同寂静的战场，无声中涌动残酷的暗流。不要将你的忠心献给一家公司，永远不要期望公司会给你什么回报。所以每个在公司里的人都自顾自地埋头苦干——你需要成为团队中的一员，但也要应对突发的变动，并且为自食其力做准备。”

一些年长的员工早年受到“能者为王”价值观的影响，他们所受的教育是：教育和科学技术是通向成功的永久性敲门砖。而现今的这种新型思维方式无疑让他们难以适应。人们开始意识到，如果你想成功，你不仅要有聪明才智或者掌握精湛的技术。在这个日趋动荡不安的未来就业市场中，我们还需要一种生存（当然也包括事业有成）的技能，例如能屈能伸的韧性、主动性、乐观态度和适应能力。这样的内在特质受到更多的重视。

即将到来的危机——智商提高，情商下降

在 1918 年，当时正值第一次世界大战，美国招募新兵时首次大规模采用智商测试。自那年以后，美国人的平均智商提高了 24，全世界的发达国家也都差不多。[7]智商提高的原因是人类摄取的营养更加丰富，孩子们接受了更多的学校教育、接触了电子游戏和益智游戏——这些益智游戏可以帮助孩子掌握空间技能，孩子们都生活在较小的家庭中（一般来说，小型家庭的孩子智商高与其家庭规模有着某种联系）。

但是，在工作中出现了一种危险的悖论：随着孩子们智商的提高，他们的情商却呈下降趋势。有一项对父母和教师进行的大规模调查显示：现在这代孩子的情感问题比以前的孩子多。平均来看，孩子

们越来越孤僻和沮丧、更加易怒悖逆、更加烦躁高傲、容易忧虑、更加冲动且好斗。

随便抽取两组美国孩子，他们的年龄在 7—16 岁之间，由最了解他们的成人（父母与教师）进行评估。一组调查在 20 世纪 70 年代中期，另一组调查在 20 世纪 80 年代末期。[8] 经过 15 年，孩子们的情商一直呈下降趋势。虽然较贫困的孩子平均情商开始时要低一些，但是经济状况各异的孩子的情商都呈下降趋势：无论是生活在郊区别墅区的孩子，还是城中贫民区的孩子，他们的情商都是如此。

上述研究的研究者、佛蒙特大学心理学家托马斯·阿肯巴克博士（Dr. Thomas Achenbach）与同事们一起在其他国家做了类似的调查，他告诉我，孩子的基本情商下降是全世界的普遍现象。最有说服力的迹象就是年轻人出现的问题呈上升趋势，这些问题包括感到绝望、行为孤僻、滥用药物、犯罪、暴力违法、抑郁沮丧、饮食不规律、意外怀孕、恃强凌弱与辍学。

对于工作场所来讲，这个迹象十分棘手：在员工当中，他们情商中的缺陷越来越多，尤其是新入职的员工。阿肯巴克博士在 20 世纪 80 年代末期所研究的孩子们在 2000 年时恰好 20 多岁，也就是说，情商下降的一代人正走上工作岗位。

雇主想要的是什么

一项针对美国雇主的调查显示：为他们工作的员工中有半数的人停止学习，在工作中也没有提高；40% 的人不能与同事通力合作；前来应聘的职场新手中，只有19%的人能够在工作习惯方面做到自我培养。[9]

越来越多的雇主抱怨新入职的员工缺乏社会经验。一位大型连锁餐饮企业的管理人员评价说：“太多的年轻人受不了批评：如果别人针对他们的做法给予反馈，他们就变得心存芥蒂、充满敌意。别人对他们的表现做出反馈，他们的反应就好像自己受到了人身攻击。”

不仅是新入职的员工有这个问题，一些资深的主管也是如此。在20世纪六七十年代，人们通过就读于好学校、取得优异成绩便可以出人头地。但是现在，职场上到处可见受过良好训练、曾经颇有前途的员工，他们的事业停滞不前——可能还呈现下滑趋势或者出错，因为他们在情商方面出现了严重的裂痕。

一项针对雇主寻找员工的要求的全国性调查显示，具体专业技能现在远不如在工作中学习的潜在能力重要。之后，雇主列出以下清单：

- 倾听与对话沟通。
- 对挫折和逆境的适应能力以及灵活应对的能力。
- 自我管理、自信心、目标明确、想要发展事业的意识，以及对成就有自豪感。
- 在团队中的影响力、社交能力、合作能力、团队精神、面对不同意见时的沟通技巧。
- 在组织中具有感召力、愿意做出贡献、具有领导潜能。[10]

雇主期望员工具备的 7 项能力中，只有读写算术能力是在学校里习得的。

对公司招聘工商管理硕士的要求调查显示出类似的结果。[11] 公司最重视三种能力：沟通技巧、处理人际关系的能力和主动性。吉尔·法杜（Jill Fadule）是哈佛商学院招生及经济资助部门的管理者，他告诉我，“同理心、富有远见、与人相处和睦、合作精神”是学院录取学生时要考虑的能力。

阅读本书，真正提升你的工作情商

我写本书的目的是，在个人、团队和组织三方面，为大家提供工作中运用情商的科学指南。我写每一部分时，都以各行各业工作者的感受作为依据，读者可以一路倾听他们的现身说法。

在第一部分中，我主要阐述要想在工作中出类拔萃，情商比智商或者技术专长更重要。对于卓越的领导者来说，几乎每项工作成绩都离不开情商。商业案例足以说明这一点，公司通过提高情商获得卓越的成绩。

在第二部分中，我详述了 12 种特殊的工作能力，这些能力都建立在自我管理的基础上，包括主动性、诚信可靠、自信、企图心等，我还描述出每种特质对卓越的工作表现有何特殊贡献。

在第三部分中，我着重讨论了 13 种关键的技能，比如同理心、政治敏感、集思广益的能力、团队合作精神和领导能力。这些技能能够武装我们，让我们在其他创业者都经历挫折时乘风破浪继续航行。

结合全书各部分的内容，读者在工作中遇到情商问题时，可以对情商所起的作用有大概的了解。如我在第三章所述，优秀的工作表现不一定需要我们在情商的各个能力方面都十全十美，只要我们在具有决定性的方面表现足够出色，就能取得成功。

在第四部分中，我告诉你一个好消息：无论我们的某方面能力多么欠缺，我们总有提高的余地。为了帮助那些想要提高自己情商的读者，也避免他们浪费时间，我提供了实际的、科学的指导，用最佳方式帮助读者提高情商。

在第五部分中，我讨论了情商对组织的意义。我在这个部分讲述了一家公司的案例，阐述为什么这样做不仅有助于业绩，而且能够营造令人满意的工作氛围，员工可以更尽心尽力地工作。我在这部分还讲述，如果公司未重视员工的情感状况就会遭遇一些风险，也说明在动荡的岁月，这些组织利用情商得以生存并发展壮大。

虽然本书的目的是为大家提供帮助，但是本书不是一本自助图书。如今可能是一个自学手册泛滥的时代，那些手册都夸夸其谈，声称可以提高情商。虽然这些书无疑有若干益处，但是通常都会对提高情商的要素加以曲解。读者在本书中读到的并非速成改进法，而是使人逐步提高情商的具体而有效的要领，这些要领来自各种研究发现、新观点，以及世界各地众多组织和团队实践的综合经验。

在我们生活的时代中，前途越来越依赖自我管理能力以及巧妙解决人际交往问题的能力。我们的希望就是，在新世纪中，为所有人即将面临的个人前途及商业挑战提供具体可行的指引。

第二章

如何成为出类拔萃的员工

这个故事发生在 20 世纪 70 年代初期，当时，世界各地掀起了学生反对越战的热潮。一位图书馆管理员在美国新闻署驻外机构任职，她获悉了一个坏消息：有个学生团体扬言要烧毁她所在的图书馆。但是，在这个学生运动团体中刚好也有她的朋友。最后，她采取了一些紧急应对措施。这些措施乍一看可能很天真幼稚，甚至有些孤注一掷：她邀请这群学生使用图书馆，让他们在图书馆里开会。

她也把侨居该国的美国人请到图书馆，让他们倾听学生们的想法。这样，她为双方的沟通搭建了桥梁，避免了一场冲突的发生。

她能够做到这一点，是因为利用了自己的优势——她与一些学生领袖彼此熟悉且信任。借助这种私人关系，她开通了双方相互理解的新渠道，也巩固了她与学生领袖之间的友谊。最后图书馆安然无恙。

这位管理员表现出了超凡的谈判能力，也体现了优秀调解者的技能。她能够洞悉紧张的暗潮，迅速扭转事态，以有效方式对事件进行处理，能让本来对立的双方坐在一起交流，避免双方剑拔弩张。她的图书馆最终免遭厄运，而其他美国驻外机构因欠缺这种技巧而遭到学生们的攻击。

后来这位管理员和一群年轻的外交官受到美国国务院的表彰。哈佛大学的戴维·麦克莱兰教授率领一个研究小组拜访她，并进行了深入的采访。[1]

当时，麦克莱兰是我攻读博士学位时的导师，他让我也加入这个研究项目。后来，麦克莱兰把研究结果写成一篇论文，轰动一时，颠覆了人们对业绩优秀原因的固有看法。

为了探究工作业绩出色的原因，麦克莱兰深入一家企业进行调查，该企业曾在20世纪初以弗雷德里克·泰勒（Frederick Taylor）的研究成果作为首要科学根据。泰勒效率分析专家曾在工作领域风行一时，他们甚至分析工人哪些身体动作能最大化效率。当时衡量人们工作的准绳只有机器。

在泰勒主义之后，另一种评估工作表现的潮流是智商测试。主张这种理论的人声称：人脑智力才是衡量人才的正确标准。

随后出现的是弗洛伊德理论。另一批相关专家坚称，在智商之外，人格也是决定一个人优秀与否的关键因素。到了20世纪60年代，人格测验和类型学风靡一时。一个人是外向还是内向、是“感觉型”还是“思考型”等内容成为衡量其工作潜力的规范标尺。

但是这里也出现了一个问题：很多人格测试的设计初衷并非测试工作能力，而是用于检测心理疾病等其他用途。结果，人格测试也不能预测参与测试者的实际工作表现。智商测试也是如此，并非万无一失。智商很高的人通常在工作中表现得很糟、业绩平平，智商一般的人却表现得极为出色。

麦克莱兰在1973年发表了一篇论文，题为“测智商不如测能力”，这篇论文改变了人们争论的焦点。传统的学术能力、在校成绩和等级证书不足以决定一个人的工作表现，也不能决定他的一生能否成功。[2] 相反，他列举出一系列特殊的能力，包括同理心、自制力和主动性，这些能力把优秀员工与普通员工区别开。麦克莱兰建议，要想找出在工作中表现出色所需的能力，首先要看看公司里那些业绩优异的员工，看他们表现出了怎样的特质。

在这篇论文中，他提到一个“以个人从事的各类工作的水平衡量个人能力”的全新标准。在这个意义上，“能力”指的是提升更有效、更卓越的工作表现的个性特征，或者一些习惯。换句话说，“能力”指的是可以为个人的工作增添经济效益的特质。

在过去 25 年中，麦克莱兰的见解促使人们把研究的焦点投向成百上千的员工。从普通职员到公司高层，范围大到企业机构、美国政府和美国电话电报公司，小到个体经营者。所有研究成果都证明，人们成功的关键因素是个人能力和社交能力的共同核心部分——情商。

被炒鱿鱼的程序设计师

有两位计算机程序设计师分别说明他们如何为客户设计适用于出版业的程序。其中一位指出，“一位客户对我说，他想要所有数据都存入同一页面，格式要简单”。所以这位程序设计师遵嘱而行。

可是，另一位程序设计师却很难按客户要求去做。他与第一位设计师不同，并没有照顾到客户的需求。相反，他满口都是冗长乏味的专业术语：“HP3000/30 的基础编译程序太慢，所以我直接按惯例用机械语言编程。”换句话说，他看重的是机器，而不是人本身。

第一位程序设计师就是一位优秀员工，他能够在设计程序时照顾到客户的需求；第二位在这次任务中充其量仅得了及格分数——基本上他赶走了自己的客户。前者表现出了高情商，后者却明显情商较低。这两位都接受了麦克莱兰的访谈调查。麦克莱兰自己开发了这种测试方法，凭借该方法可以了解在各行各业中脱颖而出的人需要具备哪些能力。[3]

麦克莱兰的独创观点源自之前他所做的工作，他曾为一些企业以及像美国国务院一样的机构效力，当时他受邀对一些人的能力进行评估，评估对象包括表现卓越的外事官员和身在他国的年轻外交官。这些外事官员与大型企业中的销售人员或客户经理一样，他们真正的工作是“推销”美国，让其他国家的人对美国怀有积极印象。

这些外交官的入职门槛很高，高度简直不可逾越，只有具有最佳教育背景的候选人才可能入选。国务院高级官员认为外交活动所需的能力都应在选拔测试中进行考评，主要要求应试者具备广博的美国历史文化知识、流利的语言表达能力以及专业领域的特长（比如经济领域）。问题是这种选拔考试只能反映应试者读过多少书而已。

这些新任外交官到法兰克福、布宜诺斯艾利斯或新加坡工作，他们的业绩和之前的测试分数关系不大。[4]事实上，他们的实际工作表现如何与当初在选拔测试中的成绩不成正比；仅是在学业方面出类拔萃，这与推进外交关系所需要的能力并不相关，而且非但不相关，甚至可能成反比。

麦克莱兰发现，真正相关的完全是另一种能力。他访谈了业绩优秀的明星——那些被美国国务院认可的最出色、最具效率的年轻外交官，与表现平平的同僚相比，他们表现得明显与众不同。他们彰显很多的基本能力，而这些基本能力是学术测试或智商测试无法评估的。

麦克莱兰曾经进行大量性质完全不同的测试，其中一个测试设计得很巧妙，用来评估人们理解情感的能力。该测试由他的一个哈佛大学的同事新近开发出来。在测试中，被试观看许多录像的片段，录像中人们感情丰富地谈论涉及不同情感的内容，比如经历离婚或者产生工作上的争执。[5] 其间，电子过滤器会发挥作用，调整录像的声音，这样被试听到的不是话语本身，而是透露了人们情绪声调高低的细微差异。

麦克莱兰发现在对录像中的人进行察言观色方面，出类拔萃的员工比表现平平的员工得分要高。这些员工体现出一种破译情感信息的能力，即使对方与自己背景迥异，甚至语言不通，也能理解并进行沟通的能力。这种能力不仅对外交工作至关重要，对于在当今多元化的工作领域中谋求发展的人而言也不可或缺。

这些外交官屡次谈到工作中的危急时刻，讲述不少棘手情况，与那位转危为安的图书馆管理员遇到的事件相似。类似事件如果要社交能力欠佳的外交官处理，往往会以失败告终，因为他们缺乏理解他人或者与他人相处的能力。

第一类杰出：有局限的智商

我曾经认识两个极其聪明的人——至少在学业方面他们是数一数

二的，可是他们的职业道路截然不同。其中一个人是我大学一年级时的朋友，他在入学考试中取得了完美的成绩——SAT考试中口语和数学部分都拿到了800分，三个入校分班考试都拿到了5分，但是他在校期间不思进取，常常逃课，拖延作业，他还辍学一段时间，总共花了10年才大学毕业。现在他自己开了家计算机咨询室，他说很满意目前的工作。

另一个人是数学天才，他10岁时考入我所在的高中，12岁高中毕业，18岁毕业于牛津大学，获得理论数学博士学位。高中时，他个子有些矮，因为本来年纪就很小，和我们相比他矮了约30厘米。他的智商差不多是我们的两倍，所以很多同学嫉妒他。他常遭嘲笑和欺辱，尽管他身材矮小，却从不退缩胆怯。他像只好斗的矮脚公鸡，挺身昂然面对校园中的彪形大汉。他拥有与智商相配合的坚定自信——这也许可以解释他为何有今日的成就，最近我听说，他如今已是一家世界上颇负盛名的数学机构的负责人。

无论学校或入学考试如何侧重智商，智商本身与一个人在工作或生活上的成功毫无关联。智商测试与一个人职场的表现关系也不密切，智商的作用所占比例最多为25%。[6]然而经过仔细分析，发现这个比例更精确地说可能不足10%，也许仅占4%。[7]

这说明，有至少75%甚至96%的事业有成的人无法用智商因素衡量。换句话说，智商不能决定一个人能否成功。例如，有人针对哈佛大学法律、医药、师范和商务专业的毕业生做过一项研究，结果发现他们入学考试成绩（即智商的另一种体现形式）与最终事业成就没有关系，甚至成反比。[8]

这也许看起来有些矛盾，单凭智商就预测一个人成功与否是不可能的，尤其是智商不能对那些聪明过人、看起来能在认知能力要求高的领域胜任的人进行预测。如果某一领域入门时对智力要求很高，那么在这一领域成功之路上情商的价值就显得尤为重要。在工商管理硕士课程或者工程、法律或医药行业中，职业选拔的焦点几乎完全集中于智力因素，所以，在决定谁可担当该行业领袖之重任时，情商比智商就显得更为关键了。

小莱尔·斯宾塞（Lyle Spencer Jr. ）与麦克莱兰共同开创了合益–麦克伯咨询公司，他是全球研究和技术部的负责人。[9] 他说："我们针对五六百种工作进行过能力研究，发现只有很少的工作需要单纯凭借你在学校所学的知识。书本知识仅是敲门砖，你需要用这种能力进入某一特定领域，但是它不足以让你出类拔萃。只有情商才能激发工作中卓越的表现。"

情商在对认知能力要求较高的学科中看似不那么重要，实际上却是举足轻重的。原因是，一般人很难达到这一领域的基本要求。在专业技术领域，入门的基本要求通常是智商在 110—120 之间。[10] 所以能够达到这么高标准的人都是世人中仅占 10%的那群高智商精英。那么相比之下，智商本身就没有优势可言了。

我们的竞争对手并非智力不足却进入或留在这一行业的人，而是已经顺利通过求学、选拔和其他认识能力的选拔成功进入某领域的一小群人。

因为企业在选拔人才时重视智商远甚于情商，但是所有入选的人才在工作中的表现可以看出，情商这种“软技能”比智商更重要。情商高的人和情商低的人之间的差距非常明显，情商高一定会带来更大的竞争优势。因此，“软技能”在“硬领域”中的决胜作用也至关重要。

第二类杰出：专业技能

如果你遇到以下情况一定觉得十分棘手：你是美国驻北非大使馆的文化事务官，华盛顿总部要求你播放一部电影，电影的主人公是一位美国政治家，但是这位政治家在你所驻国已经臭名昭著。如果你播放这部电影，当地人会十分反感；如果你不播放，美国总部就会很不满。

你会怎么做呢？

这可不是假想的情景。麦克莱兰的一位研究对象就曾面对这样的局面，他是一位外事官员。这位官员回忆说：“我知道如果播放这部影片，第二天大使馆就会被大约 500 名愤怒的学生焚为平地。可是华盛顿总部却觉得这部片子很好，一定要放。我需要做的就是找出播放影片的合适方式。这样大使馆就可以反馈给总部，说我们已经遵照指示放映影片，与此同时也不会冒犯所驻国人民。”

他有什么好主意呢？他在一个宗教节日播放了这部影片，因为他知道那天没有人会来看电影。

这种对常识的巧妙运用体现了实用的智慧，它是专业技能与经验相结合的成果。[11] 除了智商以外，我们的实用智慧以及所掌握的技术专长决定我们每天的表现如何。无论我们的智力水平如何，只有专业技能才能帮助我们胜任某一特定的工作。

举例来说，业务出色的医生总是不断补充知识，获悉当前最新医疗成果。他们本身也拥有源源不断的临床实践，在诊病治疗时可以随时借用从前的丰富经验。这种与时俱进的持续动力让他们在治病救人方面更上一层楼，而他们进入医学院前的入学考试分数就显得微不足道了。

在很大程度上，专业技能是常识与专业知识以及技能相结合的结果。我们在工作中积累了相关的知识与技能。专业技能的习得来源于行业内部，而只有经验才能带来真正的知识。

耶鲁大学心理学家罗伯特·斯滕伯格（Robert Sternberg）是智力与成功研究方面的权威人士，他曾彻底研究这些实际能力。[12] 他曾对《财富》500 强公司的经理进行过测试，发现实用智慧在决定工作成就方面看来至少可以与智商相提并论。[13]

另外，实用智慧却不是人在专业领域中表现卓越的主要原因。合益–麦克伯咨询公司波士顿分公司的高级顾问露丝·雅各布斯（Ruth Jacobs）说："我们做过数百次缜密的研究，把世界各地公司中出色的优秀员工与一般员工进行比较分析，发现仅看专业技能，他们并没有什么区别。"

雅各布斯接着说："专业技能是最基本的能力。你要具备专业技能才能找到工作、完成工作，但是你怎样工作，这属于你所具备的专业技能之外的能力，这一点决定了工作表现是否出色。你能把专业技能转化成具有市场价值的东西，转化成与众不同的东西吗？如果不能，那么专业技能与工作业绩关系不大。”

举个例子，专业技术工人的主管需要在专业领域有一定的专业技能，因为如果不了解工人在做什么，就几乎不可能从事这种管理工作。但是专业技能只是入门的基本要求，让技术领域的杰出主管脱颖而出的能力不是技术方面的，而是“如何与人打交道”的能力。[14]

所以，在某种程度上，经验和专业技能与智商所起的作用相差无几，但是要想表现卓越，还需要其他因素。

第三类杰出：情商

斯滕伯格讲述了两名学生佩恩和麦特的故事。佩恩聪明伶俐，才华横溢，富有创意，是耶鲁大学理想招生对象。[15] 可是问题来了，佩恩自觉与众不同，所以用一个教授的话说，他“恃才傲物，傲慢自大”。佩恩虽有能力，却傲慢地拒人于千里之外，他孤立自己，更不屑和同学们打交道。

尽管如此，他每科成绩都名列前茅。等佩恩毕业时，他犹如众星所捧之月一般成了抢手的角色。接收他所学专业学生的顶尖公司纷纷给他提供面试机会，他一下子成了一个耀眼的人物。至少从他的简历来看，他应该是各公司的首选对象。但是佩恩实在太傲慢了，结果最后他仅剩下了一个工作机会，而且还是候补机会。

麦特和佩恩同在耶鲁大学读书，所学专业相同，他学业上并非出类拔萃，但是他擅长人际交往，凡与他共事的人都喜欢他。最终，麦特去八家公司面试，结果有七家公司决定聘用他。后来他在自己的领域继续向成功迈进，如鱼得水，而佩恩却在两年后丢掉了第一份工作。

相较于佩恩，麦特的优势就是情商。

情感能力与认知能力是相互配合的，表现卓越的人就会二者兼备。工作越复杂，越需要情商。如果情感能力和认知能力欠缺，那么就会妨碍一个人技能或才智的发挥。

比如，一个管理者刚受到一家拥有 6 500 万美元资产的家族企业的聘请，他是这家企业第一位家族以外的总裁。[16]

一位研究人员使用一种面试方法对这位总裁处理复杂事件的能力进行评估，结果确认他的能力测评成绩是最高级——六级。理论上，以他的聪明才智足以胜任全球性公司的首席执行官或一国元首。[17] 但是在面试中，当谈到他前一份工作的离职原因时，他说自己与下属无法融洽相处，下属表现不好，他却需要为他们的不良表现负责，最后被解雇了。

这位研究人员告诉我："我的问题让他情绪激动、面红耳赤，他开始挥舞双手，明显是仍然不能对这件事释怀。结果发现，原来就在当天早上，他的新上司因为同样的事批评了他。可是他一再强调，要面对业绩不佳的员工，尤其是那些老员工，对他来说有多么困难。"这位研究者留意到："当他心烦意乱时，处理复杂事件的认知能力，或者说推理能力，就会大幅下降。"

简而言之，情绪失控时，聪明人也会做傻事。正如美国运通公司财务顾问分公司的副总裁道格·莱尼克（Doug Lennick）对我说的那样：“你要成功就需要各种才能。一开始你以你的才智为起点需要开足马力，但是人们也需要情感能力才能确保其他能力充分发挥。很多人没有充分发挥潜能就是因为他们缺乏情感能力。”

情感能力的天壤之别

在一个不同寻常的周日，当天有全美橄榄球争霸赛，大多数美国人都坐在电视机前看比赛。就在这一天，一架从纽约到底特律的飞机延误两个小时，乘客（差不多都是商人）显得十分焦躁烦闷。飞机抵达底特律时，不可思议的一幕发生了：降落跑道突发问题，飞机被迫停在距通道口约300米的地方。乘客都慌乱不安，更担心迟到，所以纷纷站了起来。

其中一个空姐来到客舱，她怎样以最有效的方法让各位就座，以便飞机顺利滑行到通道口呢？

她并没有死板严肃地宣布：“美国联邦航空条例规定，在飞机滑行到通道口前，请务必坐稳扶好。”

相反，她把注意力放在一个可爱的小孩身上，那孩子之前做了些调皮捣蛋却无伤大雅的事。她用哼唱的语调幽默地提醒他：“嘿，你怎么站着呢？”

众人哄堂大笑，回到座位上坐好。飞机顺利滑行到通道口。由于空姐不失幽默的表现，大家下飞机时心情都很好。

能力上的巨大差异在于头脑和内心，或者用专业词汇来讲，在于认知与情感。有些能力纯粹是认知方面的，比如分析推理或技能。其他能力则是思想与感觉二者的结合，我将这些能力称为“情感能力”。[18]

所有情感能力都包括感觉方面的某种能力，同时要配合发挥作用的认知能力。这与纯粹的认知能力不同，纯粹的认知能力连预先设好程序的计算机也可以做到和人类一样好，电子语音也可以宣布：“美国联邦航空条例规定，在飞机滑行到通道口前，请务必坐稳扶好。”

但是计算机合成语音听起来不自然，远比不上那位空姐的风趣睿智带来的奇妙效果。那些乘客也许会勉强遵从机器的指示，下飞机时却不会有什么情绪上的改善。可是那位空姐做到了。她巧妙地按下大家情感音符的琴键。这是单凭人类的认知能力无法做到的，计算机更不能（至少目前做不到）。[19]

人与人沟通交流需要这种能力。比如，我写本书时，用计算机输入，我可以通过软件查看文字正确与否，可是计算机不能检查我所写内容是否有情感上的力量、是否有激情或者是否有感染力，引起读者的共鸣。这些另外的有效沟通的关键因素在于情感能力，即预估读者反应、调整表达内容以便产生有意义的情感效果的能力。

最具说服力的有力论辩不仅由大脑而发，更由心而生。思维和感觉的紧密协调是可能实现的，这要通过构成头脑高速路的东西实现，即通过连接到前额叶的神经束实现。这些神经束是负责决策的中枢，该区域位于大脑深处，支配我们的情感。[20]

如果一个人的关键连接处损坏了，那么尽管他的智力丝毫不受影响，情感方面却丧失了相关能力。换句话说，他可以在智商测试和其他认知能力测评中获得高分，但是在工作中，甚至在生活中，他不能像那位空姐一样有效运用情感的艺术。

因此，纯粹的认知能力和倚靠情商体现的能力存在巨大差异，这种差异体现了人脑的平衡分工。

什么是情感能力

情感能力是一种建立在情商以上的、可后天习得的能力，一个人在工作中表现得出类拔萃也有赖于这种能力。[21] 想想那个空姐使用的技巧。她富有感召力，这种感召力也是很重要的情感能力：让他人以自己所期望的方式做出反应。这种能力的核心包含两种能力：一是同理心，包括理解他人感受的技巧；二是社交能力，这种能力让人以巧妙的方式处理人与人之间的情感。

自我意识、激励、自我调节、同理心和处理人际关系，这 5 个因素是学习实用技能的基础，而情感能力决定我们学习到实用技能的潜力有多大。我们的情感能力会显示出我们把自身潜能发挥出来的程度。比如，“擅长服务客户”的基础就是同理心。同样，“诚实可靠”的基础就是自我调节，“控制冲动”和“管理情绪”也是基于自我调节，而“擅长服务客户”和“诚实可靠”这两种能力都能让人在工作中表现出色。

只有情商高不能保证一个人一定学会工作中所需的情感能力，情商高只说明他们具有极大的潜力学到所需的情感能力。举例来说，一个人可能具有很强的同理心，却不一定拥有基于同理心的相关能力，比如优良的客户服务素质、一流的指导能力，以及将散沙一般的团队团结起来的能力。同样道理也适用于音乐方面，一个人天生具有完美嗓音，还要学习歌唱技巧，才能成为优秀的歌唱家。否则即使他具有潜力也无法开创歌唱事业，即使拥有帕瓦罗蒂的歌唱天赋，也不能成名。

情感能力可分成几类，每一类都建立在一种常见的潜在情商之上。如果一个人想要学会工作场所制胜所需的必备能力，那么潜在的情商也至关重要。例如，如果一个人欠缺社交能力，他在说服或激励他人方面就会很吃力，在领导小组工作时会显得力不从心，办事不知灵活变通。如果一个人缺乏自我意识，就会对自己的弱点视而不见，也会因为不了解自己的长处而缺乏自信。

专栏展示了情商的5个特点和25种情感能力之间的关系。[22] 人无完人，我们在专栏中所列的各部分难免各有优势和局限。但是，我们会看到，促成卓越工作表现的要素并不多，只需我们在某些能力方面足够强大。一般事业上的成功包括大概6种能力即可，这些所需的强项分布在情商的5个方面。换句话说，条条大路通罗马，成功的途径也是这样。

这些情感能力包括：

- 独立自主：对工作业绩有独特的贡献。
- 相互依存：一定程度上相互结合，产生若干强有力的互动反应。

- 等级体系：一种情感能力建立在另一种之上。举例来说，自我意识对自我调节和同理心很关键，自我调节和自我意识对激励有促进作用，前四种能力都在社交能力中发挥作用。
- 必不可少但非充分因素：拥有潜在情商不能保证一个人就会开发或展现出相匹配的其他能力，比如协调或领导能力。组织气候或员工个人对工作的兴趣等因素也决定着能否激发出这些能力。
- 普遍性：在一定程度上，以上列举的基本能力对所有工作都有帮助，然而不同工作对每种能力的要求不同。

以上列出了我们要具备的一些特质，并且着重讲述我们可能要培养的能力。本书第二部分和第三部分将提供更多细节，并详述每种能力，向读者论述这些能力发挥到极致时会有怎样的表现，以及欠缺时会产生怎样的结果。读者也可以直接翻到论述自己最感兴趣的能力的章节。论述这些能力的章节之间存在某些关联，但是读者不必按照顺序阅读，可以直接阅读与自己切身相关的部分。

专栏　情感能力的框架

个人能力

这些能力决定我们怎样进行自我管理。

自我意识

了解自己内在状态、偏好、资源和直觉的能力（见第四章）。

- 情绪意识：意识到自己的情绪以及情绪产生的影响。
- 准确的自我评估：知晓自己的优势和局限。
- 自信心：对自我价值和能力的强烈肯定。

自我调节

控制个人内心状态、冲动和资源的能力（见第五章）。

- 自制力：控制破坏性情绪和冲动的能力。
- 诚信：持续遵守诚实正直的标准。
- 责任心：对自己的表现负责。
- 适应能力：面对改变，灵活变通的能力。
- 创新力：乐于接受新颖的想法、策略和信息，态度开明。

激励

引导或促使一个人迈向成功目标的情绪倾向（见第六章）。

- 成就驱动力：努力提高或努力达到卓越的标准。
- 献身精神：与团队或组织的目标保持一致。
- 主动性：随时准备抓住机会。
- 乐观精神：虽遇阻碍挫折，仍坚持不懈地追求目标。

社会性能力

这些能力决定我们怎样处理人际关系。

同理心

察觉他人情感、需求和所关心事物的换位思考的能力（见第七章）。

- 善解人意：觉察他人的情绪，了解他人的观点，并主动关心他人所关切之事的能力。
- 帮助他人进步：能察觉他人的发展需求，并培养他们所需的能力。
- 服务定位：预测、识别并满足客户的需求。
- 利用多元化优势：通过各种不同的人创造和把握机遇。
- 政治敏感：能察觉组织的情绪走向和权力关系。

社交能力

善于影响他人从而使其产生你所期望的反应（见第八章和第九章）。

- 感召力：能运用有效策略说服他人。
- 交流能力：善于聆听，表达信息清晰有力。
- 控制冲突的能力：有效谈判，能成功处理异议。
- 领导力：能对个人和群体进行有效激励和引导。
- 应变能力：引发或控制变化。
- 凝聚力：培养和谐互助的人际关系。
- 协作能力：与他人同心协力实现共同目标。
- 团队领导力：发挥群体效应，达到群体目标。

精英人才是如何造就的

上述列举的能力可以使人们在不同工作领域有卓越的表现。举个例子，在蓝十字健康保险部，成功的客户代表都会表现出高度的自制和责任心，并且拥有很强的同理心。一个成功的零售店店长之所以成功，也是由于具备了同样的三种能力——自制、责任心和同理心，再加上第四种能力，就是“服务取向”。[23]

一个人成功所需要的能力也许会随着他职位的改变而改变。在多数大型机构里，高级行政人员比中层管理者更需要政治敏感。[24] 有些特定职位则要求任职者具备特定能力。[25] 要成为优秀的护士，需要幽默感；优秀的银行工作人员则需要尊重客户隐私；出色的校长需要找方法从教师和家长那里获得反馈；在税务局，最佳收税者不仅精通业务，也要擅长处理人际关系；执法人员如果尽可能少地使用必需的强制手段，那么就证明他有难能可贵的品质。

此外，关键能力也与特定机构的现实需要相关。每家公司和工厂都有自己的情感环境，每个工人要适应的主要环境特征相应有所不同。

有一项针对大约 300 家公司进行的研究，研究涉及很多不同领域的工作。结果发现，要想在工作中表现出色，除了这些特质以外，员工还必须具备更强的情感能力。情感能力的作用远大于认知能力。[26] 对销售人员而言，优秀员工最重要的能力来自于情商。这很容易理解，可是在科学家和技术类工作者中，“感召力”和“成就驱动力”也排在前列，“分析能力”位居第三。科学研究者仅凭才华不足以成为伟大的科学家，除非他同时有影响他人、说服他人的能力，同时具备自律精神，乐于追求富有挑战性的目标。一个懒惰或沉默寡言的天才也许头脑中塞满了答案，但是如果别人不知道，或者对此答案漠不关心，一切都是徒劳无功。

我们来谈谈技术精英吧，他们常被人称为“企业咨询工程师”。这些“故障检修人员”受雇于高科技公司，要随时待命。一旦某项目出现问题，他们就即刻提供救援支持。他们备受重视，甚至他们的名字在年度报告中与企业管理层一并列出。这些技术精英凭什么享受如此特殊的待遇呢？在波士顿银行任职并曾在美国数字设备公司任职的苏姗·恩尼斯（Susan Ennis）这样说：“使他们与众不同的不是他们的智商，因为公司大多数人和他们一样聪明。关键因素是他们的情感能力，他们乐于聆听，具有感召力，与人合作融洽，对他人予以激励，与人愉快共事，这些特质都十分重要。”

诚然，很多人虽然在情商方面存在不足，仍能晋升至高位。这是长期以来企业文化的现状。但是，如今工作变得更复杂，更需要集体合作完成，因此需要员工在公司内积极合作才能形成竞争优势。

在新时代的工作中，更重视灵活性、团队合作和强有力的客户导向。因此，本书论述的一系列关键情感能力就显得日趋重要了。无论从事哪种工作，无论在世界何处，要想崭露头角，必须具备这些能力。[27]

第三章

最佳模式：情商与专业技能

• 在卢森特科技公司，采购制造原料的团队除了进行技术研究外，更需要善于倾听与理解对方的能力，以及随机应变和团队合作的能力，他们还需要激励他人、责任心、信赖伙伴等特质。

• 在美国内布拉斯加大学医学研究中心，研究人员的专业技术和分析技巧固然重要，但是诸如人际交往能力、创新力、领导力、建立合作关系、组建工作网络等情感能力同样举足轻重。

• 阿莫科公司是一家大规模的石化公司。在该公司，员工要想在工程技术或信息管理技术方面表现卓越，必须具备专业能力和分析思考能力，但是自信、随机应变、成就驱动力、服务取向、团队合作精神、感召力和帮助他人发展等能力也是成功的重要因素。[1]

这些能力是通过数百个小时的工作采访与评估总结出来的。研究过这些资料后，我不禁想到一个从未提过的问题：相对于技术能力和智力，情感能力对卓越的表现而言究竟有多重要呢？

情感能力究竟占多大比例

我很幸运能接触 181 个不同职位的情感能力模式，这 181 个职位来自于遍布全世界的121家公司和组织。这些模式显示出各组织所赞同的管理方式，正好也能描绘出某种工作中卓越表现的特殊之处。[2]

我的分析方式十分直接：我将某个工作、角色或者领域分门别类地列入必需能力的清单中，哪些可归类为纯粹的认知能力或者技术能力，哪些又属于情感能力。以阿莫科公司列举出的15种关键能力为例，其中有4种纯属认知能力或者技术能力，其余则属于情感能力。经过简单的计算可以得出以下结论：阿莫科公司认为，能在信息工程技术领域有杰出的表现，需要具备的能力中有73%属于情感能力。

当我把这种方法应用于我曾经研究过的181个能力模式时，我发现那些被认为表现优异所必需的能力中有67%属于情感能力。情感能力与智力和专业技能相比，前者的重要性是后两者的两倍。无论是什么工作领域，无论是什么样的公司，情感能力都同样重要。

为了确认一下我的发现并非偶然特例，我请合益–麦克伯咨询公司进行了一个独立的研究，他们分析了40家不同公司的原始数据，将优秀员工表现出来的某种能力与一般员工相比较——这种方法与我的调查方法有些不同。

合益–麦克伯咨询公司的分析依据是已掌握的、可利用的最可靠的数据，这些数据来源于成百上千份员工的深度访谈、广泛的测验和评估所得到的结果，他们再次发现情感能力对出色业绩的重要程度是纯粹的智商与专业技能的两倍。

用情感能力激励员工施展才华

情感能力对领导者而言十分重要，因为领导才能的关键在于使他人更高效地做好工作。如果领导者不善于处理人际关系，就会对团队的表现产生负面影响，结果就会浪费时间，形成不和谐的气氛，使人与人之间关系冷漠，等等。衡量一位领导者情感能力的强弱，关键在于他是否善于激励员工充分施展才华。

一位经理在一家跨国科技公司负责商业研究，他也要管理遍布世界各地的200多名研究人员，这些人员的主要任务包括：会见提出新产品创意的技术专家，决定将哪些技术专家的创意概念推向市场；鼓励产品市场占有率下降的产品经理；指导方向错误需要调整的研究人员。

这位经理告诉我们："每逢开会，员工的情绪都会十分激动。你必须对此谨慎处理。消除紧张气氛，自己保持头脑清醒。每当员工希望把研发成功的产品推向市场时，或者有任何麻烦时，常常会变得十分激动。但是你必须站稳立场，并且表现得值得他人信赖和尊重。"

据他观察："我们这里的人绝大多数是工商管理硕士，都学习过分析法。当人们怀揣着他们的恐惧和问题前来时，我们的员工必须表现得泰然自若，能够用全面的视角看问题。他们有分析法——的确有，但是他们也必须有能力开发新创意，也要有将创意转化成实用产品的能力。"

要面对人们情绪激动的情况，就需要一些排除障碍的技巧：迅速建立信任且融洽的关系的能力、善于倾听他人见解、能言善辩、说服他人、能提出自己的看法和建议。正如那位经理所言："你要有自我意识、能够洞悉事理，这样你才能成为值得他人信赖的人。"

罗伯特·沃顿（Robert Worden）是伊士曼柯达公司商业研究部门的负责人，他也同意以上说法："提交给行政部门的分析报告，或者坐在计算机前做的回归分析，这些是不够的。要与人交流、表达意见，并且让对方觉得切中要点，应对自如。这些能力才是决定成败的关键。"

用沃顿的话说，在伊士曼柯达公司内能创造优秀的业绩还需要以下因素："你怎样表现出最佳状态？有没有工作的驱动力——你能不能 8 点准时上班、工作到下午 5 点？你是不是还要依靠别人的激励？你有没有旺盛的精力，能做出自我牺牲？你是否很难与他人共事？你是天生的领导者吗？你是否因争强好胜而损伤了他人的自信心？你会鼓舞引导他人吗？关于追求创新，你能否确定行动目标，并且锲而不舍地朝着目标迈进？"

很多伊士曼柯达公司的高层经理都曾任职于市场部门，包括总裁在内——他曾经在市场部门工作过 7 年。但是，市场部门的研究工作对于认识市场而言仅是入门而已。沃顿说："在市场部门工作，你需要一半的技能是技术性的，另一半则是'软技能'——情商。令人惊讶的是，优秀员工有别于一般员工的主要因素就是情商。"

情感能力头等重要

沃顿的观察是有数据支持的，他通过对数百家公司的研究发现，在企业机构中，职位越高，情商就越重要。

我的相关发现来自于我对一家大型组织所做的一项系统化研究，该组织就是美国政府。美国政府有200多万员工。对胜任每项具体工作所需能力都进行了详细评估的组织只有寥寥几家，美国政府就是其中之一。和我一起进行研究的是史密斯学院的劳动经济学家罗伯特·巴切尔（Robert Buchele），我们发现：随着工作职位的升高，技术能力和认知能力的重要性就会递减，而情商的重要性则会递增。

但是政府机构也许是个特例。于是我邀请合益–麦克伯咨询公司对资料重新进行分析，这次他们分析评估情感能力对企业界身居要职的主管的重要性，包括IBM（国际商用机器公司）、百事可乐和富豪汽车，研究结果令人惊讶。

只有认知能力方面突出的优秀员工与一般员工相比有天壤之别，这项认知能力被称为“模式识别”能力。有了这种能力，领导者就能从一堆杂乱无章的信息当中找出有意义的方向，对未来有高瞻远瞩的全面衡量。[4]

但是除了这一点，智力或者技术能力的差异都无法在培养成功的领导者方面占有主要地位。在高级管理层，每个人都需要认知能力，但单凭在这一方面表现出色，并不能培养出顶尖领导者。

普通领导者与顶尖领导者之间的主要差别就是情感能力不同。顶尖领导者在很多情感能力方面，包括影响力、团队领导、政治敏感度、自信与成就驱动力方面，表现出明显的优势。一般来说，他们在领导方面的成功近 90% 要归功于情商。

总之，对各领域、各种工作的顶尖人才而言，情商的重要性是纯粹认知能力的两倍。

对于顶尖领导者来说，情感能力更是头等重要。

工作价值的巨大差异

派屈克·麦卡锡再一次玩起了他的销售魔术，这次他的客户是福特汽车公司退休的主席唐纳德·彼得森。彼得森正在寻找尺寸是 43 号的夹克衫，这个尺寸很难买。麦卡锡是西雅图诺德斯特龙旗舰店的销售员。彼得森打电话给麦卡锡，麦卡锡为他找遍了仓库，找不到 43 号的夹克衫。所以彼得森继续询问其他男装店，还是没有他要找的那种夹克衫。

但是几天后，麦卡锡打电话告诉彼得森：已经专门为他定做了一件，现在那件符合彼得森尺寸的夹克衫马上要送到他家了。

麦卡锡所在的男装店以“为顾客提供周到服务”而享有美名，麦卡锡就是这里的优秀店员。15 年来，他一直是店内业绩最佳的销售员。[5] 通过提供额外的服务，他建立起超级顾客人脉，人数高达 6 000 人。当新产品到货时，他会揣测顾客的喜好，主动通知那些顾客。顾客生日当天或者对顾客来说重要的纪念日来临时，他甚至会打电话给顾客的家人，提供送礼物的好建议。

造就出色业绩的要素中，情感能力占 2/3 以上，有数据显示：找出具备这种能力的人或者将员工培养成具备该能力的人，可以为公司增添可观的利润。多么可观的利润呢？他们的年度销售额超过 100 万美元，而一般员工仅 8 万元左右。

有一项可靠的评估针对几千名在职员工进行分析，这些员工从邮局办事员到法律事务所合伙人，他们都是能为企业做出重大经济贡献的人。[6] 这项调查是由该领域的专家密歇根州立大学约翰·亨特（John Hunter）、艾奥瓦大学的弗兰克·施密特（Frank Schmidt）和迈克尔·朱迪希（Michael Judiesch）所进行的，他们将派屈克·麦卡锡那样一流的员工（这些员工仅占全体员工的 1/100）所创造的经济价值与普通员工或者表现不佳的员工的经济价值相比较。

他们发现，业绩出色的员工创造的经济价值随着工作复杂度上升而上升。

- 对于比较简单的工作（如机械操作员或者文秘）来说，最优秀的 1% 的员工所创造的经济价值是最差的 1% 的员工的 3 倍多。
- 对于复杂度中等的工作而言，如销售员或者机械师，最优秀的 1% 的员工所创造的经济价值是最差的 1% 的员工的 12 倍，就是说 1 个最优秀员工的业绩等于 12 个最差员工的业绩。
- 至于复杂度高的工作，比如保险推销员、财务经理、律师和医生，研究者做了稍微不同的比较，将优秀员工与一般员工相比较，而不是与最差员工。即使这样，1% 的优秀员工创造的经济价值是一般员工的 127 倍。[7]

职位越高，效益越高

一家南美集团分公司的首席执行官刚刚升迁至另一个职位，继任的候选人包括 6 名高层经理。他们竞争这个空缺职位，但是这种竞争会破坏管理层的团结，所以集团请来一位咨询专家，分析 6 名候选人的优缺点，协助公司做决定。

1 号经理在 6 人中经验最丰富，也最聪明。依照传统，他应该就是不二的人选。但是他有一个缺点，他缺乏建立人际关系和社交关系的能力，这个缺点众所周知。

2 号经理的实力也很强，他经验丰富，情商高，也很聪明。3 号经理也是一名强将，他的情商最高，但是智商和经验不如前两位。

那么最后谁当选了呢？

是 3 号经理。他当选的关键因素是新任首席执行官的主要任务是领导这个管理团队，使团队重新运作，这个任务需要较强的人际交往能力。咨询专家是这样解释的："新任首席执行官有超高的情商，这让其他候选人比较容易接受他当选的事实。"在新任首席执行官领导下，该公司"成为全美本行业中利润最高的公司，也达到了空前的最高水平"。

就情感能力对业绩产生的影响来看，领导者情感能力越强，企业机构收益越大。由于领导者在财务方面的调度作用，他们工作的优劣对经济效益的影响比其他员工大得多。一个能干的首席执行官甚至可以为公司增加数以百万计的收入，相反，一个拙劣轻率的领导者可能会毁掉整个公司。

在工作复杂程度较低的领域，个人的认知能力和表现有一定的直接关系，例如一个较聪明的办事员或者秘书表现会比平庸者好。但是正如我们在第二章所看到的，在较复杂的工作领域中，比如行政管理人员或者经理、工程师、科学家，智商高和技术精湛并不能说明他们就是工作中的佼佼者，这些只是找工作的最基本要素。

根据亨特的分析，在复杂程度较高的工作中，最优秀者与最差者创造的经济效益存在巨大的差异，这说明情感能力和认知能力不是单纯相加的，而是相乘的效果，这一点也是优秀员工成功的潜在因素。

优秀员工的真正价值到底是什么

美国广播唱片公司中的一小群客户经理通过扩大业务规模，每年都可以增加公司的客户数目，也使销售额增加数千万美元。他们是怎样获得这样耀眼的业绩的呢？并非是由于他们比其他客户经理掌握更多的专业技术，而是因为他们可以更巧妙地处理人际关系。

这是合益–麦克伯咨询公司全球研究和技术部负责人小莱尔·斯宾塞收集的数千个案例之一。[8] 这些客户经理成功的秘诀是什么呢？

斯宾塞说："一般的客户经理在客户身上花的时间不够，只能勉强确定客户是否满意。但是业绩好的客户经理会投入很多时间和客户培养感情，和他们外出小酌几杯，告诉他们可以提供改进客户产品的新技术和机会，所以他们不仅与客户维系关系，还做进一步的推销。在这一点上，重要的是建立人际关系，觉察并且掌握客户的兴趣所在，在客户的要求、期待和自己的产品之间连接一条纽带。

情商会在很多领域造成竞争力的差异，其中一个领域就是计算机程序设计行业。在这个领域中，最优秀的10%的计算机程序设计师的工作效率是其他员工的3.2倍，而那1%的精英的工作效率更是让人惊叹——他们是一般员工的12.72倍。[9]

斯宾塞说："造就业绩杰出员工的因素不仅是计算机技能，还有团队合作。业绩出色的员工愿意留下来帮助同事完成一个项目，和别人分享自己发现的捷径，不会故步自封，隐瞒自己的经验。他们不是竞争对手，而是分工协作的同伴。"

这些优秀员工带来的回报十分可观。斯宾塞曾对《财富》500强公司中44家公司的销售人员做过调查研究，这44家公司包括美国电话电报公司、IBM和百事可乐公司。斯宾塞问业务主管："公司最佳业务员的表现与一般业务员的表现有什么差异呢？"他发现，最优秀的10%的业务员人均销售额高达670万美元，而一般业务员只有300万美元，他们的销售额是一般业务员的两倍。假如以当时业务员年收入4.2万美元计算，优秀业务员的销售收入为370万美元，大约是一般业务员的88倍。[10]

精英与庸才的分水岭

如果想取得最佳的业绩，必须具备多种情感能力，而非一两种就够了。戴维·麦克莱兰发现，精英不仅是主动精神强或者有影响力，他们的能力优势是多方面的，涵盖了情感能力的5个方面：自我意识、自我调节、激励、同理心和社交能力。

只有当他们能力的各个方面都达到一定水平时，他们才会脱颖而出，这就好像达到催化点的化学反应，麦克莱兰将其称为“临界点”。

合益–麦克伯咨询公司的员工玛丽·方丹（Mary Fontaine）说明，从对IBM和百事可乐高层主管所做的研究来看，“一旦你达到这个临界点，工作中脱颖而出的可能性就会猛增。这个关键点与你显示这些重要能力的频率相关，或者与你驾驭这些能力的程度相关，或者与你发挥这些能力的程度相关”。

在百事可乐公司，如果以业绩排行来看，那些情感能力达到临界点的管理者至少能够娴熟驾驭 6 种情感能力。这些管理者的业绩多半排在前三名，这一点也在管理者负责的部门所取得的优秀业绩上有所体现。如果这些领导者擅长其中六七种情感能力，那么其中 87%的人会排进前 1/3。[11]

看一个人的情感能力就可以预料这个人能否成功，这些例子不仅存在于美国公司，这是全球普遍的现象。在欧洲，情感能力到达临界点的企业精英中有 82%在公司名列前茅；在亚洲，这个百分比是 86%。

反之，如果在这些情感能力方面存在缺陷，则经常会出现致命的硬伤。举例来说，在欧洲，缺乏关键的情感能力却能有杰出表现的人仅占 13%，在日本这个百分比是 11%，在美国这个百分比是 20%。

要想获得成功，需要具备的情感能力包括：

- 主动精神、成就驱动力和适应能力。
- 感召力、团队领导力和政治敏感。
- 同理心、自信和帮助他人发展。

拥有这些优势的部门领导者超额完成工作目标的比例是15%—20%，而这些情感能力不足的部门领导者工作表现比预期目标要低20%。

临界点不仅对于管理者十分重要，而且对组织的各个层面都有很大的影响。在一家大型保险公司里，人们看到了一个富有说服力的证据。某些业务员的自信心、主动精神和同理心不强，他们平均推销保单的额度是54 000美元。相对来说，那些8种重要的情感能力中有5种十分出众的业务员则会非常成功，他们平均售出保单金额达114 000美元。

情感能力与人员流动

情感能力的提高可以增加公司的效益，但是情感能力方面若有欠缺，造成人员流动也会付出高昂的代价。小莱尔·斯宾塞估计，一个员工离职会给公司造成相当于他全年工资的损失。这些潜在的损失来自寻找、培训新员工所需的费用，还出自要达到客户对新员工的满意和接受程度的花费，以及他与同事共事中相互磨合而导致的效率低下所造成的损失。

如果有多名员工离职，即使离开的只是基层员工，实际损失也很大。举例来说，零售业和保险业的流动率每年超过 50%，这些行业的大多数员工都是新手。[12] 如果是高层管理者不称职，公司在外部招聘新人取代这个人，那么耗费可能高达几万美元，甚至数百万美元。

一家全球性的饮料公司用普通的标准而不考虑应聘者的情感能力招聘了几位部门主管。在两年中，其中 50%以上的人选择跳槽和辞职，大部分员工辞职是因为公司经营欠佳。而招聘这些人才的中介费就高达 400 万美元，所以后来公司改变招聘标准，以主动精神、自信心、领导力等情感能力作为标准，员工保有率明显增长。两年后，只有 6%的新聘用的主管离职。[13]

让我们一起分析一下三个案例，这些案例中的销售员分别来自不同的领域。[14] 欧莱雅化妆品公司是化妆品行业的领航者，在这家公司中，由于情感能力出众而被聘用的销售员比起那些招聘时没有考虑情感能力的销售员，完成全程训练的比例要高 90%。还有一家跨国家具连锁店，因重要的情感能力出众而受雇的销售员在工作第一年离职的数量是其他员工的一半。

被解雇的首席运营官

一家在同行中排名前 10 的公司的首席执行官听完有关情商的演讲之后，私下告诉我他辞退了多年来一直培养的一位首席运营官，他坚定地告诉我自己这样做是有原因的。这位首席运营官的确才华出众、聪明能干，是一流的计算机专家，数据分析能力精湛，这也是他胜任首席运营官的原因。

“但他不是一位英明的领导者，甚至别人都不喜欢他。他待人粗鲁无礼，说话尖酸刻薄。在团队中，他总是显得局促不安。他不懂社交礼仪，没有风度。今年他都 45 岁了，却没有亲近的朋友。他一直在工作，一直不会灵活变通，这就是最终辞退他的原因。”

这位首席执行官接着说：“可是，如果他具备你刚才说的情商，哪怕只有 5%，他也能留下来。”

这个案例完全符合我对于被解雇的高级管理层所做的研究，[15] 这些失败者身上有两个常见的特点：

- **刻板**：他们不能调整自己以适应组织文化。如果有人对如何改善工作做出了反馈，他们无法接受这些反馈，或者无法听取这些意见，也无法从中学习得益。
- **不良的人际关系**：这是他们最常出现的问题，比如说对他人吹毛求疵，麻木不仁，要求过高，所以使自己陷入四面楚歌的境地。

这些案例可以证明，即使卓越的管理者，致命的缺陷也会妨碍他们发展。有一位管理者提到一位同事：“他是一个了不起的战略思想家，道德标准也很高，但就是批评人过于尖刻。很多人都想帮助他改掉这些缺点，但是看起来改善的希望渺茫。”[16]

“刻板”的反义词就是“灵活变通”。约翰逊制蜡公司（Johnson Wax）北美销售部的前副总裁派屈克·奥布赖恩（Patrick O’Brien）说过以下一番话：“领导的灵活变通指的是能和不同类型的人、组织中的各个阶层（从业务员到高层管理者）共事相处的能力。这一点有赖于同理心和情绪的自我管理能力。无论是在领导过程中，还是在学习中，都要有灵活性。我们发现如果一个人缺乏这种灵活性，那么他绝不会成为公司重点培养的对象。”

在主要的情感能力方面，成功的管理者与那些常出差错的人之间存在着明显的差异。[17]

- **自制**：常出差错的人很难排解压力，他们倾向于感情用事，动不动就大发雷霆。成功者在很大的压力下依旧泰然自若，身处危难中依旧镇定且充满自信。
- **责任心**：常出差错的人很抵触别人对他的失败提出的批评，总是百般抵赖，或者对批评充耳不闻；成功者通常会负起责任、承认自己的过失，采取补救措施，不会在懊悔中一蹶不振。
- **值得信赖**：常出错的人通常野心勃勃，为了出人头地不择手段；成功者思想健全，相当重视下级与同事们的需要以及任务的要求。比起那些不计代价、争先恐后的人，他们常常把别人和工作的需求放在首位。
- **社交技能**：失败者缺乏同理心，也不敏感，所以他们经常表现得十分武断傲慢，或者下属一旦给予恐吓就屈服了。然而他们有时可能也颇有魅力，似乎很关心他人，但是这只是出于某种目的的伎俩而已；成功者善于运用同理心，也很体贴，无论是与上级交往还是与下属共事，都能表现得殷勤周到、举止得当。

- **凝聚力与集思广益的能力**：失败者往往很迟钝，也很喜欢操纵别人，无法建立发展一个能够相互合作的人脉；成功者可以海纳百川，与各种各样的人融洽相处。

这个时代、这个世界需要什么样的人才

费洛迪（Claudio Fernández-Aráoz）在高管猎头公司亿康先达驻布宜诺斯艾利斯办事处工作，他负责在拉丁美洲搜寻管理人才。他比较了227个相当成功的高级管理者和23名工作中的失败者。[18] 他发现，失败者的智商与专业技能几乎都不错，他们致命的缺陷在于情感能力不足，尤其表现出傲慢、过度依赖高智商，无法适应当地随时出现的错综复杂的经济波动，不善于分工或者团队合作。

在德国和日本所做的比较研究也得出了相同的结论：失败者最大的缺陷在情商方面，即使拥有专业技能和认知能力的优势，仍然难免失败。在德国，3/4的失败者在情商方面存在严重缺陷；在日本，这类人的比例也超过了1/2。[19]

在拉丁美洲，情商方面的缺陷几乎意味着一事无成。在德国和日本，情况还没有那么严重——至少现在还不至于。费洛迪对我说：“这几年，拉丁美洲经历了一场巨变，就是极端的通货膨胀，时局动荡不安，经济从计划经济转向自由经济。巨变每天都在发生，因此在这种环境中经验往往不如适应能力那么重要。你需要与同事、客户、供货商乃至每个人保持密切的联系，以便时时掌握局势。随时会出现新的组织形态、新型并购和联合、新技术、新规则。我们认为，在这

样一个动荡的环境中工作，你若缺乏情商，就注定会失败。这就是每个人未来的前景。”

英国航空公司的外联部主管凯文·默里（Kevin Murray）这样总结道：“正在经历巨变的组织对情商的需求愈加迫切。”

职场上的彼得定律

有一位年轻的工程师在校时学习成绩优异，毕业后到一家环境工程公司工作，可是没多久就被解雇了。为什么呢？他的上司透露：“他在工作上表现出色，但他无法按照指示执行，总是一意孤行。当上级告诉他设计与计划书要求不一致时，他极力狡辩，很难接受他人的信息反馈，似乎别人的反馈对他来说是一种人身攻击。

“当其他工程师请他帮忙时，他总是一口回绝，谎称自己忙不过来。因此他处处树敌，当他需要帮助时，别人也会选择袖手旁观。”

那些表面上前程似锦、智商高、有技术专长的人却以失败告终。人们曾对那些一度事业顺利、后来走下坡路的管理者进行研究，其中大部分人智商高且有精湛的技术专长，[20] 他们的专业技能正是他们进入管理层的敲门砖。

但是一旦他们跻身管理层，他们的专业技能就成了一种尴尬的累赘。他们因自己的专业技能而心高气傲，对同事颐指气使。即使有人比他们更加专业也不能让他们虚心受教，这一点足以让这样的管理者成为孤家寡人。

这就是彼得定律在职场中的体现：某人晋升到一个他不能胜任

的职位上，他们晋升是因为专业方面有所长，但是到了新岗位，他们突然发现自己大部分的工作是管理，而非自己的专业技术领域，比如他很精通数学，这就意味着职场中趋向于由不胜任的管理者从事管理工作。

彼得定律的确道出了现实的症结：很多人武断粗鲁、轻率、人际关系紧张，但这样的人挤满了各组织的管理层。典型的错误观点就是，一个人只要有一技之长，那么他就应该具备管理能力。桑迪亚国家实验室的主管保罗·罗宾逊（Paul Robinson）解释说："我将这种情况称为'乔丹效应'。我常在科学实验室见到这种情况：主管离职后，马上有一位最优秀的科学家接替他的位置。但是这就好像芝加哥公牛队的教练离职了，你让迈克尔·乔丹接替教练的位置。乔丹确实是一位杰出的篮球选手，可是如果让他执掌教鞭，他不一定能指导好其他队员，他也许从来没有考虑过怎样指导。所以如果乔丹不上场，只是坐在场边凳子上旁观，那么公牛队会发挥得怎么样呢？我们的情况也类似，我们需要那些杰出的科学家留在实验室里，而不是在办公室里做管理。"

为了避免这样的难题出现，波士顿银行的首席执行官艾拉·斯蒂芬妮（Ira Stepanian）有更好的办法："我们建立了'双轨制度'，承认一些人是一流的技术精英，擅长专业技能。如果让他做技术，他会很喜欢自己的工作；如果让他从事管理，那么就会多一个三流的管理者，他也不会在工作中得到乐趣。如果不精于人际交往，他们也不会成为顶级的管理者。我们尝试跟他们分享这条'彼得定律'，鼓励他们继续留在技术专业的轨道上。”

而且，“彼得定律”放之四海而皆准。举例来说，诺德斯特龙的销售明星麦卡锡在职业生涯的早期曾经被提升为部门经理，但只任职了一年半，他又回到了销售部。[21] 他解释说：“我最擅长的就是销售，只有做这个工作，我才能如鱼得水。”

高技术人才情商低？

日立数据系统公司的一位主管向我透露：“信息技术部的员工以擅长高科技而闻名，却不太善于社交。他们通常缺乏同理心和社交能力。信息技术部的员工与公司其他部门的员工都合不来，这是众所周知的。”

我觉得这种说法反映了一种文化的错觉，人们都将搞信息技术的人想象成“计算机怪物”。我做出这种假设是因为我认为情商与智商基本上是相对独立的。

但是一位在麻省理工学院任教的朋友主张，智商极高的人往往缺乏社交能力。斯蒂芬·罗森（Stephen Rosen）使用了“受过训练的低能儿”这个词形容这群人。斯蒂芬本人是一位理论物理学家，目前正在研究科学家事业失败的原因。[22] 他解释这种现象说：“高智商的人在情商和处理人际关系方面失败的例子数不胜数，这就好像智商是以人际关系和社交能力为代价换取的。”

要掌握某些技术专长就需要很长时间一个人独自工作，通常在童年或者青少年早期就要开始学习，而这段时间正是人们在与朋友的互动中锻炼社交能力的时间段。人在情商与智商之间做了选择。卡内基梅隆大学的心理学家罗伯特·E. 凯利（Robert E. Kelley）指出，一个人如果很喜欢某个领域，比如计算机或工程这样典型的、需要高度认知能力的领域，他们的动机可能是为了不用处理情绪上的问题。“这就是为什么一些性格古怪的人很喜欢工程之类的研究领域，因为他们觉得只要埋头做好技术上的工作就可以了，不需要处理复杂的与人交流之类的麻烦事。”

当然，这不是说所有高智商的科学家都不懂社交，但是这些特殊的领域都需要特殊的专业技能才能胜任，这是需要付出代价的，而这个代价就是人的情感方面的能力。在这些特殊领域内，既有高超的专业技能又有社交能力的出色管理者真的为数不多。

加州大学伯克利分校的研究人员在 20 世纪 50 年代开始了一项特殊的调查研究，他们对 80 个科学专业的博士生做了深入的智商测验和情商测验，而且请心理学家对他们进行面试，评估这些博士生的情绪稳定程度、人格成熟程度、个人品行和人际交往能力。[23]

40 年后，这群博士生的年纪都到了六七十岁，再对他们进行调查研究。1994 年进行了一次追踪调查，调查的标准是这个人在工作方面是否成功，这些调查是由他们各自领域的专家和“美国科学界名人录”这样的机构进行评估的。调查的结果是：在决定事业成功与个人声誉方面，情感能力的重要性几乎是智商因素重要性的 4 倍，甚至对于那些高知人群来说也如此。

曾在埃克森石油公司工作的一位工程师告诉我：“你的学业分数

不能让你更加出色，因为这里每个人都是学校里的优等生。个人特质才会拉开人与人之间的差距，比如坚持的特质、愿意谦虚地向他人求教的态度，以及愿意投入更多的时间、愿意更加努力的心态，才是最重要的。”欧内斯特·O. 劳伦斯（Ernest O. Lawrence）是诺贝尔物理学奖获得者，他曾经创建伯克利实验室，这个实验室后来以他的名字命名。他说：“在科学领域，个人的杰出成就并非意味着他专业方面的精湛技术，而是他高尚的人格特质。”[24]

有效培养情感能力

认识到上述事实，各高校纷纷发起一个新运动——加强情感能力的培养，让走出校门的工程师和科学家都具备较强的情商。全美大学发明和创新联盟理事长菲尔·韦勒斯坦（Phil Weilerstein）告诉我：“工程师在未来所需要的技能和他们所学的不一样，他们不仅是坐在通用动力公司那些小办公室中潜心设计螺旋桨的叶片，如今，他们需要灵活变通，才能应对三四年一次的工作变动。他们需要成为团队的一员，产生创意，并将创意付诸实践，而且能向别人推销它。要学会接受反馈信息和别人的建议，要随机应变。过去培养工程师时忽略了这些方面，将来这样的工程师自然不能胜任。”

施乐公司在硅谷的研发团队的主管约翰·西里·布朗（John Seely Brown）对我说：“每当我告诉别人，我们并非要找那些最聪明的人，对方一定会十分惊讶。这些年来，我从来没有用大学成绩评估过任何人。我们觉得最重要的两种能力是敏锐的洞悉事理的能力和追求成功的驱动力。我们需要的是大胆又脚踏实地的人。”

但是洞悉事理的能力、驱动力、大胆又脚踏实地究竟指的是什么呢？这些特质和情商有什么联系？对工作效率起决定性作用的又是哪些能力呢？

关于这些问题的答案，我们将在第四章详细论述。

Part

- 2 -

第二部分

自我控制：
让情绪为我所用

第四章

发挥你的优势：工作情商的内在准则

我有一位好朋友是内科医生，有人曾经提供给他一个职位：如果他离职去一家新开的疗养院做医学总监，并且为这家疗养院投资10万美元，那么据说他的股份价值会猛增至400万美元，这项投资看起来十分诱人。

我的朋友很喜欢这个疗养院的计划，人们在那里可以度假，与此同时可以疗养身心，还有投资的前景也非常好。他实在不能抵抗这种诱惑，他将诊所卖掉，将资金投入疗养院，去那里当了医学总监。但是，就在开业当年，他发现那里根本没有医疗项目可以做——他每天主要做的是销售人员的工作，他要说服感兴趣的人分期付款购买疗养院的公寓。

一天，当他开车去上班时，他猛击汽车方向盘，狂喊："我做不到！我做不到！"他事后也对自己的举动感到惊诧。随后，他将车开到路边，花了几分钟平复了一下自己混乱的心情。平静下来，继续开车上班。

一年之后，那家疗养院倒闭了，他也破产了。

他现在承认，一开始他就有一种感觉，认为那个工作有些问题，那个方案描绘的前景太过辉煌。这个项目主要涉及房地产开发，而非防御性医学。但是，当时他十分渴望一次改变命运的机会，而且金钱的刺激也非常强烈，以至他忽视了自己的顾虑——这令他追悔莫及。

生活常常给我们一些两难的决定，而并非一些清楚简单的“非黑即白”的判断，不像我们在学校里学习的风险决策和分析的案例那样一目了然。课堂里学习的方式被人为地夸大，人们觉得用所学的方法可以做出我们工作中真正的、日常的选择：我们晋升谁，与哪家公司合并，采取什么市场策略，是否接受这笔生意。当这种决策时刻来临时，我们内在的感觉（就是我们内心深处的感觉）认为什么是对的、什么要拒绝，这个感受所提供的信息十分宝贵，我们一定不能忽略，否则我们会在一个月或者一年之后后悔我们的选择。

跳出“非此即彼”的固定模式

我的那位朋友后来接受的工作看起来很好，但只是理论上如此。然而，比经济前景的预测更重要的还有一些无形的因素，比如那些人是否值得信任以及他们的能力。

虽然没有一个简单的量化方式衡量做决定时哪个方面最重要，但是我们确实有很多以预感的方式出现的数据供我们参考，而且像我的朋友所做的那样，我们常常会忽视这些数据，选择铤而走险。

有 60 位成功的企业家，他们经营的公司每年收入从 200 万—4 亿美元不等，他们当中只有一位说他的公司决策只按照经典的“三段论”方法，但是他还是说他最后一个决定是凭直觉做出的。[1] 其他人都用感觉肯定（或者否定）一个理性的分析，或者一开始就接受感觉的指引，接着找到一些支持他们预感的数据或者理论根据。

一位企业家告诉我："第一步是要逐步开始工作，要头脑清醒，小心谨慎，要仔细分析……但是与此同时情感方面也会起一定的作用。我觉得理性与感性因素都要兼备。"

另一位企业家指出，想要单纯只凭理智做决定是不切实际的，他将其称为"纸上谈兵"，他说："当你持一种完全客观的态度工作时，你有的只是一些死板的数据而已。但是，你内心已经有一个测量这些数据的仪器，那个指针正在测量你的感受。有时你头脑里有个声音说'哦，这样做会让很多人发火'，或者第六感会告诉你'是的，但是感觉还不错'。我开始觉得这个决定好像值得信任了。"

内在感觉的源头

理解主观趋势的能力有其发展上的根源。内在感觉中的大脑范围比新大脑皮质的浅表层更大，负责理性思维的中枢位于大脑最表层的部分，而预感来自于大脑更深的部位。预感产生于环绕在脊髓顶部的脑干的情绪中枢（这部分也被称为"杏仁核"），以及与其连接的神经回路上。有时，这个神经回路也被称为"泛杏仁核结构"，它延伸至位于前额后的前额叶的大脑执行中心。[2]

大脑将人生阅历的不同部分存储于不同区域内——一种记忆的源头在某个区域内进行编码并储存于某一区域内，视觉、听觉和嗅觉则在其他区域，以此类推。杏仁核是人生经历所产生的情感的储存库。

如果我们对一次经历有情感上的反应，无论多么细微的反应，看起来都会被编码储存于杏仁核中。[3]

杏仁核作为储存我们人生经历片段的储藏室，不断地为我们发出有关感受的信息。每当我们有任何一种偏好，无论是我们在餐馆里点了意大利汤饭而没有要鲈鱼特色菜，还是急切地想抛售某只股票，都是来自杏仁核的信息。通过与杏仁核有关的循环系统，尤其是连接内脏器官的神经回路，我们对面对的选择做出身体上的反应，这就是内在感觉。

这种能力像其他情感能力一样，可以通过人生经验的积累而提高。南加利福尼亚大学的研究对象中有一位成功的企业家，他说："这是某些人怀有的动觉感受。我想，年轻时的直觉不如年长时的强烈，因为人生阅历不足……这就像你的内心告诉你某些事，你的身体会发生由大脑活动触发的化学反应，胃痉挛，这时你的内在感觉似乎在说'这件事感觉不妙'。"

对于这种指引敏感性的激励有一个经典的术语——智慧。我们将看到，那些不理会或者低估这种来自人生智慧储藏室信息的人最终将自食恶果。

难以做决定的律师

安东尼奥·达马西奥博士是艾奥瓦大学的神经学家，他曾经治疗过一位患者，这位患者是才华横溢的律师。几年之前，这位男士被查出脑瘤，万幸的是发现及时，手术还算成功，但是医生不小心在手术中切断了他前额叶与杏仁核相连的神经回路。这个结果让人十分困惑，也很有戏剧性。一方面，这位律师没有表现出任何明显的认知能力缺陷；另一方面，他在工作上节节败退，后来失去了工作，也不能从事其他工作，最终彻底失业了，他的妻子离他而去，他又失去了自己的房子。[4]

这位律师向达马西奥求助。达马西奥看了看他神经系统检查结果，结果显示一切正常。达马西奥也感到一筹莫展。之后一天，他注意到，当问这位律师“我们下次什么时候见面呢”这样简单的问题时，律师能告诉他在未来两个星期内他可行的时间——什么时候可以、什么时候不可以，但是律师无法决定哪个时间最合适。

达马西奥意识到问题的症结：这位律师对自己的想法没有一点儿“感觉”，所以说不出哪个时间最合适。达马西奥的结论是，我们的大脑的构造与计算机不同，在做出单纯的赞成或者反对某一决定的时候，计算机会按照我们曾遇到过的类似情况积累的经验做出一个有理有据的整齐的现成答案。相反，我们大脑的工作更加微妙：它会衡量先前的经历的情感承受度，通过预感和内在感觉给我们一个答案。

这种头脑深处的是非感正是每日背景情绪趋势的一部分。这种感觉无处不在，每当有想法涌动，这种感觉就会出现。有种理论认为有“纯思维”（即排除了感觉的思维）的存在，这种理论只是虚构的神话而已，它忽视了每天与我们如影随形的微妙情绪。我们每日所做、所思、所想、所忆都有这种感觉，思维与感觉错综复杂地交织在一起。

这种昙花一现的感觉特别微妙，但是也很重要。这不是说内在感觉比现实重要，而是说应该将内在感觉与现实结合权衡利弊。请不要忘记，这种感觉将为我们人生的航向提供重要信息。这种是非感暗示我们，这件事是否符合我们的偏好、价值取向和处世哲学等等。

直觉的力量——最初的 30 秒

信贷经理要具备这样的能力：即使贷款数额看起来正常，他也必须预感到这笔贷款可能出现的问题；管理人员在研发一项新产品时必须根据投入的时间和资金，决定这笔生意是否具有投资价值；招聘者一定要对几位应聘者做出推测，确认他们中哪个人最能在工作团队中发挥优势。所有这些决定都需要将我们有关是非的直觉融入决策过程。

有一项研究针对 3 000 名主管做调查，这项研究表明，在很广泛的领域内，身居高位的管理者都很擅长用直觉做决定。[5] 一位事业有成的企业家说过："凭直觉做出的决定就是潜意识的逻辑分析……大脑以某种不为人知的方式经过分析比较，得出我们可以权衡的结论。简单来说，就是这么做要看起来比那么做更好。"[6]

直觉在工作的人际交往中扮演很重要的角色。伯恩·约翰逊（Bjorn Johansson）是苏黎世猎头公司的总裁，这家公司专长就是给跨国公司搜寻高级管理人才。他曾经说："我们的工作凭借的就是一种直觉。首先你要了解一家公司的氛围，先要评估一下公司的首席执行官——他的个性和抱负、他的气场和公司文化氛围。我必须了解管理层是如何工作的，他们之间的关系如何。这里，感觉到每家公司的

‘味道’就是你可以感觉到的微妙的特质。”

约翰逊的大脑先将这种“味道”登记在案，再对申请求职者进行评估。关键的判断来自直觉：“在见到求职者的前 30 秒内，我就知道了这个人是否与我的客户气味相投。当然，我也需要分析他的工作经历、推荐评价和他的喜好等等。可是，如果他连第一关（我的直觉）都过不了，我就不用麻烦了。如果我的大脑、心思和直觉都认为他是合适的人选，那么他就是我要推荐的人了。”

这个说法与哈佛大学的研究数据是相符的：人们见面的前 30 秒印象就奠定了随后的 15 分钟甚至半年的印象。比如，人们观看 30 秒某教师的讲座视频片段后，他们可以评估每个教师的教学水平，而这种评估 80% 都是准确的。[7]

这种即时直觉的敏锐性可能成为基本的早期预警系统的残留部分，这种直觉可能植根于“忧惧”这样的情绪。加文·德贝克尔（Gavin deBecker）是负责名人安全事务的专家，他将“忧惧”这种情绪称为“恐惧的一份厚礼”。[8] 这个能嗅到危险气息的预警系统可以提醒我们某件事感觉上“不妙”。

• • •

直觉与内在感觉显示出源于我们大脑内部情感记忆库（即我们智慧与判断力的宝库）的信息。这种能力位于自我意识的中心，自我意识又是形成三种情感能力的技能，这三种技能包括：

情绪意识：对自己的情绪怎样影响表现的认识，以及运用自己的价值取向做决定的能力。

准确的自我评估：一种客观评价自己的优势与局限的坦率的感觉，清楚地认识到哪里需要提高，以及从经验中学习的能力。

自信心：来自于某种能力、价值取向与目标的勇气。

情绪意识

认识到自己的情绪和这些情绪的效果。

人们一旦具备这种能力，就可以：

- 知道他们产生什么情绪，为什么会有这种情绪。
- 认识到人们的感觉与所思、所言和所行的关联。
- 认识到人们的情绪会影响他们的言行。
- 对他们的价值取向与目标有一种指导意识。

有一个人是华尔街一家大型投资银行合伙人的候选者，但现在他遇到点儿麻烦。

他的公司让他去看精神科医生，那位医生说："他能够事业有成，是因为他能够征服妨碍他成功的 切事、一切人。但是他将这种披荆斩棘的精神也用在了不该用的地方，他易怒，他的怒气伤害了周围的人。没有人愿意与他共事，也都不愿意为他工作。然而他一定没有意识到自己一直受情绪的支配。"

这种对"我们的情绪如何影响我们的言行"的意识是一种基本的

情感能力。如果缺乏这种能力，像上文提到的候选者那样，很容易变得十分脆弱，任由情绪左右。这种意识是指导我们在工作上的表现、管理失控的情绪、让我们受到鼓励的能力，是调节自己的情绪使之与周围环境相协调的能力，是培养开拓领导、团队精神等相关社交技能所必需的能力。

出色的咨询师和精神科医生都向人们证实过这一点，这也不是什么令人惊讶的事。理查德·博亚特兹（Richard Boyatzis）研究过咨询师的自我意识，他说："这是一种注意力，有了这种能力就可以知道内心的感受，也能辨明微妙的信号，因此可以知道自己的感觉是什么，这样也能继续对自己的行为做出指引。"

同样的技巧可运用在大多数工作中，尤其是在处理有关人的敏感问题方面。例如，美国运通公司的财务咨询顾问的情绪意识关系到他们的工作业绩。[9] 咨询顾问与客户的相互作用十分微妙，不仅涉及有关金钱的棘手问题，而且在讨论人身保险时还牵涉最敏感的道德问题。

美国运通公司发现，在这种互相作用中充满了忧虑、不安和怀疑等情绪，但是这些情绪会因为急于达成交易而被忽视。美国运通公司意识到他们必须帮助这些咨询顾问调节情绪，好好地解决情绪问题以帮助他们更好地为客户服务。

在第十一章中我们可以了解到，美国运通公司的财务咨询顾问们接受训练，加强了情绪意识，更能从客户的角度为他们着想。咨询顾问与客户更容易建立起可靠的长期关系，凭借此关系，客户更愿意花更多的钱。

在这种能力方面表现出色的人能随时察觉到自己的情绪是怎样的。分析这些情绪在生理上引起的感觉，能明确地形容那些感觉，并且能将其表述出来。情绪意识可产生另一种效果——我们的情绪会影响与我们打交道的人。对财务咨询顾问来说，这意味着必须意识到自己的情绪一定会在与客户的相互作用中引起某些反应——可能是正面的、也可能是负面的。

一个人如果具有情绪意识，那么他在任何时候都会认识到自己的这些情绪自然规律的表现。他可以表达出这种感觉，在表达时也能做到态度得体。

美国运通公司的咨询顾问意识到，他们的规划不仅需要情绪意识，还需要具备一种能意识到自己的工作生活、健康和家庭关注是否平衡的能力，也要具备将个人价值取向和目标与工作相配合的能力。我们列举的一切能力都是建立在自我意识的基础之上的。

感觉之流

我们出身和成长背景的感觉之流与我们的思想之水平行流淌。我们总是有各种各样的情绪，有时我们并不擅长调节微妙的情绪，这些微妙的情绪随着我们的日常生活时起时落。比如，一觉醒来，对工作的莫名的挫折感可能油然而生，千变万化的情绪来了又去，在一天中潮起潮落。

在我们所处的时代中，工作忙碌且充满压力，我们的头脑已被思想的溪流占满：计划下一步要做什么，专心做手头的工作，专注于未完成的工作。要感觉这些情绪的暗流就需要暂时放松头脑——这是我们很少做的事。我们的感觉与我们如影随形，但是我们很少重视它。相反，当我们特别留意这些情感时，正是我们情绪积累得十分强烈甚至要崩溃时。但是如果我们平时留意的话，我们可以在情绪出现微妙变化时捕捉到它，就不必等一发不可收拾时才留意。

现代生活的忙碌节奏与步伐让我们几乎没有时间消化、反省和做出反应。我们的身体需要较慢的节奏去适应，我们需要时间内省，但是我们没有或者根本没想去做。情感有其自身的日程与时间表，但是我们忙碌的生活让情感无处放置，也没有喘息的时间，所以情感就隐藏起来。心理的压力淹没了内心发出的微弱的声音，而这个声音正好是指引我们人生的内在方向舵。

有些人不能了解自己的感受，这是一种极大的缺陷。在某种意义上，他们是情感上的文盲，没有注意到现实的领域，而这个现实对于一生的成功来说至关重要，更别提工作了。

对有些人来说，他们患上了情感的“聋哑症”，他们对自己的身体发出的信息（比如，慢性头痛、下肢酸痛、焦虑不安）置若罔闻，实际上这表明我们身体的某部分出现问题了。另一个极端就是“述情障碍”，这是精神科术语，形容有些人对他们自己的感觉十分困惑。这样的人外部世界更加清晰具体，而他们的内心世界却不是这样。他们对自己的内心世界浑然不知，无法分辨出各种情感的差别，无论是合心意还是不悦，他们的情感差别十分微小，尤其缺乏敏感的情绪，诸如快乐。对于这样的人来说，情感上的细微差别真的难以捉摸，所以他们不能用内心感觉引导自己的思想与行为。

但是，自我意识是可以后天培养的。爱德华·麦克拉肯（Edward McCracken）是西里肯制图公司的首席执行官，他说："在我们这个行业，通常没有时间思考。你必须做你的家庭作业，但是之后你也要用直觉感受一下，不要让你的头脑参与。"麦克拉肯这种专为感受直觉而抽出时间的方法行得通吗？他每天都沉思，已经坚持了10年。[10]

他的方法就是给自己充分的时间触发内心深处的感觉和安静的氛围：拿出一些时间"什么都不做"。"什么都不做"最有效的方法不仅是放下工作，还要杜绝一些无聊的事浪费时间，比如看电视，或者更糟的是在看电视时还要做别的事。相反，这意味着将有明确目的的活动搁置一旁，让自己的头脑打开一扇门，通往深处，安静地感受。

自我意识：内心的晴雨表

理查德·阿布杜（Richard Abdoo）有一个好办法：无论他的工作多么繁忙，他都会一周抽出8小时进行独自一人的反省。[11] 他是威斯康星能源公司的首席执行官，这家公司是年产值高达20亿美元的公用事业公司，他要十分努力才能胜任。阿布杜是一位虔诚的天主教徒，因此他经常花几小时进行长时间的漫步。有时，他也用其他方式进行沉思，比如在自家的工作室里做手工，或者一边骑着哈雷摩托车一边沉思。阿布杜解释说："你必须强迫自己花一些时间远离浮躁的尘嚣，这样你才会再次面对现实。如果你不用足够的时间进行沉思反省，你就难以控制自己的情绪，四处碰壁，惹上麻烦。

会惹上什么麻烦呢？比如，可能会偏离我们的价值观。个人价值观并非缥缈的抽象概念，而是个人信条——只可意会。无论这种价值观是否积极，我们的价值观可以转化成情感力量，或者与我们产生共鸣。

确实，自我意识可以作为内心的晴雨表，它可以帮助测量我们正在做的（或者将要做的）是否值得，而感觉就是晴雨表上不可或缺的刻度。如果行为与价值观之间存在分歧，就会产生内疚感、羞耻心、疑虑、三心二意、恶心或懊悔自责等等。这样的不安举动好像是情感上的累赘，接着会引发妨碍或者破坏我们努力的情绪。

另外，如果所做的选择与内在准则一致，我们就会感觉充满力量。这些选择不仅使我们觉得自己是正确的，而且能使我们专注于追求的目标。有一项针对“脑力工作者”（这里所说的是工程师、计算机编程人员和审计师）的调查显示，行业的佼佼者觉得自己的职业选择与自己对工作意义的认识完全一致，他们在工作中会有成就感，而且觉得自己有所贡献。[12]

普通员工则满足于他们负责的工作项目，表现出色的员工就会考虑从事哪些项目可以鼓舞人们更加勤奋，哪个人的想法能够转化为一个好项目。他们直觉上就能知道哪些事自己可以做得最好，而且还很享受其中的过程，也知道哪些事他们没有能力做。他们的表现之所以非常出色，是因为他们能正确选择一些能够专注且能够受到激励的工作。

人们如果依靠内在感觉选择什么事值得做，就可以将情感上的惰性降至最低。但不幸的是，太多的人感觉自己不能体现他们工作中的深层价值，他们认为公司不会容许他们做这样的事。

有一种观念就是莫谈价值，这种观念曲解了激发员工的集体意识，对我们大多数人来说，这种观念夸大了金钱的用途。南加利福尼亚大学曾对 60 名事业有成的企业家进行过一项调查，调查显示这些人中没有一位炫耀自己的财富。调查的结论是，比金钱更能推动这些成功企业家的元素包括：开创事业的刺激性与挑战性，当老板的自由，可以有发明创造的机会，以及通过自助实现对他人的帮助。

除了经济上陷入绝境外，人们不会只为金钱而工作。达到目标的雄心壮志与激情激发着他们的工作热忱。人们一旦把握机遇，就会留意到机遇对自己的意义，也会认识到自己的义务、天赋、精力与职业技能是否得到充分的发挥。这也意味着有些人会为了找到更适合自己的任务而换工作。

规划你的事业

在我们 20 多岁、30 多岁和 40 多岁时，开创一番事业、名留史册的欲望会一直驱动我们。40 多岁或 55 岁之前，人们就常常会重新定位一下自己选择的目标。因为人处在此时，开始意识到人生苦短，当哀叹青春不再的时候，就会重新审视人生最重要的一切。

斯蒂芬·罗森是一位法律咨询专家，专门为希望自己的人生更精彩的专业人士提供建议，他也会给陷入绝境、失去工作的人提供援助。他提到："许多公司的主管或者律师到了中年，年薪为 7 位数，开始希望为社会做点儿贡献，或者自己运营一家餐馆。"

有一位咨询师曾经评估过通用电气、美国数字设备公司和美孚石油公司等大型公司的主管，他告诉我，许多主管在中年时，"对一些青睐的项目表现得十分兴奋，这些事包括做学校的董事会成员，业余时间经营小生意。但是他们对自己的工作感到厌烦"。一位十分成功的企业家曾经开创了自己的事业，之后却十分厌烦自己管理的公司，他说："这家公司一直束缚着我，我都快窒息了……我不喜欢我的工作。如果让我安装小艇的引擎或者干点儿别的，我会觉得更有意思，就是不干现在的工作就好。"[13]

有一句话说得好："如果你不知道要去哪，条条大路通罗马。"我们越是找不到能激发自己热情的东西，就越感到失落。丧失激情甚至会影响我们的健康。[14]

有自我意识的人心中有明确的标准，在事业方面做决定时，他们的选择与自己内在的标准是和谐统一的。波士顿大学管理学教授凯茜·卡拉姆（Kathy Kram）告诉我："有些女性高管刻意压制自我意识，她们可能事业有成、身居高位，但是在人际关系方面一团糟。她们与人交往主要是把人脉当作工具，交往时目的性很强——这通常是男性在社交时体现出的特色。结果，这些职业女性付出了沉重代价，自己的生活犹如枯树一般乏味。"

上述难题不仅出现在女性身上。"很多主管（尤其是男性主管）从没真正想过培养自己的内在为人是多么重要，"领导力培训机构

KRW国际纽约总部的执行培训师迈克尔·班克斯（Michael Banks）告诉我，“他们从不想想看，他们在压力下的所作所为，他们努力保持忠诚、展现才华，或是达到基本的工作要求，这几点之间存在什么关联。也许等到他们年近不惑时就会有一种若有所失的感觉，他们可能遭遇婚姻破裂，或是发觉自己心烦意乱、频频出错。不过，危机也可以是转机，他们可以卸下与人交往时冰冷的外壳，在危机中自省，更留意自己情感方面的因素，并开始以新的角度重新审视自己的人生。”

注意力——我们宝贵的财富

有一位律师是一家法律事务所的合伙人，生意做得风生水起，腰缠万贯，事业有成，然而他到了50岁时却为某事苦恼不堪。

肖沙娜·朱伯夫（Shoshana Zuboff）是一位心理学家，也是哈佛商学院的兼职教授，他告诉我：“这位律师一直以为自己50岁时的生活会更称心如意，可以自由安排时间。事实却恰恰相反。他发现，自己成了以小时计费的赚钱机器，成了金钱的奴隶，他总被迫满足其他合伙人的要求，任凭客户对他呼来唤去，他赚得盆满钵满，却无形中成为别人的‘奴隶’。”

他接受了一种奥德赛疗法，这种特殊疗法有助于他进行自我反思，结果他治疗后重新回到了现实。[15] 这种疗法是由朱伯夫开发出来的，一开始它的治疗对象只限于哈佛商学院校友，但是这种疗法很容易普及，所以后来也应用于人到中年的商务人士和职场中人。奥德赛疗法之所以流行，是因为它给人提供机会进行自我反思，重新审视自己的生活。通过该疗法，他们会找出以下问题的答案：“我是谁”、“我往何处去”以及“我想要什么”。

朱伯夫说，参与治疗的人都是事业有成的人，他们早已实现了自己二三十岁时树立的目标。可是当他们展望未来，想在今后二三十年取得更好业绩时，不禁问道：“下一步我想要什么？”

朱伯夫认为，一般来说，很多人在事业有成后进一步追求的目标是“怎样让外界对自己的工作高看一眼，他们会努力让自己看起来更有魅力，更努力推销自己，他们认为自己的工资、职位以及工作所在地这些因素可以量化自己的进步，他们也与自己的同龄人进行比较，看看自己进步如何。我们的方法却不同，我们鼓励当事人从内在的自我入手，留意自己的感受，让他们看看自己哪些情感因素需要得到满足”。

很多参与奥德赛疗法的人的事业飞速发展，好像一列高速行驶的火车——这列火车速度太快，他们没有时间考虑自己是否真的想在这条路上继续前行，也没有选择的余地。而奥德赛疗法恰好提供给他们一个机会，让他们在人生旅途中暂停一下，找机会审视自己的内心，进行反省。该疗法从第一周起就帮助参与者把注意力放在内心世界，让他们注意自己对目前所想所做的事有什么感觉：在随后三周，他们要继续深入思考，反省自己的行为；在最后一周里，他们与自己的配偶一起规划未来的生活。

朱伯夫解释说：“以往，人们以为情感因素是无关紧要、杂乱无章的，现在他们要消除这种错误观念。这些参与者必须认识到情感是人们对事物做出反应的另一种形式，它本身很微妙，也是人类搜集信息的重要途径。我们只有在感觉上没问题，才能知道下一步该做什么。注意力是我们非常宝贵的资源。情感是身体对外界环境的反映，我们想要了解自己所处的境况，就必须熟悉自己的情感。这些企业家突然明白，以往他们认为不重要的情感因素竟然这么重要，以往他们以为重要的因素往往只是貌似重要而已。所以，他们现在只有通过情感因素才能得到‘我正走向何方’这个问题的答案。”

朱伯夫还告诉我，之前提到的那位律师经过一周的反思后大彻大悟，他明白自己如今并不像以往那么需要这家律所，尽管他的生意伙伴仍用两个人的名义经营。他曾经一直活在别人的期待中，反而成了不快乐的“奴隶”。现在他与儿子一起做牲畜贸易，从中获得了极大的快乐。尽管这家新公司的创立仅出于爱好，但是不久他就为之着迷，很喜欢它的挑战性，也感到乐趣无穷。

这位律师经过一番反思之后进一步采取了行动，在随后的两三年，他把工作时间削减了一半，用剩余的时间进行他的牲畜贸易。结果怎样？两年后，他的成绩不可小觑——他半年内从牲畜贸易中赚的钱比他在律所两年赚的钱还多。

朱伯夫说，更重要的是，“他现在很快乐。曾经他总是早早起床，匆匆去上班，整日愁容满面。现在他充满活力，脱胎换骨一般”。

准确的自我评估

了解自己内在的资源、能力和局限。

人们一旦具备这种能力，就可以：

- 了解自己的优势和局限。
- 从经验中学习和反思。
- 对别人的反馈和新观点保持开明态度，不断学习和自我完善。
- 富有幽默感，能充分表达自己的观点。
- 自我检验，告别昨日自我。

莫特·迈耶森（Mort Meyerson）接受佩罗系统公司的邀请，出任该公司的首席执行官，那是他觉醒的开始。他曾担任EDS大型计算机服务公司的首席执行官，可是到新公司才六个月，他就发觉佩罗的一切都与EDS不一样——技术、市场、目标客户，甚至一起共事的公司同事以及他们的工作动机都不一样。

他认识到自己必须做出改变。他十分坦率地进行反思，他曾在一篇文章中这样写道："我曾以为自己很清楚怎样做个领导者，结果我大错特错。看来我在这里要做的头等大事是重新了解自己。"[16]

迈耶森花时间"认真自我反思"，他反复回想自己曾引以为傲的领导方式。回顾以往，他想起自己领导EDS的日子，作为一个领导者，他极为成功，也冷漠无情。在他任职期间，EDS每季度获利丰厚，年年如此，员工的待遇迅速提高。可是，在那段日子里，员工虽然工资挣得多了，但是他们承受的痛苦也更大。在EDS，员工一周工作

80个小时是司空见惯的事，他们被管理者呼来唤去、任意差遣，对于个人生活受到怎样的影响，管理者从不加以考虑——员工也不可有任何异议。员工常把自己的工作团队称为“敢死队”，企业文化的基调用迈耶森自己的话说是“年轻、男性化、军事化”。

在EDS任职时，迈耶森领导一个50人的团队，他们负责为医保赔偿体系设计一个计算机系统，为了赶工期，每人每天工作18个小时。有一天，风雪交加，除了马克斯·霍珀之外，全体到齐。迈耶森怒不可遏，打电话冲着霍珀大声咆哮。因此霍珀第一个离开了EDS——后来霍伯发明了SABRE计算机订票系统，彻底改变了航空订票行业。

回想到这里，迈耶森承认自己太武断，行事鲁莽，换位思考看问题方面也太迟钝，所以才导致霍珀这么出类拔萃的员工流失。好多年过去了，迈耶森发觉，自己以往的领导风格导致了人才流失，他开始明白，原来自己以为是优点的方面竟然是缺点。比如，他在管理EDS时，与员工的交流方式遵循的是传统的阶级模式：“每6个月，我就走上讲台，进行一通精神训话。”他只把工作备忘录发给公司高层的几个人，与其他人则毫无沟通。

迈耶森逐步意识到，现代领导者需要尽力与公司中每个人保持紧密的沟通和联系。于是他改变了工作方法，专门开设了一个电子邮箱与员工保持联系，他每个月能收到上千封电子邮件，这些电子邮件来自公司各个部门的人。他仔细阅读每封邮件，如果公司某个团队业绩出色，他还会发电子邮件道贺——往往是这个团队刚取得好业绩不到一个小时就发给他们道贺的电子邮件。

乔·贾沃斯基（Joe Jaworski）曾在荷兰皇家壳牌石油公司企划部门工作，[17] 他说："在领导和帮助别人之前，你必须认清自己。如果你想做出惊人之举，或拥有非同凡响的表现，就必须乐于将自己的价值观和期望与公司的价值观和期望相结合。"

盲点

哈里是一家公司的总经理，他曾推出一项重大举措，想要消除公司内的等级制度，使员工也可以参与公司的某些重要决策。哈里对于"权力分配"和授权有了新的理论上的理解，可是一旦公司陷入危机，他就很难授权了。

在公司处于顺境时，哈里真的很愿意授权给能干的下属。可是一有任何风吹草动，他就草木皆兵，不再授权，任何人想在这时向他提什么建议，都是白费工夫。他这样做不仅有悖于自己主张公司权力下放的初衷，也打击员工对他的信心，他一方面大谈特谈授权的益处，另一方面反其道而行之，牢牢把握权力，无形中影响到他的信誉。

罗伯特·E. 卡普兰曾在创造性领导中心工作，他说："不幸的是，即使有哪位下属斗胆向哈里指出问题所在，他也充耳不闻，并且认为这样做没有什么不妥。[18] 一个人要想提高工作素质，首先应该认识到改进工作的必要性。可是哈里缺乏这种自我意识。"

如果对自身问题认识有限，我们有可能在事业上冒不必要的风险。我们比较一下成功者和失败者就会发现，虽然他们有各自的缺点，即使是成功的管理者也有这样或那样的缺点，但是成功者与失败者有巨大的差别，失败的管理者不能从错误中吸取教训，他们不能面对自己的错误。[19] 当有人指出他们的问题所在时，他们全然不顾。这种拒绝批评意见的做法注定了失败者不能做出改变、走向成功。

有人曾针对 12 家不同公司的数百名管理者进行了一项调查，结果发现，准确进行自我评估的能力是取得优秀业绩的关键，有些管理者表现欠佳，正是因为缺少对自己进行准确评估的能力。[20] 而成功的管理者虽然不是全知全能，但是他们能认识到自己的局限和缺点，这样，他们就有的放矢，知道怎样完善自己，也知道寻找什么样的人才合作，以弥补自己的不足。

我们的优势与劣势

一个在一家大型制造公司工作的人最近被提拔进入公司最高管理层，以前，他办事冷酷无情，经常无情地开除员工，所以人们称他为“挑剔专家”。KRW 的行政顾问凯瑟琳 · 威廉姆斯（Kathryn Williams）告诉我：“他的脸上从没有过笑容，他总是阴沉着脸，表现出很不耐烦的样子，时常大发雷霆。如果有人向他报告坏消息，肯定会遭到他的大肆指责，结果大家缄口不言。他不知道自己有多吓人。他的恐吓和粗鲁行为也许在挑毛病时还算有用，可是如今却渐渐损害他的人际关系。”

公司请威廉姆斯帮助这位管理者。威廉姆斯将他的行为举止用摄像机录下来，再播放给他看，向他指出那副板着的面孔会给人留下怎样的印象。威廉姆斯回忆说："当他看到自己的表现时，难过得流下了眼泪。"

掉下眼泪也许是这位一贯冷酷的管理者改变人生的机会，然而并非人人都愿意改变。一些人身居高位，他们常常认为如果改变了原来的行事风格就等于承认自己的失败，或者他们可能担心企业内有其他人与自己竞争。那么，一心要进入最高管理层的竞争观念也许会妨碍他们承认自己的不足。

我们都有否定不同意见的倾向，这是一种自我安慰的本能，这种倾向某种程度上能保护我们，让我们不至于知道一些残酷真相后而痛苦不堪。这种本能会有很多体现形式，使我们避免知道太多真相，甚至过滤掉重要的真实信息，我们也因此本能地寻找自己言行的合理之处，为自己找借口。总而言之，我们用尽手段避免了解真相，以保护自己的情感。

我们周围的人往往迎合我们这种否定倾向，我们很难了解到自己的真实情况，尤其是我们犯了错误以后，很少有人会直接告诉我们。管理者只有深入企业内部，与员工打成一片，才能获得最真实的信息。如果某个人做错了事，一般他的同事、下属或上司不会当着他的面提到，背地里却交头接耳，对他指指点点，横加抱怨。而当事人没有了别人的直言不讳，也许一时感觉良好。在《浮士德》一书中，浮士德出卖灵魂获取知识，可是到头来不过是一场骗局。现实生活中也存在着愿意蒙在鼓里的当事人，也有迎合当事人的旁观者，当事人牺牲了事实真相以获取一种平静和成功的错觉。其实，只有知道真相才能改进，才能提高。

如果一个人总是在问题出现时处理不得当，那么就说明他肯定存在某种认知上的盲点。在公司基层，有问题出现时如果处理不当，人们也许没那么在意，可是在公司高层，这些问题可能产生严重的后果，不可小觑。如果公司高层对某些问题处理不当，不仅影响当事人，也殃及整个公司的利益。

接下来我会列举出一些较为常见、同时也危害极大的认知上的盲点。卡普兰针对42名极成功的主管进行了研究，结果发现了这些盲点的存在。[21] 这42名主管包括企业机构的部门负责人，也包括首席执行官，研究结果发现公司各阶层的人或多或少都存在这些盲点。

- **盲目的野心**：不计代价要赢，或不计成本要让自己看起来"是对的"；喜欢竞争而非合作；夸大自己的价值和贡献；爱吹嘘，态度傲慢；对人的态度是非白即黑，非友即敌。
- **好高骛远**：给团体或组织设定野心太大而无法达成的目标；对于如何完成工作，心存不切实际的想法。
- **不顾一切地蛮干**：牺牲生活中的其他方面，拼命苦干；亏损经营；常常把员工累得筋疲力尽。
- **强加于人**：强迫他人像奴隶一样卖命，耗竭员工的心血；管理上事无巨细，紧握权力，不肯授权；态度冷酷无情，不顾及他人的感情是否受伤害。
- **渴求权力**：为个人私利而追求权力，不顾组织利益；不顾他人意见而一意孤行；喜欢掠夺他人劳动成果。

- **追名逐利**：醉心于荣誉；窃取他人劳动成果，对别人的失误横加指责；急于求成，做事半途而废。
- **爱慕虚荣**：过分看重面子；过分重视他人对自己的看法；喜欢造声势、讲排场。
- **想要表现得十全十美**：一旦听到批评，即使是实事求是的批评，也会勃然大怒，或断然拒绝；把自己失败的原因推到他人头上；对失败或是个人弱点概不承认。

事实上，上述盲点会削弱人们的自我意识。因为人们一旦真正了解自己，就需要承认自己的失误，但是他们不愿意承认。这种否认失误的心理使他们讳疾忌医，不想听取任何信息反馈，结果，与他们共事的人或他们的员工感到沮丧失望。

一切工作能力都是可以培养的，如果我们在某方面能力不足，可以通过学习提高补救。高傲自大、狂妄急躁的人也能够学会倾听他人的意见、采纳他人的建议，工作狂也可以放慢工作节奏，做到劳逸结合。然而，首先我们要意识到不良习惯会对我们产生怎样的破坏性影响、如何破坏我们的人际关系，其次我们才有动力做出改进，培养所需的能力。如果我们觉得自己目前的行为不会产生任何不良影响，我们就没有必要做出改变。所以，我们需要自省，一家入选《财富》500 强的公司的部门主管说：“最大的问题就是缺乏自我意识。”

创造性领导中心进行了一项研究，研究对象是 184 名企业中层管理者，这些管理者谈到，他们对自己倾听意见的能力和应变能力进行了评估，可是同事们对他们的能力评价与他们进行自我评估的结果存在差异。一般而言，如果有这种差异的存在，那么同事们对他们的评价往往更准确地反映出真实状况。[22] 大部分情况下都是管理者过分夸大自己的某些能力，而且他们对待别人的方式也有些苛刻。

有些管理者容易自我陶醉：如果他们自我评估时认为自己很体贴且通情达理，那么他们也会自以为很值得信赖、办事可靠。这些自我陶醉者喜欢走极端，将自己看得十全十美，夸大自己的能力，将一切别人对他的信息反馈拒之门外，不愿听半点儿逆耳忠言。

改进之道

一位大学教授曾告诉我，他采用了一个富有创造性的小技巧，借此成功提高自己与他人沟通的能力。[23] 有一天，一个学生鼓起勇气告诉他，他说话时常在句尾加上“……其上”，就像有些人讲话时总无意识地加入一些口头禅一样。同样，他的口头禅也分散了学生们的注意力，妨碍了学生理解他所讲的内容。

于是这位教授看了自己讲课时的视频，结果大吃一惊，他确实频频使用“……其上”这个口头禅，可是他是无意识的或根本没察觉到自己说了这个词。之前他对这个令人生厌的毛病没有察觉，现在他下定决心要改掉这毛病，于是勇敢地迈出了第一步，他要求学生一听到他说“……其上”，就举手。他说：“有 300 只手举起来，提醒我，让我时刻留意自己的语言，所以我很快就改掉了这个毛病。”

优秀的工作者会主动获取来自他人的信息反馈，愿意倾听别人对自己的看法，也知道这是极具价值的信息，也许正是极强的自我意识使优秀的工作者脱颖而出。[24] 也正因为他们具有自我意识，才能不断提高和完善自己。

自我意识是一种极有价值的工具，它可以推动人们做出行为上的改变。如果一个人想要做出的改变与个人的目标、使命感或基本价值观（基本价值观也包括“相信自我改进是有益的”这种信念）保持一致，那么自我意识在推动进步方面就显得更重要了。

有人曾做过一项研究，针对的是数百名脑力工作者，包括计算机科学家和审计员等，他们来自美国电话电报公司、3M公司等大公司。结果发现，表现出色的员工都了解自己的优势和劣势，并可根据对自己的了解开展工作，这是优秀员工必备的素质。罗伯特·凯利在美国卡内基梅隆大学工作，他曾与珍妮特·卡普兰一起做了这项研究。他说：“工作中业绩卓越的人都非常了解自己。”[25]

自信心

认可自我价值和能力。

人们一旦具备这种能力，就可以：

- 以肯定自己的方式表现自己，确信自己的存在有价值；
- 敢于表达正确的看法，尽管这样做可能不受欢迎或遭遇反对；
- 即使前途未卜、压力重重，仍能处事果断坚决、做出明智的决定。

有一个人从没说过自己是勇敢的人，但他的工作表现可以很好地诠释什么是勇敢。

这个人是南美某小国一家私人航空公司的总裁，刚上任时，他发现公司的经营状况一团糟，公司老板任人唯亲，对好友徇私，所以公司收入日益减少。公司的主要票务代理商是老板的好友，公司与他签订的合同比其他竞争者都优惠，结果导致售票业绩令人担忧。该公司的飞行员隶属于该国政治影响力最大的一个组织，所以公司与飞行员签合同时制定的工资水平不考虑成本，报酬已经远远超出行业内正常标准。因此给飞行员的过高工资也是公司利益受损的一大原因。最终，公司收益大滑坡。

此外，该公司的两架飞机在飞往一个旅游胜地的途中坠毁，结果公司的市场占有率从原来的 50% 下降到 20%，对公司境况来说可谓是雪上加霜。

员工们曾告诫这位新上任的总裁，别干涉与公司有往来的这些裙带关系。过去有些人想进行相关改革，结果连累家人受到威胁，自己也遭遇生命危险。可是，这位新总裁勇往直前，无惧反对。他告诉飞行员如果他们不重新签订合同，公司就会破产，他们也没这么好的工作可做。最后飞行员妥协了，还延长了飞行时间，同时也没要求增加工资。

紧接着，这位总裁找到这家航空公司的老板，直言不讳，告诉他，他那位好友（也就是机票代售处的负责人）很不称职、总是亏钱。然后这位总裁说：“要么关闭那家机票代售处，要么我走人。”结果老板听从了他的意见，取消了与其好友的合同。

关于这位勇敢的总裁，有个认识他的朋友这样评价：“为了做正确的事，即使为此丢了工作或是生命受到威胁，他也在所不惜。”

这种自信正是优秀的工作者必备的基本素质，缺乏这种素质，人们就没有自信心勇敢面对挑战。有了自信心，我们就能勇往直前，在执行领导工作的过程中充分肯定自我。

有些人缺乏自信，所以每次失败都好像是他缺乏自信的明证一样。一个人缺乏自信，就说明他情感方面无助、脆弱无能、对自己存在诸多怀疑。可是，一个人过分自信就会显得骄傲自大，而一个人又自大又缺乏社交技巧掩饰这种骄傲就更糟了。我们不能把自信和粗鲁无礼混为一谈。一个人想让自信充分发挥作用，就必须面对现实、实事求是。因此，结合之前的论述，我们看出，一个人如果缺乏自我意识，也就很难建立适当的自信。

有自信的人通常有较强的表现欲，他们想把自己的优势展示出来。有自信的人会表现出个人魅力，也能鼓舞他人士气，增强周围人群的信心。在基层管理者、中层管理者和主管中，出众者与平庸之辈的最大区别就在于前者更自信。[26]

充满自信的人肯定自己的能力，勇于接受挑战，容易适应新工作和学习新技能。他们相信可以激励他人，也能开创新的局面，他们自认为能力不比别人差。由于有这份自信，他们对自己的决定或行动深信不疑，遭遇反对也无所畏惧。例如，优秀的审计员必备的素质之一就是不惧威胁恐吓，不会轻易被压力搞垮。

有自信的人充满力量，处境艰难也可以果断抉择，纵使面对他人反对甚至权威人士的正面压制也不放弃，反而能贯彻始终。他们遇事果断，既不狂妄自大，也不畏首畏尾或处处设防，他们能一如既往地执行决定。李·艾柯卡（Lee Iacocca）帮助克莱斯勒汽车公司重振雄风，成为美国三大汽车公司之一，他说："如果非要我用一句话概括优秀管理者必备的素质，那就是办事果断。说到底，步骤就是收集一切相关信息，制订计划，马上行动。"[27]

天生我材必有用

"我 9 岁或 10 岁时，决定在暑假期间通过修剪草坪赚些零花钱。我弄来一台除草机，征求父母同意，请他们为我支付除草机的汽油费，他们甚至帮我把相关小广告都印好了。万事俱备，只需要我上门挨家挨户招揽生意了，可是我却没有这样做的勇气和信心。"

儿时的记忆让他刻骨铭心，所以他在做了几年管理工作后又回到学校攻读工商管理硕士课程，目的就是要增强自信。[28] 即使现在，他早已长大成人，他仍认为："我觉得最难的事就是与人打交道，与人讨论我感兴趣的话题也不容易。无论是打电话，还是面谈，我都觉得很难。我没有自信。"

上述故事的结局还算圆满，他经历了几个月增强自信课程的系统培训后，自信心倍增。虽然有些人看起来天生十分自信，有些人很腼腆害羞，可是害羞的人经过培训，也能变得勇气十足、自信满满。[29]

对自己做事能力进行肯定判断的心理被心理学家称为"自我效

能”，它与自信心密切相关。自我效能并不是我们掌握的实际技能，而是一种能让我们的技能发挥更大功效的信心。单是拥有技能，我们并不一定能取得最佳业绩，我们要对自己掌握的技能有信心，才能发挥最佳技能水平。

阿尔伯特·班杜拉（Albert Bandura）是斯坦福大学的心理学家，也是研究自我效能的先行者。他指出对自己能力有所怀疑的人与对自己能力深信不疑的人在接受棘手任务时的表现存在明显差异。[30] 他说，那些有自我效能的人满腔热情迎接挑战，可是怀疑自己能力的人连尝试的勇气都没有。自信能激发人们的雄心壮志，而自我怀疑则削弱人们的抱负和志向。

有一项曾针对 112 名刚入职的会计进行的研究发现，他们入职 10 个月后，上级领导对他们进行测评，结果工作业绩最好的人的自我效能也最强。自我效能的强弱比我们入职前的技能水平或受教育程度更能准确反映实际工作中可能的表现。[31]

自知之明与自信之间联系紧密。我们每个人对自己的内在倾向、能力和缺陷都有大致的认识。比如，有个年轻人以为自己擅长公关，能从容应对求职面试，或是进行电话销售，其实他在生活中很腼腆，无论是参加聚会，还是与女友约会，他都表现得局促不安。[32] 由此可见，我们的自我效能是有局限性的。我们自认为能够在某类型工作中干一番大事，可是在生活中遇到类似情况时，却未必能够应对自如。

对自己的能力坚信不疑的员工的工作表现较出色，部分原因是他们的自信心推动他们更努力工作、工作时间更长，也让他们面对困难时百折不挠。通常，我们容易害怕失败，会对不熟悉的领域退避三舍，即使一个人有做好某工作的能力，可是如果没有应对挑战的信心，就会抱着必败的心理开展工作，“我干不了”的想法会削弱人们的工作能力。

缺乏自信的员工有一个常见的特征，就是担心自己不能胜任工作。另一个特征是一旦遇到挑战，就放弃自己的观点和判断，即使有好创意，也不敢付诸实践。其他特征还包括优柔寡断，在压力下犹豫不决，不敢承担一丝一毫的风险，有好建议也不敢大胆提出来。

有人曾对美国电话电报公司的管理者进行了长达 10 年的研究，结果发现，一个人如果在工作之初就信心十足，那么他的晋升之路将更顺畅，也能在较高的管理层中做出更好的业绩。[33] 还有人进行另一项研究，他们针对 1 000 名高智商的男女，从这些人童年时开始追踪调查，直到他们退休，研究历时 60 年，结果发现，早年自信心最强的人在事业上最成功。[34]

敢言的勇气

有一位老人因忽视服用降压药物，血压升高而导致重度中风，住进了专治脑损伤的医院，接受精心护理。他是生是死就看这几天的治疗进行得如何。纷繁复杂的治疗都集中在测定大脑的损伤程度，也要努力防止进一步的脑出血。

这位老人的好友恰好是这家医院的护士，她来探病时碰巧看到了他的病例，发现他服用了很多药，可是没有一种是用来控制血压的。

她对此深感不安，就问正在患者身边专心看脑电图扫描结果的神经科高级住院医生："他在服用控制血压的药吗？"

这位脑科医生因自己阅读扫描结果被打扰而十分恼火，怒气冲冲地说："我们只管救命！"说罢，扬长而去。

这位护士朋友十分震惊，因为救助老人的最关键药物竟然被忽略了。于是，她急忙赶到院医务主管办公室，等正在打电话的主管方便谈话时，她首先表示不好意思打扰对方，然后解释自己正担心的事，结果，这位主管马上要求给患者服用控制血压的药。

后来，这位护士告诉我："我知道，我绕过了正常程序，直接去找医务主管，有些欠妥。但是我也知道，有些脑出血患者由于血压没有得到控制而不治身亡。事情迫在眉睫，我只好打破常规办事。"

规章制度、标准程序是有弹性的，一个人是否有勇气打破常规，就要看他有没有自信。研究人员曾对一家大学附属医院的 209 名护士进行调查，结果发现，那些自我效能强的护士一旦面对不当的治疗措施或面对可能发生的医疗风险，最敢讲出自己的意见。自信心强的护士敢于提出与医生不一致的意见，或者如果事情得不到纠正，她们敢于向上司表达自己的观点。

向上级或他人提出不同意见是一种勇敢的行为，更何况在等级森严的医院里，护士是处于较低阶层的员工。充满自信的护士相信，如果她们说出的意见有分量，就会促使事情向好的方向发展。缺乏自信的护士则认为，与其挑战上司的权威地位、纠正错误，不如明哲保身、少言为妙。

护士也许是一个特例，因为一般来说护士很容易找到工作。在一些就业困难的职位，比如教育、社会服务、中层管理，要表现出类似的勇气，公开表达自己的看法，就需要更强的自信。但是无论从事什么工作，或是在哪个机构就职，敢于冒风险提出自己的意见，敢于揭露问题所在，敢于点明不公正，都是自信心强的员工能够做到的。相比之下，一般人只会嘟嘟囔囔在背后小声抱怨，或者干脆缄口不言。

第五章

情绪的自我控制

要驱散你心中的恐惧。

——W. 爱德华·戴明

“对于每个演讲者来说，这种经历都是噩梦。”我的朋友是一位心理学家，他应邀从东海岸飞往夏威夷参加当地举办的警察局局长年会并进行演讲。结果飞机晚点了，他彻夜未眠，因此他精疲力竭，再加上时差，演讲又安排在第二天一大早。由于他的演讲主题对听众来说颇有争议，所以他非常认真地准备了一个开场白。可是因为他太疲惫了，已经准备好的演讲也让他感到十分紧张。

演讲开始时，他先讲了一个笑话，但是在关键的地方突然忘词了。他在那里呆若木鸡，大脑一片空白。他不但想不起那个关键地方是什么，连演讲的其他内容也忘得一干二净。他其实有一个大纲，但是当时大纲看起来也帮不了他。他只能看到台下的人都目不转睛地盯着他。最后，我的朋友不得不向观众道歉，为自己找了一个托词就迅速离场了。

他休息了几个小时，重新调整好自己，继续做演讲——也讲完了刚才那个笑话，最终赢得了热烈的掌声。事后，他告诉我那种恐慌的感觉，他描述说:“我只注意到了那一张张盯着我的面孔，可就是想不起来我要说什么了。”

有人对脑部进行过研究，发现人如果处于压力之下，比如要在重要的观众面前做一个演讲，那么情感脑的运作就会抑制脑部执行中枢（位于额头后部的前额叶）的活动。

前额叶区是控制记忆的位置，这部分掌管人们专注力和记忆的重要信息。控制记忆区就是掌管理解、计划、决策、判断与学习的关键。

当心情平静时，控制记忆区运作的效率最高；当情势危急时，大脑就会转入自我保护状态，控制记忆区中的信息将转移到大脑的其他部分，用这种方式保持感官的极度敏锐性。这是人为了生存而改变的心理状态。

当人们遇到紧急情况时，大脑就会回到简单而极富惯性的熟悉反应状态，大脑中复杂的思考、创意、长期的计划都会搁置一旁，所面对的紧急状况或者当天发生的关键事件则成为大脑的焦点。对于我那位朋友而言，这种大脑的紧急状况使他将所有的注意力都集中在了眼前的“威胁”上——他所有的注意力都放在那一张张盯着他看的脸孔上。

人类的大脑紧急系统已经发展数百万年了。到今天，我们也会看到紧急系统在人们承受的压力很大的情况下会以一些情绪特征表现出来，这些情绪特征包括担心、忧虑、恐慌、挫折感、激动、生气和愤怒。

300 万美元的损失

在 1997 年的重量级拳王争霸赛中，泰森在盛怒之下撕咬了对手霍利菲尔德的耳朵。这一举动让泰森赔上了 300 万美元，相对他 3 000 万美元的收入来说，这笔赔偿可谓数额巨大，除此之外他还被禁赛一年。

在某种意义上讲，泰森也是大脑报警中枢的受害者。报警中枢位于情感脑，这个部分是围绕着脑干的神经组织，被视为大脑边缘系统。每当进入情绪紧急状态时，报警中枢就起到关键作用，让我们“迅速行动”。

在大脑前额叶区，执行中枢通过神经高速路与杏仁核直接相连。这个杏仁核与前额叶之间的神经网络就是大脑在紧急状况下的报警系统，这个结构在人类历史的几百万年中对人类的生存具有重要的价值。

杏仁核就好像是大脑的情绪记忆储存库，储存着所有的胜利与失败、希望与恐惧、愤怒与挫折的碎片。杏仁核扮演着“哨兵”的角色，利用这些储存的记忆，排查所有进入的信息。这些信息就是我们每时每刻看到和听到的事物。将目前发生的一切与过去的经验片段相对照，决定进入的信息是威胁还是机遇。[1]

对泰森来说，他认为在那场比赛的 8 个月前的拳王争霸赛中，霍利菲尔德对他做了同样的事——用头顶撞他，这让他勃然大怒、心怀怨恨。那次泰森就输了。接下来发生的事就是泰森的杏仁核短路，做出了瞬间的反应，导致了灾难性的后果。

在人类的发展历程中，杏仁核很可能就用共同的记忆模板解决生死攸关的生存问题，比如："他要捕杀我吗？我要捕杀他吗？"回答这些问题时需要马上判断当时的形势，做出即时反应，停下来深思熟虑是不可能的。

大脑的应急反应仍旧遵循着人类早期的策略，就是提高感觉的敏锐度，停止复杂思维的运行，做出即时反应。尽管这种反应模式在现代生活中不一定适用，但是大脑还是会做出这样的反应。

情绪失控

在机场的公用电话区，我听到隔壁的女人在打电话，我不是故意去听，但是她声音很大，太引人注意了。显然，她正办理离婚手续，情况好似一团乱麻。她的前夫就是麻烦的根源，她对着电话大喊道："提到那房子——他真就是个无赖！我正在开会，律师就叫我出来，说我们要马上去法庭。我下午又必须做报告……这个浑蛋真会挑时间！"她突然挂断电话，收拾自己的东西扬长而去。

压力和争吵的"最坏的时机"让我们难以忍受。每当压力接踵而至，我们感觉压力并非叠加，而是在成倍增长。结果，每增加一点儿压力都令人无法忍受。当我们濒临崩溃时，加一根稻草也会压垮骆驼。这就是平常不起眼的小麻烦居然也可以变成有摧毁力的压力。正如诗人查尔斯·布考斯基（Charles Bukowski）所描述的那样："让我们发狂的不是什么大事，不是亲友离去，而是危急关头断掉的那根鞋带。"

对人的身体来说，在家与上班两者没有明显差别。但是无论压力来自何处，都会一点点积累。如果我们已经处于过度紧张的状态，一点儿烦恼也会让我们一触即发。从生物与化学的角度来讲，每当杏仁核触及大脑“恐慌案件”时，就会不断分泌一种被称作“促皮质素释放因子”（CFR）的激素，最终产生大量紧张激素，其中最主要的物质被称为“皮质醇”。[2]

我们在紧张时分泌的激素达到一定程度时，大脑就发出“攻击”或者“逃跑”的指令。激素一旦开始分泌，就会在体内存留几个小时，然后每件烦心事都会增添新的紧张激素。激素不断积累，让杏仁核处于时刻准备行动的状态，一旦遇到一点点挑衅，就会爆发，或者变得惊恐万分。

我们在压力下分泌出来的紧张激素会影响血液的流向。随着心跳加速，血液由大脑较高侧的认知中枢转向紧急行动的相关部位。作为热量来源的血糖会升高，不太相关的身体机能会减缓，心跳加快，随时准备攻击或者逃跑。总的来讲，皮质醇对大脑功能的影响强化了以生存为目的的本能，提高了感知功能，让大脑思维迟钝，转向那些比较基本的反应模式，即让人惊恐地大叫一声，或者待在那里不知所措。

皮质醇从工作记忆（思维智能）中提取能源，并把它们转向感知功能。如果大脑中的皮质醇含量过高，人们就容易出错，容易精神涣散、记忆力减退，甚至刚刚读到的东西也忘在脑后了。[3]另外，一些不相关的东西却占满了大脑，让大脑处理信息变得更加困难。

如果压力继续存在，结果会导致精疲力竭甚至更糟。当实验室的小白鼠处于持续压力之下，其体内的皮质醇以及与紧张有关的其他激素就会增加至有害的程度，可能毒害或者杀死神经细胞。如果在生命周期中，压力持续一定时间后，将对大脑造成难以弥补的伤害。记忆的关键中枢“海马区”受到破坏萎缩。[4] 人类的情况也和小白鼠类似，[5] 沉重的压力会让人们一时出错或者失误，如果压力持续不断，就会导致人们思维迟钝，产生长期的负面影响。

当然，压力是在所难免的，我们常常无法逃避棘手的情况和难对付的人。举例来说，在信息爆炸的时代，有人研究过一家大企业中的员工，每人每天收到和输出的信息平均高达 178 条，每小时被信息打断的次数是三次以上，每条信息都看起来十分紧急（但实际上不一定）。[6]

电子邮件不仅没有减少已经过量的信息，反而在电话、语音信箱、传真、信件之外增加了信息量。尽管人们忙个不停地处理各类信息，但是信息依旧排山倒海地迎面而来，令人应接不暇。信息爆炸最大的结果就是干扰了人们的注意力，每条信息都会分散人们的注意力，让人们更难将注意力集中在手头的任务上。信息泛滥的长期影响就是引发慢性注意力涣散症。

事实上也确实如此，有人研究过各种工作的每日效率，发现业绩不佳的主要原因就是经常分心。有位优秀的工程师想出一个好方法集中注意力。他戴着耳机在计算机前工作。[7] 每个人都以为他在专心听音乐，但是他什么也没听，戴耳机是为了拒绝分散注意力的电话和同事的干扰。这种办法可能有点儿效果，但是我们需要内在的资源帮助排解这些压力。

只会说“不”的神经元

前额叶通常会把杏仁核的紧急信息扫描一遍，利用所理解的生活常识对这些新的举动做一番判断，并且决定以最巧妙的方式产生何种反应进行处理。[8] 这些只会说“不”的神经细胞重新再确认高度紧张的杏仁核的判断是否正确，衡量我们有无危险，是不是必须采取紧急措施。

大脑的基本设计是依据一个简单的相对原则。这个原则就是：有些神经元引发行动，有些则抑制行动。透过二者的合作，一场演讲或外科大夫要做的精密手术得以顺利完成。当人们采取紧急措施时，前额叶抑制部分似乎产生了麻烦，而不是杏仁核出现了问题。这些人并不那么明显地急于采取行动，而是一旦开始做就一发不可收拾。[9]

由于杏仁核是大脑中的报警系统，能在不到一秒的时间内控制前额叶，应付它所针对的紧急情况。前额叶则无法迅速、直接控制杏仁核。相反，前额叶有一系列起抑制作用的神经元，可以阻止杏仁核采取紧急措施而发出的指令，就像输入一串密码，关掉家中安全系统的错误警报一样。

威斯康星州立大学神经科学实验室的导师理查德·戴维森（Richard Davidson）对两组人做了几个脑部影像研究，其中一组人对生活中的大起大落能应对自如，另一组人则比较敏感，容易感到沮丧。戴维森给两组人做了压力测试，比如，写出自己最难过的个人经历，或者在有限的时间内解答数学难题，并且记下他们的脑部功能状况。

第一组人往往能够从压力中迅速恢复过来，他们的前额叶区在几秒内就可以使杏仁核恢复，因此他们可以很快平复下来。杏仁核的活动和沮丧情绪会在持续上升几分钟后恢复平静。

戴维森说："恢复较快的这组人遇到压力较大的事情时，马上就开始抑制悲观情绪，这是一群乐观向上、积极采取行动的人。生活中如果发生了什么麻烦事，他们马上就会抑制消极情绪，立刻想出解决方案。"

前额叶与杏仁核之间的抑制系统以许多自我调控能力为基础，尤其是自制与应变能力。在面对工作中的危机、不确定因素和挑战持续上升等紧急情况时，以上这两种能力都可以让我们镇定下来，大脑前额叶阻止杏仁核信息的能力使大脑保持清醒，让我们处事沉着冷静。[10]

我们现在将注意力从实验室转到现实中。想想看，管理者、决策者和人事主管，如果他们在最基本的情感能力方面表现较差，那么公司要付出多大代价？有一项针对大规模零售连锁店经理的研究发现：那些最容易因工作压力而紧张、一旦受到责备就崩溃的经理管理的店面的业绩也是最差的。（至于业绩好坏，是根据净利润、商店每平方英尺的销售额、雇员的人均销售额和一美元的存贷额这四个标准衡量的。）在同样的压力之下，那些能够冷静自我控制的经理所管理的店面的业绩最好。[11]

"棉花糖测验"的孩子长大参加工作了

有 6 个大学生，他们是朋友，有一次一起喝酒、玩纸牌到深夜，突然间吵了起来。麦克和泰德两人越吵越凶，嗓门越来越大。麦克怒不可遏，开始大吼大叫，这时泰德反而冷静下来。但是麦克的情绪已经难以控制了，他站起来要打泰德。泰德却冷静地对待他的挑衅，他说打架可以，但是要先把牌打完。

麦克尽管怒火难消，但还是同意了。于是其他人也都照着泰德的建议继续玩牌，好像什么事都没发生过一样。结果就在玩牌的这几分钟内，麦克的怒火渐渐消退，也整理了一下自己的思绪。打完牌之后，泰德平静地对麦克说："如果你还想打架，那我们就到外面去。"这时，麦克也平静下来，将事情的始末好好想想，向泰德道歉，事情就此告终。

20 年后，他们在校友会上重逢。泰德拥有成功的房地产事业，麦克则处于失业状态，在吸毒与酗酒的浑浑噩噩中度日。[12]

麦克和泰德二人的鲜明对照正好可以证明"自我控制"所带来的益处。其中起关键作用的部分正是前额叶的抑制神经元在生气和面临考验时否决了来自杏仁核的行动指令。对泰德而言，抑制作用显然运作良好，但是麦克没能自制。

我曾在《情商》一书中讲述了斯坦福大学的研究人员针对两组孩子所做的"棉花糖测验"。麦克和泰德的故事与那两组孩子的生活轨迹极其相似。这里再重温一下那个测验。在斯坦福大学附属幼儿园中，研究人员将 4 岁的小孩一个个带入房间，将一块棉花糖放在他们面前的桌上，告诉他们："如果你们现在想吃这块糖，可以吃。但是如果你们能等我出去办完事回来以后再吃的话，就可以吃到两块棉花糖。"

当初的测验将这群孩子分为两组，选择立即吃糖的孩子被归入第一组，而愿意等待拿两块糖的孩子则被归入第二组。[13] 前者在压力下容易崩溃，爱发脾气，争强好胜；在追求目标时，不太容易抗拒诱惑。大约 14 年后，这些孩子正面临高中毕业。

然而，让研究人员感到惊讶的是，第二组孩子大学入学测验的 SAT 平均得分比第一组孩子平均得分高 210 分。[14]

那么为什么容易冲动的孩子学习能力都不太强呢？我能做出的最佳猜测是，这与杏仁核和前额叶之间的连接处有关。杏仁核是神经冲动的来源，也是使人分心的原因。前额叶则是操作记忆的位置，能够使一个人注意力集中在当前的心理活动上。

当我们的心思意念都被冲动占据时，余下控制记忆的注意力空间将大幅缩小。对学生而言，这就意味着对老师、书本、作业的注意力降低了。如果这种情况年复一年地持续，那么学生的成绩就会下降。所以他们的 SAT 得分比较低。员工的情形同理，冲动导致分心的代价就是学习和适应能力低下。

参加斯坦福大学“棉花糖测验”的孩子们都逐渐长大成人，他们参加工作以后，差异就更加明显了。[15] 那些能抵制棉花糖诱惑的孩子在二十八九岁时学到了更多的知识与技能，做事更专心，更能集中注意力，更能培养真诚、亲密的人际关系。他们办事可靠，富有责任心，面对挫折也能够表现出较强的自制力。

相对来说，那些在 4 岁时不能自制、迫不及待地将棉花糖吃掉的孩子的认知能力比较差、情感能力与那些能自制的孩子比相差甚远。

他们性格孤僻、办事也不让人放心，容易分神，在追求目标时只限于满足眼前的利益。遇到压力时，他们的承受能力或者自制力都比较差，也不会随机应变，而只是重复一些机械的无用功。

棉花糖测验的结果充分揭示：人们冲动、恼怒及情绪波动时，一定会因此付出代价。当我们被冲动、愤怒、情绪支配时，思考能力和工作效率都会受到影响。

控制情绪

控制自己的情绪不仅包括“缓解痛苦”或“抑制冲动”，还包括必要时引发某种情绪，有时甚至是某种不愉快的情绪。有人曾告诉我，有些讨债人在讨债之前就会先调整一下自己的情绪，让自己进入兴奋、暴躁的状态。医生要告诉病人或亲属不幸的消息时，他们往往把自己调整到某种忧郁、难过的心理状态，同理，殡仪馆的殡葬员在与死者家属见面时，也要使自己表现出悲伤难过的神情。在零售业或其他服务业，到处都要求服务员礼貌友好地接待顾客。

有一个思想学派的人声称，员工被要求表现出某种情绪就等于必须执行义务性的“情绪劳动”才能保住饭碗。[16] 他们认为，如果老板命令员工必须表现出某种情感，结果只会让员工自然表露的情绪与要求的态度背道而驰。零售业、航空服务业、旅馆饭店等行业都属于需要驾驭自己情绪的工作领域，加利福尼亚大学伯克利分校的社会学家阿利·霍克希尔德（Arlie Hochschild）将这种情况称作“人类情绪的商业化”，这种情绪商业化等同于一种强制性的情绪控制。

但是进一步调查分析后，你就会发现这种观点只说对了一半。决定情绪劳动是不是强制性、义务性的因素在于个人对工作的认真程度。[17]比如，一个护士认为自己应当关心他人且富于同情心，那么对她来讲，花些时间体恤病痛中的人的心情、体贴患者的感受就不是沉重的负担，而且会使她觉得自己的工作更有意义。

自我控制情绪的意义不是指“否认”或者“压抑”真实自然的情感表露。例如，“坏”心情也有其价值，生气、哀伤、恐惧等都可以成为创造新力量或与人接触的动力。生气也可以变成强有力的动力，特别是希望消除不公正或不平等的情况下；共同分享哀伤可以使人们凝聚在一起；愤怒如果来得不是过于猛烈，也能激发创造力。

自我控制情绪并不是要求过度压抑或压制一切情绪和冲动，事实上，过分压抑会造成身体和心灵的伤害。人们在抑制自己的情绪，特别是抑制很强的消极情绪时，心跳会加速，这是血压升高的征兆。如果长期这样压抑情绪，就会导致思维混乱，妨碍思考能力，影响正常的人际关系。[18]

相反，情感能力指的是“我们可以选择如何表达情绪的能力”。在全球化的经济体系中，这种健全的情绪尤为重要。因为情绪表达的基本规则在不同的文化中存在极大的差异。在某种文化中被认为是恰当的表现，在另一种文化中可能显得有些鲁莽。例如，南美国家的商业伙伴可能认为北欧国家的管理者既冷漠又不平易近人。

在美国，不表达情感、保持距离或漠不关心常常被视为负面的态度。对美国公司的近 2 000 名总监、经理和主管进行的研究显示，如果一个人缺乏情感表露，那么他的业绩不尽如人意与之存在密切的关系。[19] 业绩优秀的经理表露其情感比平庸者自然得多，但作为一个群体而言，主管在下级面前总是更多地抑制自己的个人情绪。这是因为如果主管明显表达不恰当的情感，那么可能就会对业绩产生一定的影响。

就高层管理人员的情感方面而言，他们在工作场所的情感表达几乎已是种特别“文化”，完全与其生活的其他部分分离开来。在朋友和家庭这类亲密的关系中，我们可以、也应该无所不谈，但在工作上要留意不同的情感上的约束。

• • •

自我控制，即控制冲动或沮丧的情绪，取决于情感中枢与前额叶（大脑执行中枢）的配合运作，处理冲动和应对苦恼这两种基本技能是五种情感能力的核心。这五种情感能力包括：

- **自制力**：能有效地控制负面的情绪和冲动。
- **诚信**：表现出诚实和正直的品格。
- **责任心**：完成任务尽职尽责，可信赖，值得托付。
- **适应力**：能灵活机动地应对变化和挑战。
- **创新力**：愿意接受新观点、新方法和新信息。

自制力

将负面的情绪和冲动维持在可控范围内。

人们一旦具备这种能力，就可以：

- 善于处理冲动的情绪和沮丧的感觉。
- 在处理情绪时，保持冷静、积极和从容不迫。
- 在压力下仍旧思路清晰、注意力集中。

比尔·盖茨发火了。他瞪着双眼，大眼镜歪斜斜地挂在鼻梁上，脸红脖子粗，唾沫飞溅。他坐在微软的会议室里，会议室里挤满了参加会议的人。会议室里共有20位微软的员工，大家围坐在椭圆形的会议桌边。大多数人都不敢看他，只能不时战战兢兢地瞥他两眼。

屋里充满了汗臭味。接下来就是一场情绪处理艺术的展现。[20] 盖茨愤怒地咆哮一通，这些倒霉的程序设计师结结巴巴地想说服他，或者至少让他平静下来，但似乎无济于事。一名娇小身材、声音柔美的华裔女士似乎是整个房间中唯一没有被盖茨的怒火吓傻的人，其他人都避开盖茨的目光，只有她敢于直视盖茨。

盖茨一直滔滔不绝、情绪激动地训话，但她以平静的语气打断了他两次。第一次，她的话语似乎让他的怒火稍稍平息。第二次，他开始安静地聆听，又若有所思地盯着桌面好久。接着，他的怒气就无影无踪了，他对那位女士说："好，这听起来不错，就这么做吧。"随即结束了会议。

其实别的同事也说过这位女士说的内容，但是她那种泰然自若的态度相较于其他焦躁不安的同事能将意思表达得更好，条理更清晰。她的态度当然也是传达信息的一部分。盖茨激烈的言辞没有让她方寸大乱，她也没有无缘无故地焦虑不安。

这位女士的表达技巧大多体现于无形当中。自制多半呈现在没有明显情绪的状态下。自制的表现为不受压力困扰，或者不以愤怒的言辞回击充满敌意的对方。另一个例子就是时间管理，让自己遵守每日时间表也需要自制力。因为常常需要抵制看似紧急却极其琐碎的需求，还要抗拒浪费时间的娱乐和其他诱惑。

一个人工作责任心的强弱基本上就能体现他自制的心理状态。情绪对思考、记忆和知觉产生极大的影响。人在生气时更能记住让我们愤愤不平的事，思绪完全被这些事占据。激动的情绪也会扭曲我们的感官，一个充满善意的建议此时可能变成充满敌意的讽刺。抵抗情绪的主导地位正是有效工作的关键。

当工作变成煎熬时

这个故事发生在许多年前，我的公司新提拔了一个人做我的顶头上司。他给我的印象是充满野心，而且“新官上任三把火”，他招聘了一些新写手，作为“他的人”，拼命想让他们在出版界崭露头角。他常常花很多时间与这些新人待在一起，而把原来的老员工冷落在一边。

也许，我的新上司也承受着他的上司施加的压力。不过，我并不太了解他的做事动机。但有一天，他突然请我与他一道去公司的咖啡厅喝咖啡，这倒让我很吃惊。在那里，他寒暄几句后话锋一转，说我的工作不够好，却不说出我究竟哪些地方不合格。在前任老板手下，我曾因为工做出色获得过巨额奖金，而现在情况很明显：如果我不改进，他就会毫不客气地辞退我。

毫无疑问，这事的确让我惴惴不安、焦头烂额了很久。那时，我的经济状况不佳，孩子要去大学念书，所以我真的需要这份工作。更糟的是，写作需要精力高度集中，而现在这些烦心事接踵而至，分散我的注意力。我脑海里全是一幅幅丢掉工作、穷困潦倒的悲惨画面。

所以，我开始用一种放松的方法让自己的头脑冷静下来。若干年前，我曾学习过这种方法。这是一种简单的沉思疗法，我曾经断断续续地练过多年。尽管我过去的练习是三天打鱼、两天晒网，现在我却迫切需要这种方法，所以不得不铤而走险一下。每天一早起床，我就练习半个小时，甚至一个小时。用这种方式平复自己的思绪，集中注意力。

这种方法很奏效。我让自己重新振作，头脑清醒。我尽力按照要求，尽己所能交出好文章。后来，那位挑剔的上司被调到别的部门去了，我如释重负。

有些人善于应对痛苦的情绪。实际上，这些人往往都有控制紧张情绪的能力。必要时可以借助这种能力，诸如较长时间的沐浴、体育锻炼或像我那样沉思默想、做瑜伽。生活中，掌握了这类放松技巧并不意味我们就不感到郁闷或痛苦，然而每天坚持有规律地进行放松练习似乎会重新设定杏仁核激发痛苦或忧伤情绪的临界点，使杏仁核不容易被激活。[21] 这种神经系统的调整一方面使我们在一开始就不易出现杏仁核失控，另一方面也使我们能较快地从杏仁核失控中恢复过来。最终结果是，我们受痛苦情绪的打击更小，受影响的时间也更短。

无助之感

对工作的无助之感是一种极其负面的情绪。对于小企业的负责人和员工而言，对生活的掌控力强的人在面对工作的冲动和压力时不易发怒、烦躁或者不安，而掌控力弱的人比较容易苦恼难过，甚至辞职不干了。[22]

有一项研究，针对伦敦 7 400 名男女文职人员做了一项调查。这项研究结果显示，那些认为自己要在他人设定的期限内完成某项任务又没有人告诉他应当怎样做的人，还有对工作环境和工作伙伴没什么选择余地的人，患冠心病的风险比那些工作比较灵活的人高 50%。[23] 假如认为自己必须做一项不可能完成的工作，又无法控制工作压力，那么患心脏病与高血压的风险都非常高。[24] 这就是为什么在我们所有的工作关系方面，与老板或顶头上司的关系对我们情感和身体健康的影响最大。在英国，一项针对感冒的研究招募了一批志愿者。他们暴露在某种感冒病毒中，并连续对他们进行 5 天的跟踪观察，看哪些人会感冒。结果发现那些社会关系紧张的人最容易感冒。[25] 当然，仅是某一天在办公室里人际关系紧张并不是什么大问题，但总是与上级不合，就会降低自身免疫力。

近期，解剖学家发现，大脑与躯体之间存在联系，即精神状况与身体健康之间有着某种联系。在这种联系中，情感中枢起着关键作用，它通过最丰富的神经网络连接着免疫系统和心血管系统。这些生物学方面的联系可以解释为何悲伤、失望、生气、紧张、强烈的焦虑等负面情绪会使心脏病人发病率倍增。因为在产生这些情绪后的几小时之内，心脏病患者流向心脏的血液量可能出现危及生命的下降，而这种下降有时会促使心脏病突发。[26]

对职业女性来说，当工作压力与家庭负担以及孩子生病等意外情况结合在一起时，她们就会承受巨大的压力。属于公司中层、权力有限的单身或已婚的女性，体内压力皮质醇、紧张激素都明显高于那些家中没有孩子牵挂的同事。[27]

皮质醇保持在低水平，有助于有机体抵抗病毒、治疗受损组织等，但皮质醇分泌过多就会降低免疫系统的效率。[28] 美国国家心理健康研究所的一位研究人员说："当你坐在那里眼睁睁地看着股市崩盘，皮质醇含量就会因心理紧张而上升。这时，即使只有一个患者在你面前咳嗽几声，你也可能被传染上流感。"[29]

自我意识的益处

有一位大学教授心脏有些问题，他的心跳每分钟超过 150 次时就会造成心肌缺氧，因此他佩戴了一个便携式心率监测器。一天，他参加学院系里的一次例会。在他看来，这类会议都是没完没了地讲废话，纯属浪费时间。

当他想找个借口摆脱冗长的讨论时，发现监测器显示他心跳过快，达到了危险程度。此时，他才意识到，系里那些终日无聊的争论真的使他感到心烦。[30] 自我意识是一种重要的技能，在处理紧张情绪时使人获益匪浅。如果我们不是细心留意，我们都可能和这位教授一样，没有发觉工作真正带来的压力到底有多大。

只是简单地将潜在情绪带入意识中，就具有正面效果了。有 63 个被解雇的管理者到南方卫理公会大学参加了一项调查研究，其中许多人在接受调查时还很生气，带着明显的敌意。研究人员要求其中一半的人连续写 5 天日记，每天花 20 分钟写下他们最深刻的感受，还有这期间产生的各种想法。结果写日记的人比没有写日记的人更快地找到了新工作。[31]

我们对不安情绪的监测越准确，就越容易从沮丧的情绪中恢复过来。例如，在一次试验中，让被试反复观看醉酒驾驶的影片，影片中是鲜血淋漓的车祸场景。[32] 在看完影片半小时后，被试报告说，他们情绪低落，很沮丧，脑中一直回放着刚才看到的令人难过的画面。最快恢复的人正好是对自己的感觉描述最清晰的人。看来澄清情绪有助于我们处理负面情绪。

然而，能保持冷静不一定意味着能够成功。有些人表面上很冷静，但内心情绪波动强烈，这些人也需要控制内在的消极情绪。在某种文化中，特别是亚洲文化中，教导人们不要喜形于色。这也许表面上能维系人际关系，却有损个人健康。一位对亚洲的空姐讲授情感能力的心理学家说：“在亚洲，内心积怨也是个问题。内在不满不会爆发处理，人们只会憋在心里，忍气吞声。”

内心积怨有几个坏处：这样的人通常无法采取任何行动改善自己的处境。也许他们不会发现情绪失控的外在迹象，但忍受内心的痛苦会出现以下症状：头痛、烦躁、大量吸烟、酗酒、失眠、无休无止地自我谴责等等。他们与情绪爆发的人有着同样的健康风险，因此需要学习排解消极情绪。

自我控制行为

这是在曼哈顿大街上常见的事，一位男士把车停在一条人来人往、车流如织的大街旁，这恰好是禁停区。他匆匆地钻进一家商店，买了几件东西，然后飞快地跑出来。结果，见到的不仅是警察的罚款单，警察还叫来辆拖车，要把他的车拖走。

“天哪！你这个人渣！”这位男人见状勃然大怒，冲着那位警察破口大骂。同时，用拳猛击拖车的车盖。

那位警察显然也生气了，但不管怎样他克制住了自己，平静地说：“你违章停车了。如果你不服气，可以申诉。”说罢就转身离去。

自制力对执法者来说尤为重要。当面对某个情绪将要失控的人时，如违章驾驶的司机，如果执法者因对方发火而情绪失控，暴力冲突的可能性就会迅速增大。纽约警察学院的威尔逊警官说，这些前车之鉴使许多警官竭力控制自己对无礼行为的本能反应，即不把这些行为看作一种威胁，而将其视为互动中权力的转移，可能给他们的生命带来危险。[33] 威尔逊说：“一开始，当某人做出激怒你的举动时，你的身体就有回应的冲动。但是你的头脑里有个声音对你说：‘不值得，我一旦和这人交手，我就输了。’”

美国是全世界暴力事件发生率比较高的国家之一。但是，在美国培训警察时，教官总是要求他们遇到此类情形时，千万要谨慎使用武力，威胁、肉体要挟、掏枪等都是最后不得已的下下策，因为这些手段都很容易使对方情绪失控。

有一项极有说服力的调查，调查对象是执法机构中的执法者。调查发现，最杰出的警官最少使用武力，他们与那些终日变化无常、随时都可能铤而走险的人打交道时一直都很沉着冷静，而且表现出职业礼貌，巧妙地化解对方的敌意和怒火。一项针对纽约警察进行的研究发现，那些能控制自己、即使与怒气冲天的驾驶员打交道时也能保持冷静的交通警察把事情激化为暴力冲突的概率也最低。[34]

有些人在工作中经常与急躁、爱发脾气的客户打交道。对这些人来说，在面对挑衅时，保持镇定是基本的行为准则。以咨询师和心理治疗师为例，优秀的从业者会冷静地回应病人所做的人身攻击。[35] 优秀的空姐遇到满腹牢骚的乘客时，仍旧和颜悦色。[36] 出色的经理和主管会用自制力牵制欲望、野心和不良心态，驾驭个人需求以达成组织目标。[37]

在压力下保持坚韧

在这里我要比较美国区域电话公司的两名主管，这家公司正因为整个行业经历转型而饱受压力。其中一位主管受到紧张气氛的影响，他描述说：“我的生活就好像没完没了的竞赛。我要不断紧追猛赶，满足给我定下的底线，但是这些还不是工作的重头戏，而是家常便饭。所以即使我经常紧张不安，还是会感觉烦闷无聊。”

另一位主管说：“我的工作非常充实，即使有时我做了一些看起来无趣的事，可是一旦开始，我就会发现它会让我有所收获。我总是尝试让一切都有点儿创新性，为自己打造出一种富有新鲜感的生活。”

第一位主管的“耐受性”比较差，而第二位则较强。“耐受性”指的是身受压力仍能继续担负职责，将压力视为挑战，有自制力，而不是将压力视为一种威胁。研究发现，能够承受住压力的人通常把工作视为要全力以赴完成且令人感到兴奋的事。将变动视为发展的契机，而不是对自己不利的事。有这种心态的人容易释放压力，不易生病。[38]

工作生活存在一个悖论，有人将工作生活视为具有无限威胁的环境，有人则把它看作激励奋起的挑战。拥有情感能力的人就能把那些似乎是可怕的威胁看作挑战，努力地甚至急切地迎接挑战。在大脑的功能方面，“有益的压力”与“有害的压力”之间存在关键性的差别，“有益的压力”指的是那些动员并激励我们行动的挑战，而“有害的压力”指那些把我们压垮、使我们丧失能动性或失去斗志的威胁。

激发我们接受挑战热情的大脑化学物质与应对压力和威胁时产生的反应物质不同，前者会在人精力充沛、最为努力、心情好时运作。这种状态的生化反应会促进交感神经系统和肾上腺分泌一种名为“儿茶酚胺”的化学物质。

这种儿茶酚胺连同肾上腺素和去甲肾上腺素，能够激发我们用更具生产力的方式行动。大脑一旦转为紧急状态，就开始释放肾上腺素和大量儿茶酚胺。但当大脑处于低激发状态时，只有儿茶酚胺系统的运作才能实现个人的工作最佳状态。（儿茶酚胺不会对我们的工作产生负面影响。如果老板对我们的工作做出消极的评价，它不会马上刺激皮质醇产生。而烦闷、急躁和挫败感甚至疲劳，这样的情绪都会刺激皮质醇的产生。）

在某种意义上，有两种压力：有益的压力和有害的压力，同时也就有两套完全不同的生物化学系统在起作用。当我们的交感神经系统兴奋时，有一个平衡点，只要不是过度兴奋，我们的心情就很舒畅；我们考虑问题做出反应的能力也在此时处于最佳状态，这就是我们表现最佳的时机。

责任心

表现出人格完整且对自我表现负责。

人们一旦具备这种能力，就可以：

- 值得信赖。
- 行为遵循道德标准，而且无可指责。
- 通过本身值得信赖的特质和真诚赢得别人的信任。
- 承认自己的错误，并且能够当面质问他人的不道德行为。
- 采取强硬、有原则的立场，即使这样做可能引发他人不满。
- 尽职尽责。
- 履行承诺，言而有信。
- 为达成目标而尽本分。
- 工作条理清晰、井然有序，工作认真细致。

一位发明家与投资商洽谈自己的新发明，他发明了一种双层气垫，保暖性能好，市场前景良好。投资商主动提出负责生产和销售这种气垫，并付给发明家一笔专利费。双方交谈过程中，投资商不经意透露自己从未交过税，并因此而沾沾自喜。[39]

发明家惊讶地问道："你是怎样做到的？"

投资商得意地回答："我有两个账本啊。"

"那么你会用哪个账本记录气垫的销售额呢？因为你要根据这个销售额支付给我专利费啊。"发明家问道。

问题没有得到回答，生意也没有谈成。

一个人的信誉来源于这个人的言行是否诚实可靠。优秀的管理者懂得在工作中赢得别人的信任，就是让人们知道自己的价值和行为准则，知道自己的打算，感受以及保证言行一致的工作方式。他们从不掩饰自己的过失，也敢于在别人面前承认自己的过失。

诚实可靠的员工很坦率，坦白告诉别人自己的感受。比如"对于这件事，我没有太大的把握"，这样反倒能赢得别人对他的信任。相反，从来不承认一点儿小过失，或是不承认自己不够完美，恰恰有可能降低他们自己、他们的公司或者某个产品的声誉。

诚实可靠意味着行为光明磊落、为人诚实、言行一致，这也是业绩突出的人的一大特质。而销售业绩依赖于长期稳固的关系，如果一个人隐瞒一些重要信息、背信弃义、没有履行承诺，就会降低再次合作的概率。

自动数据处理器公司的一位高级副总裁告诉我："曾经在这里工作

而后遭辞退的业务经理缺乏的就是诚信。销售是彼此间的交易，你承诺我这个，我就给你那个。这是一种不太明确的情境，你在其中就要相信对方的话。但是诸如财务这些领域，就是科学要多于艺术，一切都要清楚明了。销售则不那么清楚明了，因此最重要的就是彼此间的信任。”

美国运通公司顾问分公司执行副总裁道格拉斯·莱尼克持相同的观点：“某些人会有错误的看法，以为可以靠欺骗他人或者让别人买些不实用的东西提高业绩。这个方法也许短期内可以奏效，但长期来看伤害的还是自己。如果你坚持自己的做人原则，则会收获颇丰。”

勇气的力量

我曾在飞机上碰到一位女士，她坐在我旁边，我们在飞机飞离韦斯特后共处了几个小时。她得知我正在写一本有关情商的书，不禁讲了她自己的故事：“我们公司的主营业务是为化学产业做安全测评，评估一些企业的产品及这些企业怎样消除产品的可燃性之类的危险因素，也要核查企业处理化学物质的过程是否符合联邦安全标准。可是，我的上司对检验报告是否准确一点儿也不关心，他只关心能否按时完成检验。他的信条就是：尽快完成任务、拿到钱。”

“最近我发现某项工作的计算有误，所以又重新再来一遍。但是上司总是让我难堪，因为这样做就会超过他要求的期限。尽管我心里知道他根本不专业，但还是必须照着这家伙的话去做，所以只好拿回家重新算了一遍。我用自己的时间加班。我们的上司像催命似的，让大家都很郁闷。”

她为什么要忍受这一切呢？

她又谈到了自己离婚的事。她现在要独立抚养两个孩子。“如果情况允许，我也想辞职，但是我需要收入，现在找工作也不容易啊……”

她沉默了许久，又继续说：“他在所有的报告上签名，包括我们做的。起初，我对他的行为很反感，因为他抢了我的功劳，但是现在反而感到解脱了。我不希望自己的名字出现在报告上。我也觉得这样很不妥。到目前为止还没有事故发生，比如火灾或者爆炸之类的事故，但是也许将来某一天还真就会发生。”

难道她不应该说出来，向上级汇报这一切吗？

“我其实也想过，但是我不能说。因为我入职时曾经签署过保密协议。我必须先辞职才能在法庭上做证，如果那样的话就太糟了。”

飞机降落后，她看来感到如释重负，又为自己所透露的事感到不安。她非常担心，甚至绝口不提自己公司的名称或者自己的名字。但是她记下了我的名字和电话，说她还想再找我聊聊，以后打电话给我。

但是后来她一直都没有再联系我。

伦理官员协会曾对美国企业各级员工（共 1 300 人）做过一项调查，他们意外地发现：被调查者中将近半数承认自己参与过不道德的商业行为。[40]

他们大多数人涉及诚信或道德的违规情节相对轻微，比如谎称生病不去上班，或者将公司的物品带回家使用。但是其中有 9% 的人承认自己曾经说谎或者欺骗顾客，6% 的人曾经篡改报告文件数字，5% 的人曾在重大事件上欺瞒上级或是对重要事件知情不报，4%的人承认侵占他人功劳或者将别人的创意谎称是自己的。有些违规行为却十分严重：3%的人曾经参与侵害版权或软件专利，2%的人在文件上伪造他人签名，1%在政府文件（比如退税单）上曾经填写虚假信息。

相反，研究人员在一群优秀的会计师身上发现了与上述人员完全不同的特质，那就是“勇气”。他们就职的事务所是美国规模比较大的会计师事务所之一，他们对客户开诚布公、直言不讳，能顶住来自自己所在会计师事务所的种种压力，不怕丢掉某一笔会计业务，坚持让客户遵守会计准则以确保其遵守会计规章制度。优秀的会计师在面对来自会计师事务所的压力时，冒着失去客户的风险，也要确定是否合法，这就需要强大的自信心和完整的人格才能坚持立场。（这项研究的结果让人喜忧参半，好的一面是优秀的会计师有这种勇气，不好的一面是大多数会计师不具备这种勇气。）

控制冲动——错误的情绪界限

• 一家公司的财务副总监因为对女性下属性骚扰而被辞退，他平常与人相处也常有攻击性。

• 一家公司的总经理性格外向、健谈、友善不做作，但是缺乏自制，他多次在聊天中泄露机密，因而丢了工作。

• 一家小公司的老板因为处理公司基金时存在不法行为，遭到起诉。他所任用的财务总监和他一样缺乏良知，对于这种行为产生的后果也不了解。

这些被辞退的案例研究是一家咨询公司提供的，这家公司对 4 265 人进行了测验，其中从公司老板到蓝领工人都有。[41] 公司评估案例中的失败者时，发现他们都欠缺对冲动的控制，他们急于满足自己的欲望。我们每个人都可以通过控制自己的欲望，想清楚行动的可能后果，对自己的言行负责。

那家咨询公司研究了事业当中自我克制的能力后，评论道："如果挑选从事产业工作的人，无论在哪个工作岗位，最好不要选择那些自制力较差或者很差的人。因为这些人出差错的比例很高。"（人们应该强调帮助提高这些人控制冲动的能力，不应该一刀切，在工作领域不给自制力差的人一点儿出路。）

橄榄球运动员需要一定的主动进攻性，但是即使是橄榄球运动员，如果有较强的自制力也大有裨益。研究人员对 700 名职业橄榄球运动员做了一项调查，他们是新加盟美国国家橄榄球大联盟的球员和大学橄榄球运动员，教练对自制力较强的运动员的评价是：积极向上、有较高的运动员素质、有较强的领导才能，更容易服从教练指导。[42] 而对那些自制力较差的运动员，教练的评价是：不尊重队友和教练、刚愎自用、不听从指挥，他们将合同、协议当作儿戏，"用脏话"侮辱对手，喜欢在球门区炫耀、耍花架子。比如，有两个自制力很差的橄榄球运动员，其中一人吸毒，难以自拔，另一个人喜欢寻衅滋事，在训练时经常欺负别的球员。

无声的美德——职业道德

提到职业道德，人们便想起了守时、工作严谨、严于律己、尽职尽责等特质。这些都是优秀员工所具备的基本职业道德，也是所有优秀的公民的标志。他们遵守规章制度、助人为乐、关心他人。有职业道德的员工愿意帮助新员工熟悉环境，与出差回来的同事沟通新信息，尽力按时完成工作，不随便请假，不拖延工作。

在任何领域，职业道德都是成功的基石。在对工作表现的研究中，无论哪个阶层的员工，从新上任的技术工人到业务员和管理者，职业道德水平最高的员工拥有最出色的业绩。[43] 要想在公司机构的基层工作中取得优异的成绩，职业道德就更加重要了，比如邮局的办事员要做到不弄错一个包裹，电报员收发的电文不出半点儿差错，投递员每次都能准时送递。

在美国一家大型机械制造厂任职的业务代表中，最具职业道德的人拥有最高的销售业绩。[44] 在现代这个人浮于事的市场氛围中，职业道德也是对抗事业威胁的妙招，因为拥有这种特质的员工最能赢得重视。就拿业务代表来说，在公司决定是否留用他们时，个人的职业道德几乎和个人的销售业绩一样重要。[45]

员工良好的职业道德会赢得好名声，使他们获得更多的赞誉。他们可靠的名声会影响上司对他们工作的评估，因此会给他们很高的评价。

但是如果只有职业道德，而缺乏同理心，或者缺乏社交能力，也是一种缺憾。由于职业道德水平高的人严于律己，他们往往对别人要求过高。如果别人没有像他们一样，就会受到他们的批评。比如，英美两国的工人责任心都很强，因此对同事的一点儿小过失也追究不休，而在对方眼里，那些只是无关痛痒的琐事。结果容易造成人际关系紧张。[46]

职业道德不应该因一句规定而生搬硬套，因为那样会抑制创造性。对艺术或广告等需要创造性的职业来说，宽容且鼓励即兴创作是成功的先决条件，要在这类工作中取得成绩，需要注意平衡，不能因为坚持责任心就扼杀了员工的想象力，让员工无法发挥自己的想象力。

创新力与适应力

对创新的想法和做法有开明的态度，能够灵活应对变化的局势。

人们一旦具备这种能力，就可以：

创新力

- 利用各种不同的资源寻找新奇的想法。
- 采用全新的方式解决问题。
- 产生新思想。
- 在思想方面采用新角度，敢于冒险。

适应力

- 灵活地处理多种要求，有可改变的优先顺序，变化迅速。
- 调整自己的反应和策略以符合不断变化的环境。
- 看待事情时比较灵活。

事情开始时只是一个微妙的预兆而已。在20世纪70年代中期，英特尔公司的管理者察觉日本的同行在接待他们时与过去不一样了。在这之前，他们一直备受尊敬，现在情况有了变化，他们隐约感觉到了对方嘲弄的意味。

来自第一线的报告预测，日本将主宰计算机芯片市场，当时计算机芯片正是英特尔公司的主营业务。英特尔公司前首席执行官安德鲁·S. 格鲁夫讲述了这个经历，强调行政管理人员适应瞬息万变的市场有多么重要。[47]

格鲁夫承认，英特尔高层管理者用了好几年的时间才弄明白，日本公司在精密制造业方面下了功夫，就是为了在生产销售计算机芯片的竞争中战胜美国公司。

当情况改变使得原先的策略不再奏效时，正是公司生死存亡的关键契机。这段时期被格鲁夫称为“死亡山谷”。在公司还有资源能够做出改变和调整时，如果不迅速重新想出对策就必然要走下坡路，甚至会倒闭。

面对这个成败攸关的时刻，主管所具备的情感能力往往更关键，最重要的是随机应变的能力，敢于面对令人痛苦的新游戏规则，积极行动，灵活机敏地想对策，而非迟迟拖延、举棋不定。

英特尔公司在20世纪80年代的主要定位如下：它是一家“存储器公司”，专营芯片。公司那时所占的市场份额已经下滑至3%左右。这时公司立刻改变路线，后来将几乎从未重视的生产副线——微处理器定位成了英特尔公司的主要产品，因此众所周知的“英特尔处理器”应运而生。

高技术产业也许是情况变化最频繁的产业。在这个领域内，管理人员未能顺应市场变化而使公司破产的案例不胜枚举。一位工程师在20世纪80年代曾在王安实验室工作，该公司当时正值鼎盛时期，年销售额达到30亿美元。后来，他也在该公司目睹了其由盛到衰的全过程。他说：“我见到了成功的副作用：成功会让人骄傲自大，人因为成功而不再听取客户和员工的意见。因自己的成就而心高气傲，最终的失败在所难免。”

这个世界的景象在不断改变

格鲁夫认为公司能否安全地走过“死亡山谷”取决于以下因素：“高级管理层在情绪方面会有怎样的反应。”当他们和公司的地位与前途都面临重大的威胁时，原来引以为傲的工作和业绩都将走下坡路时，哪些情绪能帮助他们渡过难关呢？

英特尔公司面临了两大危机：第一个是失去芯片市场，第二个则是当时英特尔公司处理机的一个漏洞使得数百万计算机用户对其丧失了信心，这时顺应时势的能力则成了决定性因素。虽然后面的事件从发生到结束大概只有一个月的时间，但是公司一开始先采取的是传统的应对方式。起初，面对残酷的现实，公司处理的方法是视而不见，随后就是令人沮丧的痛苦。最后，格鲁夫和其他高层主管不得不面对现实，着手处理面临的实际问题，做出了补救措施。公司答应给顾客调换奔腾处理器，仅此一项措施就让公司损失了4.75亿美元。但正因为这个补救措施，才化解了危机。

英特尔公司付出了约5亿美元的代价，建立起英特尔的商业品牌。英特尔策略的目的就是要让客户认识到，微处理器就是计算机的核心部分，这一策略建立起一大批认准了英特尔品牌的忠实客户。

任何一家公司要重塑自己的形象，必须重新考虑其基本的定位、看法、战略和客户认同度。但是，人们对工作中的这一切在情感上难舍难分、使得任何改变都变得极其艰难。[48]让我们看看施文自行车公司的悲惨下场吧。这家公司自20世纪50年代中期开始，直到70年代都主宰着美国自行车产业。[49]作为家族公司，它未能预测到越野赛车和山地自行车将成为80年代的新趋势，没有参加日益繁荣的高档成人自行车竞争，对来自海外的竞争也反应迟钝。公司的高层主管没有注意到消费者需求的改变，再重新规划营销对策时反应太慢。有一位业务经理甚至否决了一种较轻便的新型自行车的方案，还嘲弄地说："你是要骑自行车，还是要抬着自行车？"

台湾捷安特自行车公司是施文自行车的海外供应商之一，它是在施文公司无意间的帮助下成为自行车制造业巨头的，这家公司也正是迫使施文公司在1992年破产的债权人。

当然，市场千变万化的局势也正是大小企业竞争中必然经历的一步。一家为汽车经销商做资料处理的公司的主管对我说："我们的主要对手之一每年要花4亿美元为汽车经销商提供资料表格，如今，我们向汽车经销商推荐使用计算机和激光打印机，淘汰了表格的旧有方式。结果我们每年的盈利就增加了6 000万美元，所有这些生意都是从以前那家竞争对手那里抢过来的。直到最近几个月，他们才顿悟，引进了计算机系统，重新与我们展开竞争。但是他们已经落后了 4 年的时间，生意遭受重创。”

情绪上的先决条件——在变化中求生

他的确很聪明，是经济学硕士，还是工商管理硕士，又进修过财经高级研讨课程，毕业于常春藤联盟名校。在一家跨国银行的信用管理部门工作，担任风险投资经理多年，一直表现出色。

但是现在他被解雇了。

解雇的原因是：他无法适应新的工作。过去的成功经历使他在银行一个小组中赢得了一席之地，这个小组专门为银行寻找有潜力的投资对象，他们的任务就是在货币贬值 80% 的国家挽回债券导致的损失。这位风险投资经理不是帮助大家考虑积极的方案，让公司做成一笔笔的好生意，而是简单地采用他老套的否定法衡量这项投资。

一位见证了他丢掉工作的主管对我说：“他不是努力抓住交易机会，而是一直分析劣势，还有交易可能对公司不利的负面因素。最后领导实在忍无可忍，将他解雇。他就是无法适应这些新的目标。”

当今，工作持续不变的特质就是“变化”。一位出版社的广告业务代表说过：“对于运作的方式，我们已经习惯了一成不变。只照着书本上生搬硬套，第一步、第二步、第三步……就完了。但是现在我们需要自己做决定，并没有可以套用的公式。这推动我们去冒险，要学会团队合作。工作环境已经改变了，但是有些人好像无法适应这种工作的新方法。”

那些面对改变缺乏适应力的人因改变而感到恐惧、忧虑和不安。很多经理难以适应公司责任分散、权力下放的状况，他们因此感到恼火，正如德国西门子公司人事总部的一位主管所描述的那样：“人们已经习惯了上级的权威，新的模式却是由自己做决定，在层级制度中下放权力，贴近消费者。但是一旦生意不顺利，比如某个月利润下降了，一些经理就开始恐慌，又用了老套路，再度加紧控制。这种做法对新的工作方法是有害的。”

如果要指出这个时代最需要的能力，那么当属“适应力”。具有很强适应力的人喜欢改变，能够在创新中自得其乐。[50] 他们对信息保持开明的态度，就像英特尔公司的高层主管小组一样，摒弃原先的假设，重新调整运营模式。对于新情况或者未知而带来的焦虑，他们也可以妥善处理，愿意冒风险采用新的工作方式。

适应力的前提条件就是，能够灵活考虑特定情况下各种各样的观点。反过来，这种灵活性要建立在情感能力的基础上。这种情感能力就是在未知情况下能游刃有余、面对意外情况能保持冷静的能力。

适应力的一个特征就是：对改变保持放松的态度，和现今逐渐受重视的另一种能力——创新力，是相辅相成的。

创新者

李维·斯特劳斯是有名的成衣制造商，他面对着一个两难的问题：他的两个合约工厂雇用当地的童工，而世界人权组织要求其禁止合约厂商雇用未到合法工作年龄的工人。公司调查人员发现：这些孩子一旦失去工作，将陷入贫困，有可能参与色情活动以谋生。公司是应该开除他们，以遵守禁用童工的相关规定，还是应该留下他们，以保障他们的正常生活？

最具创新性的结论是以上两者皆否。斯特劳斯决定在这些孩子上学期间在薪水名册上保留他们的名字，等到他们达到当地合法工作年龄后（14 岁）重新雇用他们。[51]

这个极具创意的行动为富有社会责任感的跨国公司树立了良好的榜样。要达成这种原则性的解决方案，先要尝试一下看起来似乎太超前或者太冒险的想法，接着还要有付诸实践的勇气。

在工作中，创新者的情感基础是在创新中找到乐趣，工作的创造性还涉及将新想法付诸实践，这样才能取得实际成效。掌握了这种技能的人能迅速抓住问题的症结，快速处理那些看似复杂的难题，更重要的是，他们能够发现和抓住其他人常常忽略的事物之间的内在联系与表现方式。

缺乏创新力的人常常只见树木不见森林，面对复杂的难题，只能以缓慢迟钝的方式处理。因为他们畏首畏尾，不敢实践新观念，寻求解决方案时，常常忽略了过去行得通的方法未来不一定行得通。

缺乏这种能力的人不只是缺乏想象力，他们还不喜欢冒险，因此他们变得爱挑剔、否定别人。由于自我防卫和谨慎的心态，他们不断地嘲笑或排斥新想法。

创意的本质有点儿难以驾驭。自制力和创造性思维之间存在着一些抵触，但这并不代表有创意的人会情绪失控，他们比缺乏冒险精神的人更乐于尝试新想法，也更富有能动性。

就遵守规章制度而言，有自制力的人在大公司（特别是要求做事毫无纰漏的、繁文缛节比较多的公司）工作更容易有优秀的表现，但是像在广告等传媒公司和要求创造能力的公司工作，过度地束缚手脚意味着失败。

一位德国风险投资家抨击了德国内不支持创新思想和冒险精神的公司，因为这两个特质正是创业的核心要素。在日本，我也听到了类似的声音。那位德国的风险投资家对我说："许多国家跟德国一样，对鼓励企业家创造就业岗位的能力总是忧心忡忡。"冒险和追求创新想法的欲望正是企业家精神的内在推动力。

创新的新旧典范

创新行动包括认知方面和情感方面。产生创意的一瞬间是认知方面的行动，但是要认识到创新的价值，进一步对创意进行完善与实施，就需要自信心、进取心、做事有始有终的耐力和说服力等情感能力，而且创新思维一直需要自我控制力的协助，这样才能克服情感本身引发的内在限制。正如耶鲁大学心理学家罗伯特·斯滕伯格所阐释的那样，这些内在的限制涉及情绪波动：有时郁郁寡欢，有时兴高采烈；有时消极沮丧，有时积极热情；有时三心二意，有时专心致志。[52]

19 世纪的数学家庞加莱曾就创新行为提出了四阶段模式，这个模式在今日可能也适用。第一阶段为准备阶段，绞尽脑汁考虑问题，收集各种各样的数据信息。在这个阶段，人们可能会钻牛角尖，发现众多可能性，却没有灵感。

第二阶段是策划阶段，就好比将所有信息和可能性在脑中慢慢加温。我们放飞思想，做白日梦、异想天开，一旦有什么想法冒出来，就马上抓住。接下来是第三阶段，常常要凭借运气，灵光一闪，然后新想法随即诞生。这是激动人心的时刻，也是千呼万唤始出来的成果，但是仅仅有新想法还是不够的。在产业界，前景看好却未能付诸实践的想法比比皆是。这就要求人们坚持下去，抵抗住压制新兴事物的反对、挫折、考验与失败。

“发现新想法又能付诸实践的人和只是做白日梦的人有天壤之别。”全美大学生发明和创新联盟理事长菲尔·韦勒斯坦说：“那些对想法追求到底且采取行动的人多半拥有极强的情感能力，他们知道必须把各种因素（尤其是人的因素）结合在一起，才能产生新的东西。你需要和他人沟通、说服他们，一起解决难题，实现分工合作。”

语言识别系统的发明者雷·库兹韦尔（Ray Kurzweil）也同意这种说法，他强调：“如果你想落实一个创意方案，勇气必不可少。不只是勇气，你还要有营销的本领。”

今天，即使在科学领域，发明的重心也由个人转向了分工合作。在一场有关情商的报告中，我听到了剑桥大学副校长亚历克斯·布罗尔（Alex Broer）的评论，他说：“在现代复杂的科技与商业领域，我们已经走到一人难成大事的时代了。”

布罗尔博士继续补充说：“个人想法必须适合全世界研究人员共

有的创新环境。你需要和每个人沟通，所以如今你需要比以往更高的情商，只有这样才能了解怎样、从哪里得到有关的想法。”让这些想法付诸实践的团队分工也尤为重要。

天使的守护与毁灭的声讨

新想法都是脆弱的，很容易受到排斥与扼杀。据说，牛顿对批评十分敏感，他曾将一篇光学论文藏了 15 年，直到那些主要的学术批评者都去世后才拿出来发表。如果管理者能与创意团队合作，帮助这些新想法茁壮成长，那么就能让其避免遭受过早、过度的指责。

桑迪亚国家实验室主管保罗·罗宾逊告诉我：“我们立下一个规则，无论何人何时提出一个有创意的想法，大家最初的讨论都必须是积极正面的，必须对新观点加以支持与保护。只有这样，我们才能抵抗那些不可避免的批评意见。否则一个想法或者观点还没有面世，就被无端的批评指责扼杀在襁褓里了。”

麻省理工学院的研究人员马文·明斯基（Marvin Minsky）是人工智能研究领域的先行者，他说，投资新发明不仅涉及提出新想法、新观点，而且涉及选择哪些新想法进行投资。他告诉我，在 20 世纪 70 年代末，施乐公司研制出 6 台激光打印机的样机，并且将 1 台借给了他的科研小组试用。明斯基回忆当时的情景：“我们小组的评价是，这东西太棒了！”然而，施乐公司的副总裁对我们的评价不屑一顾，决定不再开发这项技术，后来佳能公司将激光打印机率先推向市场。结果，施乐公司错失了良机，未能在销售额达数亿美元的市场上抢先一步。

反应冷淡与怀疑之声是近亲，同样令人气馁。工程师对此有个特别的称呼——“NIH”①。如果不是我们自己的创意，我们就不感兴趣。哈佛商学院心理学家特雷莎·阿玛拜尔（Teresa Amabile）曾列举了4个新想法的杀手，每个都会让工作的记忆储存区受到限制，也会打压人们的冒险精神。（灵感和新想法都会产生于工作的记忆储存区，创意也是在此迸发出来的。）这四大杀手包括：[53]

- **监控**：对新想法摇摆不定，没完没了地检查质疑，这限制了创造性思维的自由发挥。
- **评估**：新想法一出现，就急不可待地发表一番批评，言辞刻薄、不留余地。对创造性的想法发表评论是好的，因为即使是一些前景很好的想法也需要一些积极的建议便于其完善，但不是所有对新想法的评论都是有益的，心怀偏见、指手画脚只能起负面作用。
- **过度限制**：仔细管理每个步骤，就好像监督一样。这样会形成一种压迫感，抑制创意的产生。
- **时限过于苛刻**：过于苛刻的时限会造成紧张感。虽然有些压力可以激发创意，但是时限与目标就会成为工作的焦点。如果时限以外也会产生新想法，那么期限就成了新想法萌芽的杀手。

① NIH，即“not invented here”的缩写，意为“此地无创新”。——译者注

集体创造力的结晶

如果你想适应千变万化的市场，还需要集体创造力的结晶。这种集体创造力的结晶对公司的各个阶层都有积极的作用。想一下SOL公司的案例，这家公司位于芬兰，是一家从事清洁业务的公司，经营得十分成功。1992年，这家公司从一家比较大的家族企业中分离出来。当时，这家公司仅有2 000名员工，以及1 500个客户，年利润不到3 500万美元。但是4年之后，公司的客户数量就翻了一番，员工数量也是以前的两倍，年收入达到6 000万美元。[54]

在这家公司里，员工们享有高度的工作自由。这家公司的员工没有头衔、没有个人办公室，而且管理人员也和普通员工一样没什么特权，甚至没有秘书。公司也没有规定明确的工作时间。在芬兰，工作时间通常为早8点到下午4点，所以该公司的上班时间确实是一项创新。SOL公司让员工大胆去做，鼓励他们在工作方式方法上勇于创新。

周围环境中充满了枯燥乏味、工作效率低的情况，所以在这种大环境中，SOL公司自由的工作方式就更显得难能可贵了。比如，SOL公司的工作人员善于利用零散的时间，承担起诸如帮助病人去浴室洗澡的工作，有时在紧急情况下也会通知医生采取急救措施。清洁人员有时还利用晚上的时间去连锁店帮助清点货物。

SOL这样的公司没有那么多的约束，工作角色比较灵活模糊，放手让员工自己约束自己，广泛采纳信息，运用多种方式鼓励员工发挥创新力。公司创新与个人创新的过程是一样的，也分为几个步骤。其中两个步骤尤为关键：第一个是“集思广益”，就是收集各方面优秀的想法；第二个就是“付诸实践”，就是把好的想法实践出来。[55]

在一家公司中，想出新想法的人与支持这个新想法的人是两类不同的人群，来自不同的团队。有一项研究针对工程公司开发部门的数千名员工进行了一项调查，调查发现：想出新想法的人往往都有专长，他们觉得沉醉于这种抽象的想法中是一种享受，[56]他们也倾向于独自工作。

相反，那些支持新想法的人都是有影响力、具有政治号召力的人，他们擅长推销新想法，能够争取到别人的支持与协助。一方面有专长的人能够想出富有创意的想法，这一点极其重要；另一方面，能否将这些想法付诸实践，发挥影响力使公司员工们接纳这些想法，也是很关键的。所以，一家鼓励创新的公司需要培养出这两种关键人才。

第六章

涌流状态：工作中的忘我境界如何培养

乔·克雷默修理技术一流，他是南芝加哥一家工厂的焊工，主要负责协助组装铁路机车。乔有很好的技术，无论机器出了什么问题，人们都会请他帮忙。乔喜欢钻研机器运作的原理，他在小时候就曾经把家里的烤箱拆开又装上，他孜孜不倦地专攻各种机器问题。有一次，他决定在家安装一套地下喷水系统，可是一时买不到合适的喷水设备，于是他就自己设计，竟然在自己家里做出了一套喷水设备。

乔在机械修理方面也是个多面手，工厂里的工作他样样精通。工厂里有 200 多人，一旦某人有事不在，他就能及时补上空缺。乔虽然已到了花甲之年，却仍然对本职工作热情不减，他干自己的老本行已经近 40 年了。工厂管理者说："我要是再有五个像乔这样的员工，就会在这个行业里成为龙头老大了。"

有些人能在自己的工作中发现乐趣，乔就是其中一个典型代表。乔也是典型的优秀员工，工作业绩十分突出，他能够从工作中找到乐趣。他工作时乐在其中，不是因为他所从事的工作多么与众不同，实际上，他所从事的工作再平凡不过了。他在工作时会表现出一种特殊的精神状态，这种状态被称为“涌流”①。正是这种涌流状态推动人们在工作时尽心尽力，处于这种状态的人无论在什么工作岗位都会专心工作。

如果我们的积极性被充分调动起来，就会进入涌流状态，工作时兴致勃勃，甚至能在工作中学到很多新技能，换句话说，我们会在工作时探索新的、具有挑战性的工作方法。我们会被工作中的挑战吸引，进而忘我地工作，以致全然忘记时间的流逝，这就是涌流状态。这时，我们做什么都感到得心应手。我们可以面对不断变化的挑战，进行灵活调整，工作时随心所欲，做事节奏如行云流水一般。涌流本身就是一种享受。[1]

涌流就是人们工作时最强大的驱动力。我们喜欢做自己感兴趣的事，因为做自己喜欢的事有助于我们进入涌流状态。当然，让人感到愉悦的事情不尽相同，就好比机械工人可能对焊接有关的东西感兴趣，外科医生可能被高难度的复杂手术所吸引，室内装潢设计师则会因为一些富有个性的装饰风格和色调而惊喜万分。我们在涌流状态下工作时就会有工作的动力，工作本身也就成为一种享受。

在涌流理论以外已经有人提出多种不同的解释分析人们工作的动力，涌流理论只是从一个角度分析人们工作的原动力。我们并未否定外在激励因素对工作的促进作用，外在的激励因素可以鼓励人们达到

① 涌流，英文原文为“flow”，一个人专注于工作时会进入一种理想的工作状态，心理学家称之为“涌流”状态。涌流是一种如冥想、深深沉醉其中的状态，人处于这种状态时会产生陶醉感，甚至察觉不到时间的流逝。——译者注

一定的工作标准。工厂里的外在激励包括认可工作业绩、升职加薪、给予优先认股权、发奖金等等，这些都很重要，但是一个人工作时要想表现卓越，关键推动力不是来自外部，而是发自内心。

举个例子，如果把人们一天的感受记录下来，你就会发现，人们觉得工作是乐事，往往不仅是因为工作能带来经济收入，主要是因为他们喜欢自己的工作。当人们以寻求乐趣为主要工作动力时，就会感到心情舒畅。假如一个人只为了赚钱而工作，就会觉得工作枯燥乏味，提不起精神，甚至有点儿痛苦。如果遇到棘手的工作、压力很大时，一般人就会更加痛苦。相反，如果我们喜欢一份工作，即使薪水很低，我们也能干得很起劲。

总之，人们工作的最终目的，或者说人们工作时满足感的来源是什么呢？研究人员就这个问题调查了 700 多位 60 岁以上的男女，他们当中无论是专业技术人员，还是管理人员，大部分人的职业生涯已经快要结束了。[2] 对他们而言，最大的工作动力就是“能面对有新意的挑战”，其次是“工作本身包含让人充满干劲的因素”，再次是“不断学习的机会”，排在这三个因素后面的是“完成工作后的自豪感”、“在工作中建立友谊”以及“在工作中帮助他人或传授给别人知识或技能”。从工作中获得满足感的“缘由”当中，地位和职务排在靠后的位置，而经济收入则排在最后。

传统的激励因素已经不能促使人们在工作中有最佳的表现。要想在工作中有杰出的表现，人们就必须热爱自己的工作，并在其中找到乐趣。

英文中的“动机”（motive）和“情感”（emotion）都源自同一个拉丁文词根“推动”（motere）。引申一下，我们可以说，情感和动机促使我们追求目标，二者进一步调动我们的积极性，反过来说，动机又推动我们加深对事物的认识，也指导我们的行动，一个人工作时有良好的感觉才能有良好的工作效果。

热爱工作，必有回报

一个人处于涌流状态，再苦再难的工作也变得相对容易。一个人外在的表现能够反映其大脑内在的运行状况。涌流就体现了一个看似矛盾的现象：我们全情投入于一件难度系数很大的工作，可是大脑运作时却消耗很少的能量，毫不费力。原因可能是，如果一个人觉得工作枯燥乏味，缺乏工作热情，或者因焦虑而思维混乱，大脑的活动就是无序的。如果大脑活动本身处于极为混乱的状态，即使这个人能勉强集中精神，大脑细胞的活动也是紊乱或杂乱无章的。相反，在涌流状态下，大脑活动的方式体现出高效率和准确性，耗费能量也比较少。这样，即使人们从事很棘手的工作时，大脑皮质一般也会处于较低的兴奋水平。[3]

工作是人生舞台上的一部重头戏，人们在工作中有机会进入涌流状态。米哈依·西克赞米哈依（Mihalyi Csikzentmihalyi）是芝加哥大学的心理学家，他率先对涌流状态进行了研究。他挑选了107位来自不同社会阶层的人作为研究对象，其中包括管理者、工程师以及生产线上的工人。他给这些研究对象配备了一个遥控提示器，定时提醒他们记录自己做的事情以及做这件事时的感受。研究结果令人大吃一惊，[4]结果显示，平均来说，人们处于涌流状态的时间有50%左右都是工作中，只有不到20%出现在消遣时。在闲暇时光，人们最常见的情绪状态是无聊！

不过，人们在工作时有多少时间处于涌流状态因人而异，差异很大。管理者、工程师等人要经常从事较复杂、具有挑战性的工作，他们对每件工作处理的方式可能都不同，这些人更容易进入涌流状态。相比之下，经常从事比较简单工作的人进入涌流状态的时间较少。控制力较强的人进入涌流状态的频率比较高。一个人运用控制力的方式多种多样，比如，有人为了增强工作的挑战性，故意把某一工作推迟到最后一分钟才做，或是为了使相对容易的工作变得更刺激，有人可能刻意制造出一个有压力的“冲刺”阶段。

优秀的工作者能够调整好自己，在工作任务和涌流状态之间实现平衡，他们进入涌流状态时往往就是要完成工作任务、实现目标的关键时刻。在消遣娱乐或是无关紧要的琐事上，他们无须进入涌流状态。[5]对于优秀员工而言，出色的业绩与工作乐趣是相辅相成的。

置身其中，感同身受

一家建筑公司的项目经理发现，制图员被草图中一个简单的问题搞得焦头烂额。项目完工的期限快到了，大家压力都很大。这位项目经理发觉自己拳头攥得紧紧的，憋着一股火，她因那个制图员工作低效而非常恼火。

她努力让心情平复下来，然后问那个制图员："怎么了？有什么问题吗？"于是，制图员唠唠叨叨诉苦，说他遇到了什么麻烦，也指出自己掌握的相关信息太少，很难完成制图任务，还说他的时间太紧张。

这位项目经理表示同情和理解，请他谈谈具体遇到了什么问题，她说话的语气很随和，话语也富有鼓励性，与制图员保持目光交流。她告诉制图员，其实，她自己也快累垮了。

她运用提问逐步引导制图员，帮助他看清自己实际掌握了很多信息，而且相信他一定能完成制图任务，这位制图员受到鼓励，加紧工作。谈话结束时，她和制图员开玩笑说，其实有件事大家忽略了，是副总裁接下的这个工程，有问题副总裁要担着。两人都笑了起来，随后，都开始忙手中的工作。

为什么这位项目经理做得很恰当呢？因为她置身其中，能设身处地地体恤他人的感受和难处。

尽管二人谈话本身没什么特别之处，但是他们的交流方式刚好体现了"心理上置身其中"的交流秘诀。当人们都投入某件事时，就会高度认真，也会全身心地投入工作，工作效率也非常高。如果一个人做事投入，其他人也容易受到影响和感染，也会积极出谋划策，尽力工作。

与此相反的是心不在焉，这种现象最常出现在那些工作时生搬硬套、做事无精打采或缺乏条理的人身上。一般来说，这样的人不会有出色的工作表现。还有一个人也在之前提到的建筑公司工作，做接待员，可她很讨厌自己的工作，她说："一天到晚坐在那里，还得装出一副笑脸，假装热情，代表公司接待来访者，每天说很多重复的废话，这就是我的工作。真让人受不了！我一天八九个小时就这么浪费了。"

波士顿大学管理学院的心理学家威廉·A. 卡恩把那个项目经理作为案例分析对象，并指出她有苦处时表达出来，而不是"因忧虑而不知所措。这是一种心理表白，她对他人开诚布公，敞开心扉，而非把烦恼窝在心里"。[6] 这种表达和情绪的抒发与涌流的一个主要特征很相似：对手头的工作全神贯注、专心致志，与之相反的特性就是麻木不仁、心不在焉。

愿意把内心感受讲出来的人具有很好的自省能力。卡恩分析说，那个项目经理能调整她的情绪；她紧握双拳就说明她已经很恼火，但是她能设身处地考虑问题，所以她能体谅制图员的挫折感，而不是向他发泄怒气。

那个项目经理没受到消极情绪的干扰，因为她有这种能力，所以才能有效调整自己的情绪，而不是回避这些愤怒和烦恼。她没有对制图员的抱怨无动于衷，也没有一见他就大加指责，而是和他一起分析和解决问题。她帮助制图员留意已有的信息，把挫折感转化为动力。此外，还指出问题所在，甚至开了个玩笑。这种玩笑是缓和紧张气氛的明智之举，借此也使彼此之间的关系更加紧密。

我们如果能对自己的心理状态进行良好的分析，并进行适当的表达，就能更好地调整自己的情绪，也更易适应周围环境，可以随机应变，换句话说，我们就可以进入涌流状态。这时，我们思维活跃、幽默诙谐，还能充分进行自我反省，或者能将我们工作中需要的能力和技术充分发挥出来。

锦上添花

一位大学教授讲述了自己热爱工作的原因，她说："我很喜欢现在的工作，因为能不断学习新东西。我总是在工作时感到兴奋。我必须马不停蹄地努力工作，因为一切瞬息万变，你必须保持良好的状态才能应对自如。"[7]

当我们全情投入工作、淋漓尽致地发挥技能才干时，我们的认知能力就会冲向顶点。一个人如果进入涌流状态，就很愿意主动进行自我提高，原因有两点：其一，人们专心致志从事工作时，认知效果最好；其二，做一件事的次数越多，完成的效果越好，结果是工作中的成功激励当事人不断努力并进入涌流状态，不断迎接并克服新的挑战。

工作时，如果一个人不能进入涌流状态，即使取得了成功，也会感到莫名其妙：成功后怎么还会感觉空虚呢？工作时发生令人激动的事情后怎么显得如此枯燥乏味呢？此外，一个人如果在某一工作上自以为完全掌握了一切以后，就很容易止步不前。也许正因为如此，很多员工人到中年后就频频换工作。

一位专门为管理人员提供咨询的心理学家说："步入中年，工作时间就已过了一大半，这个阶段的人不再那么安于现状。这种内心的浮躁会对事业产生巨大的冲击。即使你并不想跳槽，也会对猎头公司打来的电话感兴趣，开始打听一下新工作有关的信息。你开始花时间留意兼职工作，或是想做些小买卖。你可能变得心浮气躁，或是满腹牢骚，也可能开始搞点儿收藏，比如收集跑车，还有可能从这时开始拈花惹草。”

人们之所以会这样躁动不安、感到空虚无聊，主要是因为他们不能再从工作中找到对自己能力的挑战，工作对他们而言已经没有新鲜感，他们对一切都驾轻就熟。对此，那位心理学家补充说："如果保持积极向上的心态就更容易在公司里主动尝试新事物，做更具挑战性的事情，因为你必须想办法激发自己的工作热情。”

有益的压力——接受挑战

大家也许记得，我们曾讲过比尔·盖茨大发雷霆时，有一位冷静的女士成功平息了他的怒火。有些人以为适当发火可以激发员工的进取心，可以提高团队的工作热情。盖茨争强好胜，他的火暴脾气也是众所周知的。在微软公司里，真应该给受过他指责的人颁发荣誉证书。

一个朋友告诉我："我们老板知道谁是最佳指责对象，所以他从不敢冲我怒吼。如果开会时大家无精打采，他就会大喊大叫一番。他可能会突然指责某人，以便提起大家的精神。”

我们有时可能会百无聊赖、高度忧虑，甚至感到无能为力和无奈，可是这类感觉也许会催生出涌流状态、适度的焦虑和紧迫感，结果反而能够调动我们工作的积极性。如果没有紧迫感，我们就会产生惰性，而紧迫感太强又会把人压垮。如果员工知道某件工作

“事关重大”，就会产生强烈的工作驱动力。

有益的压力（或者说“好”的压力）是指那些能推动我们采取行动的压力。有益的压力可以刺激大脑的化学反应。我们全力以赴、积极应对挑战时，大脑中将充满由肾上腺系统引发分泌的儿茶酚胺和其他物质。这些化学物质有助于大脑保持注意力和兴趣，甚至让人沉迷于眼前的工作，也能激励人不断努力。我们甚至可以说，强烈的动机源自“肾上腺冲动”。

德国曾有一项研究证明，动机与大脑内“有益的”化学物质具有显著的紧密关联。[8] 研究人员让自愿参与研究的被试做一些有难度的脑力劳动，要求他们在极短的时间内计算120道数学题，研究人员给他们四个时限，每个时限中做错一道题就要停下来。如果他们自信答案全都正确时也要马上停下来。如果全都计算正确，他们能获得一定数额的现金奖励；如果计算错误，则给予同样金额的处罚。

那些成功意愿强烈、极其自信的被试尽管各有不同动机，却都能尽力使大脑活动保持在分泌大量儿茶酚胺的水平，而不是上升到分泌皮质醇的紧急状态。那些非常担心失败而拼命努力的被试却陷入了皮质醇在大脑中肆虐的混乱状态。

上述研究表明了坚定的自信心的重要性。那些皮质醇水平低的人在计算数学题的过程中能更好地思考问题，他们注意力很集中，在解题过程中心跳平稳，没有焦虑不安的迹象。他们思维敏捷，沉着冷静，工作效率高，表现十分出色，因此，得到的奖金是其他人的两倍。

亲和力——团队驱动力

尤金妮亚·巴顿是一位教师，她在一所高中任教20年了，她仍然热爱自己的工作。她说："我感觉越来越喜欢学生了。上几次课后，我越来越了解他们，我们彼此之间的关系更亲密了。"

有人曾对许多教师进行测评，结果表明巴顿属于最富同情心和最关心人的那类教师，她从与学生的相处中获得乐趣。[9] 这也表明人们进入涌流状态的途径多种多样。

印度有句俗语："小偷遇到圣人时，眼里也只有他的钱袋。"我们做事的目的决定我们看待这个世界的角度。我们的注意力是有选择的，与我们关系重大的事，我们自然会反复考虑。如果一个人想有所收获，他就会留意寻找更好的方法、注重管理、力求创新或谋取竞争优势。与学生建立友好关系并从中获得的愉悦感激励巴顿努力工作，像她一样的人通常会努力找机会建立良好的人际关系。

渴望成功的愿望是很多优秀员工强烈的动力源。但是，努力建立良好人际关系的愿望在护士、医生或教师这类职业中备受重视，在其他行业却不多见。然而，建立良好人际关系的乐趣，即真正重视并从良好人际关系中获取愉悦感，这不仅是优秀的护士或教师所必需的素质，也是常与人打交道的公司职员或主管等必备的素质。[10]

从良好的人际关系中获益既是一种动力，也是一种结果。只要你愿意，它就可以成为你追求的目标，而不是做事的手段。这一观点本身很积极，但是如果走向极端，或是把人际关系作为主要目的，对管理人员的工作有百害而无一利。比如，一些工作有成效的管理者和督导人员建立人际关系的愿望并不那么强烈，因为只有这样，在遇到他人持不同意见时，他们才能放开手脚拒绝别人的要求，或是提出种种限制条件，便于员工管理。[11]

建立人际关系的愿望太强就会分散人们的注意力，甚至增加负担。[12] 理查德·博亚特兹专门研究企业管理者建立人际关系的愿望，他对我说："如果在完成工作的过程中建立人际关系，能增进我们的友谊，这当然不是错的。但是如果我们过分强调人际关系，就会忘记管理者交付的任务。"

在选择工作时，建立人际关系的愿望起着重要作用，有些人有强烈的欲望建立人际关系，这样的人在找工作时更留意"与人打交道"的工作，比如教师和护士，因为这样他们就能在实际工作中充分运用自己已有的社交能力。

驱动力的神经学基础

不同的动机可能与大脑中不同的化学物质有关。不过，现在我们还不清楚什么化学物质在发挥怎样的作用。[13] 目前我们知道的是，增强动机的大脑神经系统在杏仁核里。情感学习能力储存于杏仁核的情感记忆库以及有关的神经系统中，而情感学习能力可以决定某人在哪些活动中获得乐趣，回忆起哪些事时会有怎样的情绪，也会让人想起与情绪相关的行为习惯。

计算机科学家曾试图制造出一种机器人，让它像人一样能看能听，却没有成功，主要原因在于计算机缺少情感定向能力。[14] 人们的情感记忆库总能识别出什么事情与我们有关，哪些存储的数据会引起什么相关情绪变化，而计算机却没有这种情感记忆库，所以无法识别人的情感。机器人也许能看能听，却一定不能理解所接收信息的主要内容，也找不到它感兴趣的点在哪里，因为计算机缺乏人类那种基于情感和兴趣的情感定向能力。

我们的动机对我们的意识具有引导作用，让我们留意自己所追寻的目标，不错过任何机会。杏仁核是大脑“神经通道”的一部分，我们所关注的一切、任何对我们有激励作用的东西都必须经过这个“神经通道”，并对事物的刺激程度进行评估。[15] 我们的动机是成就人生大事时的向导，而杏仁核则帮助我们分清人生目标的轻重缓急。

有些人因患脑病或脑部受伤导致杏仁核功能丧失，因此尽管大脑其他部分完好无损，他们的动机方面还是会出现失衡。他们无法区分哪些事对自己更重要，哪些事与自己毫不相干；也不能区分哪些事可以令自己精神受到鼓舞，哪些事会让自己意志消沉。他们做任何事都处于同样的情感状态，结果麻木不仁、缺乏辨别能力，或是毫无节制、浑浑噩噩度日。

与动机有关的神经系统是我们人生的导航系统，它连接大脑的执行神经中枢——前额叶。前额叶审查事情的相关细节，进而决定对杏仁核传达的信息做出怎样的回应。大脑前额叶有一组抑制神经细胞，可增强或降低杏仁核的冲动反应，让动机神经系统谨慎行事，也就是说，杏仁核跃跃欲试时，大脑前额叶却仿佛在发出提醒：请三思而后行。

杰出的工作者具备以下三种与动机相关的能力：

- **成就驱动力**：努力改进，创造出色业绩。
- **献身精神**：将团队或组织的计划和目标谨记在心。
- **主动性与乐观精神**：这两种能力可以鼓舞他人，激励他们抓住机会，并坦然面对挫折和困难。

成就驱动力

这是一种引导人们努力改进、创造出色业绩的驱动力。

人们一旦具备这种能力，就可以：

- 明确目标、实现目标并达到要求的愿望十分强烈。
- 设定具有挑战性的目标，敢于承担一定的风险。
- 寻找能够减少不稳定因素的信息，想尽办法把工作做得更好。
- 通过学习完善工作中的表现，不断追求进步。

我访问美国前进保险公司设在克利夫兰市的总部时，公司的首席执行官彼得·刘易斯告诉我：“在美国，有300家保险公司销售汽车保险，我们公司的规模排在第6位。我们的目标是在2000年公司规模增长200%，排名进入前三位。”我相信这个目标能够实现。这家公司在15年前的排名仅为第43位。公司进行重大改革时，其他同类公司仍然墨守成规、故步自封。所以我们看到美国前进保险公司规模扩大，名次也迅速提升。

举例来说，前进保险公司承诺在接到事故报案两个小时内马上派人到达事故现场，理赔员当场用笔记本电脑计算出需要更换的零件的总价，也估算修理费用，开出支票。除前进保险公司之外，没有其他公司能够提供这种快捷的当场理赔服务。

前进保险公司更大的举措是推出了“电话自动报价系统”（1–800–AUTOPRO），就是在24小时内免费为投保客户提供前进保险公司和其他三家大型汽车保险公司在当地汽车保费的报价服务。通常，前进保险公司的报价是最低的。这种便捷的价格公开比较在汽车保险行业是前所未有的。这项举措是在拉尔夫·纳德的建议下制定的——拉尔夫·纳德是刘易斯的大学同学。

前进保险公司取得了巨大的成功，究竟有多成功呢？就是该公司仅靠保险金就能盈利，而现在能依靠保险金盈利的保险公司屈指可数。

刘易斯坦言，他就是要做得更好，占有更大的市场份额。因此，公司对员工“要求非常高，同时提供的薪酬也十分可观，员工可以赚得相当于工资两倍的奖金。公司业务员也有分级，报酬最高的，公司对他的要求也最高，没有工作业绩的，就只好走人”。

尽管前进保险公司政策很严，竞争也非常激烈，但是公司的人员流动和其他公司相比并不大，人员流动率仍在8%左右，和行业内的平均水平大致相当。原因也许是那些被吸引到该公司工作的人都具备和刘易斯同样的成就驱动力。正如刘易斯所言：“我们最主要的企业价值观就是‘不断追求进步，精益求精’，这的确是很大的挑战，但是员工们喜欢挑战。”

“卓越”是美国前进保险公司的座右铭，代表了该公司一直提倡的核心价值观，也让人看出该公司是依靠成就驱动力进步的。“我们不断在工作中努力改进，以求满足甚至超越客户、股东等众人的最高期待。”

要想事业有成，就需要这种不达目的誓不罢休的内在驱动力。研究人员曾对杰出的主管和一般管理人员进行对比研究，结果发现工作中表现出色的主管具有以下特征：他们喜欢讨论并愿意做高风险的工作，他们主动进行也支持富有想象力的创新，他们为员工设定很高的目标，其他人提出富有建设性的意见时，他们给予支持。实现目标的愿望是一种强大的情感能力。在这种能力上，优秀员工确实与众不同。[16]

对高层管理者而言，一个人施展抱负的欲望会通过自己负责的部门或自己经营的公司体现出来。比如，前进保险公司是彼得·刘易斯实现强烈竞争欲望的载体，微软公司是比尔·盖茨施展才能的途径。[17] 有项研究的研究对象是美国历史上包括盖茨和洛克菲勒在内的 100 名富豪，结果显示他们具有共同点，即他们都有在竞争中取胜的强烈愿望，一心想要干出一番大事业。[18]

预估风险

套圈游戏看来似乎没有任何风险，这个游戏的规则是先将铁杆固定在几个位置上，将铁环扔向铁杆，如果能套在铁杆上就得分。铁杆与你的距离越远，分数越高。你可以预先自己设置好铁杆的距离。那些好高骛远的人往往把铁杆放到了他们能准确投掷的距离之外，而那些过于谨小慎微的人则把铁杆放置得非常近。结果，两种情况下当事人得分都很低。

套圈游戏的原理与生活中评估风险的原理相同。我在哈佛大学求学时的研究生导师戴维·麦克莱兰教授曾做过研究，测试人们在承担一定风险的状态下完成工作目标的能力。在测试中，他就使用了套圈游戏。优秀的企业家既要敢于承担风险，又要懂得慎重分析风险。成功企业家具备的素质之一就是能够承担适度的风险。

麦克莱兰发现杰出的管理者为自己设定的目标通常比较富有挑战性，他们所设立的目标能实现的可能性只有 50%。

成功人士喜欢完成带有一定风险的任务，在此过程中他们知道从何处入手。他们会告诉你："当我接手工作时，这里的工作效率只有 20%，现在却上升到了 85%。"他们做出最终决策前，通常都进行过成本与收益的分析，所以工作任务中涉及的风险都在预估范围内。

事业有成的人乐于接受新事物，不安于现状。麦克莱兰的长期合作伙伴小莱尔·斯宾塞告诉我："我们曾经对福特汽车公司生产线的工人进行培训，目的是提高他们的成就驱动力。大部分人不以为然，各自忙手头那点儿事。我们培训 IBM 的电脑工程师时，受训者的反应也一样。"

一听说要承担风险，某些人就觉得不可思议，但是在企业家看来有风险的工作值得一试。莱夫·伦德布拉德是瑞典人，他为银行出纳员发明了自动取款机。他与花旗银行谈第一批自动取款机生意时很有信心，相信能如期交货，这毕竟是他的第一笔生意。伦德布拉德后来告诉我，在他按期交货之后，花旗银行的员工告诉他，当时他们以为按期交货的可能性只有10%。

企业家一直在思考的问题就是改良工作的驱动力，这样企业在经营管理中才能不断发展完善。有人曾针对59位企业家进行了研究，他们大多是搞科研的科学家，都是由于某种技术发明才创办了高科技公司。[19] 在公司创办5年后，那些成就驱动力强的人（就是喜欢获得工作业绩反馈，设定具体目标的人）大都事业更发达，他们的销售额每年平均增长100万美元，而公司员工也增加到50人或更多。这些企业家当中有些人甚至赚了一大笔钱后就卖掉了公司。

相反，成就驱动力较低的创业者经营得很糟糕，有的人只有三四个雇员，有的人由于亏本严重卖掉了公司，有的人则干脆破产倒闭。

热衷反馈

唐纳利公司主要生产汽车玻璃，公司的产品一直达不到一家大客户的质量标准，所以其拒绝与唐纳利公司合作。于是，三名唐纳利公司的生产工人专门开车走了近650公里的路程去了解情况，他们想知道为什么客户对产品不满意。

了解到的情况让他们惊讶：这家合作公司有规定，如果哪个员工发现唐纳利公司的产品有问题，就可以得到奖金。知道这一点以后，唐纳利公司的员工提高了产品质量，确保交货时产品都令对方满意。[20]

唐纳利公司的员工很有事业心，他们也是努力提高工作质量的典范。他们之所以有这种精神，是因为他们有成就驱动力，一个工作团队如果经常沟通，探讨怎样提高工作质量，就会产生团队成就驱动力。

相反，缺乏成就驱动力的员工在完成工作任务或是设立工作标准时，要么懒懒散散，要么眼高手低。这样的人在接受工作任务时，有时挑肥拣瘦，有时设立一些不切实际的工作目标。同理，管理者如果缺乏成就驱动力，整个企业运营过程中就会像没头苍蝇，员工职责不明，进取心受到限制，工作时没有头绪。而管理者如果不向员工提供信息反馈，员工就不知道自己的工作表现，也不知道公司对自己的期望。

成就驱动力强的人总是想方设法探索成功的路径。很多人往往用金钱衡量成功，也有很多人同意金钱不一定能买到关于自己工作业绩的反馈，这种反馈比金钱更重要。美国加州一位企业家说："我从来就没把金钱当回事儿，它不过是一种量化的衡量标准。"另一位企业家甚至说，金钱"不过是一张工作成绩报告单"。[21]

即使是成就驱动力处于中等水平的人，也常常把销售额或公司的质量标准作为衡量自己工作业绩的标准。有时，他们也设定自己的业绩标准。业绩突出的员工大多制定自己要为之奋斗的目标，因为这样做，工作会比较有效率，也能战胜竞争对手。

像餐馆这类小商品部门，每天都能收到工作业绩的信息反馈，而那些从事股票证券管理的人几乎时时刻刻都能得到信息反馈。但是，许多人因其工作情况难以评估，就很难收到有关工作情况的信息反馈。这类人就更需要有超强的自我批评意识，能给自己提供信息反馈。优秀的工作者总能在自己需要信息反馈时，即反馈对自己帮助最大时，得到反馈的信息。

获取信息，提高效率

内森·麦沃尔德是微软公司的首席技术官，他具备惊人的阅读能力和极强的求知欲，努力搜集各种数据资料，他这样做也是形势所迫。[22] 作为微软公司内部的战略家，他也不知道自己搜集的哪条信息能成为日后创造 10 亿美元的摇钱树。麦沃尔德是典型的信息迷，对知识的追求永无尽头，他对创新和竞争也具有敏锐的觉察力。

现代工作日趋复杂，信息以排山倒海之势向我们涌来，而我们也为有可能错过信息而忧心忡忡，最后总让我们焦虑万分。消除这种焦虑的唯一办法就是像麦沃尔德那样持之以恒地注视着眼前发生的一切，尽量减少不确定因素。[23] 渴望成功的人总是如饥似渴地捕捉新想法和新信息，尤其是那些与自己目标相关的信息，哪怕仅有一点儿关系，他们也绝不放过。他们定期拜访相关人员，听取他们的观点和看法，吸收某些人进入自己的情报信息网络，以得到新知识和重要的信息反馈。

缺乏这种信息意识的人只埋头处理眼前的信息，或只求弄懂眼前可用的数据。对行政管理人员来说，了解信息可以采用“走走看看”的管理方式，或和大家见面随便聊聊，或是鼓励各级员工多进行一些非正式的讨论会。这种广泛搜集信息的方式可最大限度地减少不愉快的突发事件，也大大增加了发现和捕捉机遇的可能性。

提高工作效率的愿望与渴求信息的愿望总是相辅相成的，可是如果提高工作效率的愿望体现在过分强调监督、用规章制度束缚人、一切都要按规定办事等等，那就会适得其反。高层管理者过分关注细枝末节，则可能因小失大，忽略自己的工作重点。这样的管理者目光短浅，在工作中不能着眼全局，却对下属进行严密的监视。

不过，想要控制不稳定因素的愿望却有助于培养注意细节的习惯，优秀的管理者会审时度势，根据公司内外形势发展制定相应的管理体系，能根据及时搜集的信息提高工作业绩。有位销售主管管理着一个庞大的销售团队，所以收到销售情况报告的间隔时间太长，结果令他焦头烂额。于是他研制了一个信息自动提示系统，这个系统会在每天工作结束时自动提示销售人员，要求他们报告自己的销售进展情况。结果，他在 8 小时内就能获得过去要等待两周才能得到的重要信息。

献身精神

将个人与组织的目标合二为一的特质。

人们一旦具备这种能力，就可以：

- 为实现组织的远大目标，随时准备牺牲个人利益。
- 在重大任务中找到目标感。
- 在做决定、做选择时，会以团队的价值标准来衡量。
- 积极地寻找机会完成团队的任务。

赫曼米勒公司达拉斯分公司的员工的事业心都非常强。他们一听说美国航空公司国内办事处将搬到自己公司旁边，就立刻给美国航空公司发函，询问他们是否考虑用赫曼米勒公司的产品装修自己的新办公室。

他们采取主动，为公司赢得了一笔可观的订单。航空公司的新办公室投入使用前，赫曼米勒公司的员工到现场检查交货情况，发现包装箱把数百张座椅套布上的绒毛压平了。于是，这些员工自发组织起来，通宵达旦干了整整一个周末，用蒸汽熨斗把所有座椅套布的绒毛都熨烫起来。[24]

这种献身精神主要体现在个人目标与组织目标融为一体。献身精神是一种情感，组织目标与我们自己的目标紧密联系在一起时，我们对群体的目标就会产生强烈的认同感。那些珍视并乐意承担任务的员工不仅会为完成任务而全力以赴，在公司利益有需要时，他们甚至把个人利益暂搁置一旁。为了按期完成一项工程，这些员工可以工作到深夜，即使是周末，也可以放弃休息，加班加点。有强烈献身精神的管理者如果遇到紧急任务，可以一接到通知就随即行动起来。

有时，献身精神强的人也可能做出不受欢迎的决定。但是，为了更多人的利益，即使遭到反对或引发争议，还是必须做出负责任的决定。真正具备的人会为了群体的更大利益做出暂时的牺牲。总之，有献身精神的员工对公司的态度就好像一位爱国者——持强烈拥护的态度。

约翰逊制蜡公司就努力帮助其销售团队树立无私的全局观，也就是要求员工为做好工作培养长远眼光，告诉员工不能只顾眼前效益。该公司的一位管理者告诉我："有时，你工作时付出的努力要等两三年时间，组织才会留意到并给予你相应的回报。但是从长远角度看，如果你认为某个决定对全局有利，就坚持去做，管理层早晚会支持你的。"

当然，在有些公司里，员工把自己当作"股东"（或者实际就是股东），这时员工的献身精神比那些仅作为雇员的人更强。此外，受到公司共同目标激励的员工，他们的献身精神常比只受金钱刺激的员工强。派屈夏·舒尔茨是IBM的副总裁，正致力于拓展IBM在国际互联网上的业务，她说："我不断接到猎头公司打来的电话，他们说：'我们会让你发大财。'但他们的话对我没有任何诱惑力，因为他们不明白，我想要的是改变世界，我正在让世界与以往有所不同。"[25]

有些公司或组织缺乏架构明确的任务，或者任务内容叙述空泛无物，结果员工无所适从、无事可做。员工需要对公司的核心价值观有清楚的认识，这样员工才知道怎样为组织服务。

自我意识是献身精神的基石。员工如果知道自己的主要价值观念或人生目标，就能知道做什么事对组织有利。当员工的个人观念与组织价值观一致时，他们的献身精神应运而生，而且这种精神会非常强烈。

有一位女士的工作是为《纽约时报》拉广告，她曾告诉我大家下班后在办公室里谈话的内容。她说："我们觉得，我们这些拉广告的人是《纽约时报》其他部门的助推剂，对《纽约时报》的出版发行十分重要。我们常常在讨论中谈到《纽约时报》曾发表的内容，包括卢旺达危机有关的社论，我们认为那篇社论写得有血有肉，正是因为《纽约时报》的这篇社论才引发了对卢旺达危机铺天盖地的新闻报道。我们也讨论美国政府随即在危机中提供的援助，对这些内容讨论得越多，我们越感觉自己所做的工作确实具有非凡的价值。

组织内的模范员工

有献身精神的员工是组织内的模范，是大家的榜样。他们往往具有影响力，好比一石激起千层浪，可以对组织其他员工产生积极影响。

员工如果有强烈的献身精神，就能够在组织需要时竭力工作，即使承受巨大的工作压力，也可以长时间工作，并完成紧急任务。员工如果有高度的献身精神，在考验或者压力下就更容易努力工作，可是有些员工缺乏此类品质，有工作压力时往往不堪重负。有人曾针对某个联邦机构进行调查，结果发现，那些献身精神强的组织行政人员面对巨大的工作压力时并不觉得痛苦，相反他们可以在工作中获得满足感。[26]

可是，如果组织对待员工不公正，不尊重员工的利益，就无法赢得员工的忠诚。员工通常认为他们从组织得到的支持越多，对组织的信任感越强，也更容易表现忠心，他们也更可能成为组织的好员工。[27]

组织尊重员工，员工的献身精神就更强，员工个人的目标也更容易与组织目标一致。有人曾针对教师、职员、保险公司代理人和警察做过研究，结果发现，员工在工作时是否投入，往往取决于他们所在组织是否给他们情感上的支持。如果员工对自己的工作感到自豪，认可自己的工作，觉得自己是组织大家庭的一分子，就更容易在工作时全情投入。[28]

不负责任的员工

有一家公司的员工经常能超额完成任务，公司管理者谈到自己管理的秘诀时说："我制定任务目标之后，大家都努力完成任务指标。员工们都非常重视荣誉，荣誉是我激励他们的关键，我们的员工都干得非常好。"

与此相反，有一位咨询顾问吹嘘说："我敢保证，我给他们安排的任务，提成都非常高。如果做得好，他们肯定得到不少好处。人们都爱嫉妒和攀比，这是他们的弱点，我就用利益和竞争激励他们。"

这位管理者虽然身居高位，但是乐于跟员工分享他的荣誉，所以能够激励他的整个团队都努力工作，可是那位咨询顾问只在乎自己怎样操控别人，怎样从组织中获取个人利益，所以他只是想独自居功而已。[29]

如果员工在组织里觉得自己只是局外人，不是其中的一分子，他们就很难产生献身精神。这种态度不仅刚入职的人会有所流露，在组织里待了很多年的员工也会表现出同样的态度。员工如果觉得自己的工资待遇不佳，或者觉得组织利用了他们，那么就很难为组织的集体目标努力。同样的情况也发生在那些孤立自己的员工身上，这样的员工不愿意支持影响到他们工作的集体决定。

有些员工从不受到团队价值观的影响，他们把组织的资源视为自己牟利的手段。在他们当中有些投机取巧的人，他们把目前的职位看作跳板，想达到其他目的。这样的人甚至没有兴趣在公司中继续发展。相反，他们对公司缺乏忠诚，容易表现不满。（例如，他们可能在公司中篡改财务记录，或是偷拿公司的东西。）

我们很容易理解，有些员工曾经对组织尽忠职守，可是现在他们却要经历组织缩减规模或是裁员诸如此类的公司变动，这时他们感到公司对自己不够人性化，所以有些员工表现出对自己利益的过分关注。员工一旦感觉到自己被公司欺骗，就很容易愤愤不平，不再对组织尽忠。信任一旦失去，就很难再重新建立，往往员工对组织具有责任感首先是因为他们信任组织。

汤姆·彼得斯指出，在人们个人事业和组织共同目标之间有一个平衡点。[30] 一个人如果对组织忠诚，就能找到这个平衡点，让个人目标与工作中的各种关系以及集体利益出现一种平衡状态，仿佛融为一体。他说："这种忠诚是多元化的，不是盲目对组织忠诚，它包括对同事忠诚、对团队忠诚、对你的工作项目忠诚、对你的客户忠诚、对你自己也要忠诚。"

主动性与乐观精神

表现出主动性和持久耐力。

人们一旦具备这种能力，就可以：

主动性

- 随时准备抓住机遇。
- 努力超额完成工作任务。
- 为了完成工作，敢于打破常规，能灵活变通。
- 通过不寻常的努力，奋力开拓，调动他人积极性。

乐观精神

- 不畏困难挫折，坚持不懈追求目标。
- 满怀成功的信念，不受失败想法的困扰。
- 把挫折看作可处理的状况，而非个人过失。

在美国的几所大学校园里，很多小商店都在卖一种口味独特的果味冰激凌，这种冰激凌与常见的果味冰激凌在颜色和味道上都不一样——它是全黑色的。人们出售这种冰激凌其实是为了表示抗议。抗议什么呢？抗议的是“在阿拉斯加北极野生动物保护区，居然有人进行石油钻探”。生产和销售这种果味冰激凌的人是亚当·韦巴赫。韦巴赫很早就开始搞“政治运动”，最早是在同学中散发请愿书，要求罢免反环保主义者、内政部长詹姆斯·瓦特——那时韦巴赫才 7 岁。韦巴赫高中时，努力组织和动员大家购买了一辆卡车，运输可再利用的校园垃圾。其后，他建立了青年环保活动组织，名为“塞拉学联”。在大学期间，该组织的成员增至 3 万人，韦巴赫给城市居民发出以该组织名义签发的环保信息，警告大家说孩子们正面临铅中毒的危险，他还组织大学生中的活跃分子，掀起了席卷美国大学宿舍的“宿舍风暴”。

他鼓励这些活跃分子向立法者发送有关环保问题的电子邮件。韦巴赫24岁时就当选为美国最大的环保组织“塞拉俱乐部”的副主席。[31]

主动性常常表现为强烈的事业心，例如，船运公司的一位职员发现，自己公司与美国运通公司生意往来频繁，却没有得到应有的折扣，于是便用专用计算机检索运输订单，这位职员把这件事当作自己的分内之事，下班后他去找公司的首席执行官谈这件事，公司因此节省了3万美元的开支。[32]

在匹兹堡的PNC银行，有一位信贷主管通过粗略计算发现，员工下班回家后，银行的数百台个人计算机没有关机，浪费了大量的电能。他进一步计算发现，如果计算机一直处于开机状态，该银行每年就会浪费268 000美元。

可是，他向上级领导汇报自己的想法时，上级却敷衍了事地说，经常开关也会缩短计算机的使用寿命。这位员工并不气馁，他做了进一步的研究分析，发现大多数商用计算机更新速度非常快，早在电子元件用坏前数年，它就淘汰更新了。最后，银行采纳了他的意见，此举至少为银行节省了约200万美元的开支。[33]

“把握每一天”的方法

有些人喜欢主动行动，而不想遇到难题时被迫采取行动。采取主动的人通常在难题出现前就能有所察觉，在别人还没察觉到某些机会时，就能看到机会并加以利用。一个人的职位越高，对未来可能发生的事情的预见力应该越强，中层管理者也许能看到几天或几周以后的事情，但是有远见的管理者能够看到数年甚至数十年后可能发生的事。[34]

有先见之明的人可能在别人认为没必要采取行动时已经先行一步，这当然需要勇气，尤其是在别人反对时就更要有勇气。举个例子，美国联邦科研机构中，有些优秀的研究人员对持怀疑态度的国会大声疾呼，要求增加基础研究基金，用以研究未来治疗各种疾病的新方法。[35]

有些人总是遇到事情才有所反应，而非未雨绸缪，这样的员工明显缺乏主动性。他们不能预测未来可能出现的难题，结果自己陷入险境，这样的员工容易远远落在别人后面，而且经常会被迫处理一些自己未曾预见的紧急情况。一个人如果经常处于被动状态，就说明他没有能力统揽全局，或者说，他对未来可能出现的难题缺乏预见性。

相反，前瞻能力让人受益匪浅。例如，房地产经销商可以守株待兔，等着客户打电话咨询或买房，也可以主动搜集房屋买卖信息，再将信息分门别类，将出售房屋的人以及代理商等进行列表处理，这样就更有针对性，以确保自己把时间花在那些真正有意向的购买者身上。后者的做法更主动，可以获得更多购房者的信息，成交量更大，赚取的中介费也更多。[36]

在某些领域，比如咨询业，要想成功就必须抓住新机遇，不采取主动就没有出路。在德勤会计师事务所，很多优秀的工作人员十分注意客户咨询时提出的额外问题，因为额外问题中蕴含着额外的机会。这些额外的机会可能演变成一个大项目，这些咨询师特别留意利用机遇拓展咨询业务。[37]

有一位工作非常主动的推销员说，有时候主动性就意味着努力工作，他说："我凌晨两点钟就起床了，要完成我的报告。白天，我给商店打电话。晚上，我就制订计划，撰写报告。"[38] 再举个例子，有两位信托公司的主管，一位工作非常积极主动，他在生病住院期间都能设法和医生做了一笔生意；另外一位同样积极进取，在拜访研究人员结束后，顺便询问他们是否已经立下了遗嘱。因为对信托公司的员工来说，任何人都可能成为潜在的客户！

希望与锲而不舍的精神

我坐飞机头等舱去休斯敦。邻座是一位很随和、衣着考究的男子，大概 30 岁左右。交谈中得知，他是有机化学专家，拥有工商管理硕士学位，就职于一家一流的化学公司，职位是业务经理。

可是在谈话的过程中，他告诉我的情况让我大吃一惊。他说："我在新泽西州纽瓦克长大，靠福利救济生活。我的父母离婚了，我从小与爷爷奶奶生活在一起。在我长大的地方，进监狱的男孩比上大学的男孩多得多。上个月我回到老家，见到了儿时的一位老朋友，他因为贩毒被判入狱三年半。他告诉我：'只有贩毒赚钱快，这活儿大家都知道怎么做。'这的确是实话，过去，我们没有激励我们摆脱贫困的榜样。"

那么这位业务经理和他的毒贩朋友为什么走上不同的道路呢？他说："我很幸运，高中毕业后爷爷奶奶把我送到得克萨斯州，和姑姑住在一起。在那里，我找到了一份兼职工作，就是为科研人员做助手。我渐渐发现，他们能做的事情，我也能做，我们之间没有太大的区别。我心里想，如果努力的话我可以做得更好。于是我开始上夜校，最后获得了化学学士学位。一旦你知道自己想要什么，而且知道什么适合你，就要盘算该采取哪些步骤实现这个目标，接下来就需要一股锲而不舍的劲头。这样，你才能实现自己的愿望。”

他的那些老朋友呢？“在那个地方很多孩子常常自暴自弃，他们认为自己根本不能上大学，他们认为受尊重的唯一方法就是拿起枪犯罪。”

绝望的人一般都没有上进心，他们认为即使自己尽最大努力也是徒劳无功。他们把自己看作人生游戏中的牺牲品，是被动的抵押品，而不是命运的主宰者。那位化学专家能够重塑自己的人生，要归功于他的亲人对他人格的培养。也许他自己并没有充分意识到这一点，但不管怎样，有上进心的人一般都认为自己的行为可以改变命运。反过来说，这种态度又决定了我们怎样对待工作中遇到的困难和挫折。举个例子，在一家大公司的中层管理人员中，那些认为自己能掌握自己命运的人在面对棘手的工作时很少惊惶失措，他们面对压力时不像那些消极的宿命论者一样被动等待，他们会积极采取行动、解决问题。[39]

缺乏上进心的人很容易自暴自弃，对工作持消极态度，总是选择回避。有的新员工做自己的工作时总是需要指导，其实这也是缺乏上进心的表现。假如大家为了按期完成某重点项目都需要加班工作，或者某项目需要大家把自己的工作暂时搁在一边，去帮助别人，这时缺乏上进心的员工常有的态度就是：“那可不是我能做的工作。”

过分主动的不良后果

积极主动是有益的，但也要注意避免由于过分主动而产生消极后果，同时也需要在积极主动和社会的认可程度之间保持平衡。

例如，一位大型消费品制造公司的副总裁主要负责市场营销工作，在工作中他发现有位业务员未能与一个全国性的大客户达成交易。[40] 他曾与该客户打过多次交道，于是他自作主张地打电话给该客户，并开会讨论此事，随后他又打电话通知那位业务员，要他第二天到客户的办公室谈业务。

这位副总裁主动出击，的确做成了生意，但是无形之中也让那位业务员颜面扫地。

那位业务员觉得自己在客户面前好像无能的大傻瓜，所以他提出强烈抗议。他的两位顶头上司（地区销售经理和全国销售经理）也向那位副总裁递交了一份信件，对此事表示愤慨，指责他越权办事，羞辱了自己的下属。

可是这种警告丝毫不起作用。在随后的两年里，这种越权办事的情况仍然不断发生。那位副总裁依然我行我素，不把其他业务员放在眼里。结果，公司销售额大幅下降，这让公司总裁深感忧虑，于是批评那位副总裁，说他打击了公司销售人员的积极性。最后，总裁给了他两个选择，要么离开公司，要么降级只负责某个地区的销售工作。

管理者进行微观管理，把细枝末节的小事都抓在自己手中，这大概也与过分主动有关。其实一些琐事最好留给下级处理，这些“多管闲事”的管理者根本没有意识到，自己的行动会影响其他人的正常工作。有主动性和进取心是好的，可是如果不能设身处地为别人考虑，或者没有全局观，也会把事情搞砸。这种情况在那些表现拙劣的管理者身上时有发生。[41]

持之以恒，张弛有度

有两位管理者都受到上级主管批评，没有得到提拔。[42] 对于这样的结果，其中一位管理者怒不可遏，甚至说想要给他的老板一点儿颜色看看，他逢人就大发牢骚，诉说不满，经常喝得酩酊大醉，他后来说："我看我这一辈子算是完了。"

他也不敢见自己的老板，在大厅里碰到老板时，他故意把头低下。他承认："虽然我很气愤，觉得自己被欺骗了，可是在内心深处我还是想，也许老板是对的，我的确没有本事。我没有把工作做好，这才是不可改变的事实。"

另一位管理者也没有受到提拔，他同样感到震惊，愤愤不平，可是他却想得开。他说："听到这个消息我并不那么意外，因为我和老板的观点时常不同，我们经常发生争执。"

这位态度开明的管理者获悉未晋升的消息以后，回到家里向妻子讲了这件事，然后他又仔细思考了一番，想了想自己哪里做得不对。经过一番反省以后，他意识到自己还没有竭尽全力，想到这里他的气也消了，决定和老板好好谈谈。于是，“我和老板进行了一番交谈，谈话进行得非常顺利。我想他做出这个决定以后也感到非常不安。我自己没有充分发挥潜能，我也感到很难过。可是从那以后，我尽力工作，和老板的关系也越来越融洽”。

在上述事例中，当事人需要的一个关键能力就是乐观。一个人如果乐观，面对挫折时就会有积极的看法，相反，如果一个人消极面对挫折（就好像第一个管理者那样），在他眼中一切就好像是命中注定的，无法改变。宿命论者的态度就是绝望和无助，他们想：“既然命中注定是这样，我们为什么还要努力呢？”

相反，积极乐观的人把挫折看作可以改变的事物，而非把挫折看作自身缺陷造成的，第二个管理者明显体现出了积极的态度。乐观的人面对挫折时就能积极采取措施应对。

下面我们讨论一下，乐观精神怎样帮助人们从失败中重新振作起来。

安妮·布斯克特（Anne Busquet）曾任美国运通公司运显卡部门的负责人。1991 年，她的 5 个下属隐瞒了 2 400 万美元坏账不报的事被揭露出来。尽管她没有直接责任，但还是因管理不善受到牵连，被免除部门经理的职务。这个打击非常沉重，可布斯克特对自己的能力深信不疑。于是她振作精神，坦然接受了一个较低的职务，该职务的工作是重整公司的销售服务部门，该部门的效益日益下滑，很难管理。[43]

乐观主义者更倾向于实事求是地评估挫折与失败，他们承认自己的责任。布斯克特重新检讨自己那种事事求全的工作方法，她发觉自己有时在管理中过于严厉，她甚至想正是由于自己的管理风格才导致下属隐瞒坏账不敢报，于是她参加了管理培训课程，改进自己的工作方法，学会遇事耐心处理，善于倾听他人意见。所以，她领导下的曾经效益滑坡的销售服务部在短短两年里，业绩就大幅提高。

再谈谈阿瑟·布兰克（Arthur Blank）的例子，他曾在洛杉矶一家Handy Dan's连锁店工作，因为和老板个性不合，他在1978年被老板解雇。布兰克的父亲曾创办一家药品邮购公司，父亲去世后，因他年幼，公司一直由他的母亲经营。这些年来，布兰克亲眼目睹了母亲怎样克服重重困难，历尽艰辛，但始终没有放弃经营这家邮购公司。在他被解聘后，一位投资人邀他入伙，他立刻接受了。他抓住机遇创办了美国家得宝公司。该公司因其产品大方实用、服务优质和品种齐全等特点，逐渐发展成为美国家居建材零售业的巨头。

阿瑟·布兰克没有自暴自弃，反而保持乐观积极的态度。他运用当年在Handy Dan's学到的专业技能，把这些技能运用于竞争更激烈的行业中。他认为自己有能力把事情干得更好。对于一个乐观主义者来说，失败是成功之母。

德国一位管理者曾告诉我："错误是宝贵的财富，也是进步的机会。"他还说："许多管理者应该意识到，他们对员工的过失应该更宽容一些，不应该轻易惩罚，反而应该帮助员工从失败中接受教训。"

乐观与希望

美国宾夕法尼亚大学的心理学教授马丁·塞利格曼（Martin Seligman）曾做过研究，研究的目标是"乐观情绪怎样提高美国大都会人寿保险公司的销售效率"。[44] 研究显示乐观的推销员在第一年销售的保险金额比那些悲观的推销员高 29%，第二年高 130%。

许多组织的经营情况也证明了乐观的价值。美国运通公司财务顾问公司进行了一个小规模测试，他们要检验推销员在接受乐观情绪的培训之后三个月内销售额的提高情况。结果发现，销售额的确出现大幅度提高，于是公司决定把乐观态度培训作为员工培训的基本内容之一。对其他高层管理人员的研究也显示，如果人们把挫折失败看作可以改正的失误，他们就会采取措施避免问题再度发生。[45]

与乐观紧密联系的是信心，也就是知道实现工作目标所需的步骤，然后鼓足实施这些步骤时所需的干劲，这就是基本的动力。缺乏这种动力就无法达到目标。情感能力相关研究表明，在健康保健、咨询及教书育人等服务行业中，优秀的工作者都对自己努力帮助的对象抱有信心。[46]

研究人员曾对一些社会工作者的工作情况进行研究。这些社会工作者主要帮助那些在医院中需要照顾的患有慢性精神分裂症、重度智障等严重精神障碍的患者，帮助他们锻炼生活自理能力。研究结果显示，对病人抱有信心能起到非常重要的作用。[47] 工作的第一年是最艰辛的，患者病情不见好转，事情进展也不顺利，患者毫不领情。因此有不少社会工作者热情逐渐消退，甚至辞职离开。但是那些信心充足、对患者改善的潜力和自己的能力持乐观态度的社会工作者却干得非常成功。在工作一年后，那些在一开始就信心十足的社会工作者坚持到了最后，而且取得了令人满意的成效。他们很少有失落感，而且都愿意继续从事现在的工作。

在上述工作中，工作人员一般压力很大，经受挫折是非常平常的事。保持乐观情绪和信心就更容易取得好的结果。当人们从事一项艰巨的任务时，信心显得尤为重要。在那些极其艰巨的工作中，保持必胜的信念尤其重要。也许，保持乐观是一种实用的工作策略。[48]

不过要提醒大家，乐观和信心能起到重大作用，这个道理主要是针对美国文化的，也就是说不一定适用于其他文化。比如，对一家全球性食品饮料公司高层管理人员所进行的调查研究发现，保持乐观情绪在美国的优秀经营者中表现出来，而在亚洲和欧洲情况并非如此。

合益–麦克伯公司创新与研究中心的管理者玛丽·方丹告诉我："在亚洲的很多国家和地区，比如日本、中国台湾和印度，'我能行'的态度通常被认为是行为鲁莽或过分个人主义的表现。在那些文化当中，乐观主义通常以低姿态呈现出来。比如，人们可能会这样说：'这事确实很难，我未必能胜任。不过，可以试一试。'人们不会说：'没问题，让我来！'在欧洲人眼里，美国人的乐观态度简直就是目空一切的表现。"

Part

- 3 -

第三部分

人际关系中的情商

第七章

社交雷达：如何养成同理心

约翰逊制蜡公司一家主要分店的销售业绩不太好，这让公司的销售团队十分困惑。他们想，为什么公司主力产品在这里的销售量远不如其他分店呢？

负责这个分店的业务代表对此心知肚明，因为这家分店的采购人员希望创造出更多的销售额，但无能为力，因为该公司两个不同部门的管理者彼此竞争，所以这种产品一直被放在不明显的位置上，以致销路很不好。此外，销售产品的管理者拒绝让步，采购人员也没有能力打开局面解决问题。

为了解决这个问题，约翰逊制蜡公司的销售团队邀请零售商方面的相关人员召开了双方协调会议，参加者包括销售代表和采购人员在内的上级各主管。在会议中，约翰逊制蜡公司向这些主管出示了相关资料，资料显示，如果他们能改变处理商品的方式，每年收入可增加 500 万美元，这句话说到了问题的症结上。

当时负责北美地区销售的副总裁派屈克·奥布赖恩说："部门内部之争白白地让他们损失了 500 万美元的业绩。于是两个部门的管理者重修旧好，他们公司各级领导都全力支持采购人员。我们等了一年半才举行这个讨论会，一旦决定做出改进，只要短短数日就能使事情大有改观。”

约翰逊制蜡公司的这个销售策略体现了同理心，他们懂得站在客户的立场看待销售情况，帮助客户取得成功，而这种敏锐的同理心有赖于解读组织形势和“政治暗潮”的能力。

奥布赖恩认为：“最好的办法就是对客户的需求和目标有深入的了解，并朝着这个目标努力。关键是，要探询并了解对方希望达成的目标，知道哪些是对方关心的重要因素，这是未来成功的销售人员的基本能力之一。”

我和奥布赖恩交谈时，他兴高采烈地提到了他们公司的两大喜事，其中之一是他所在的销售部门被美国大型零售连锁店中的两家（沃尔玛和塔吉特）评为年度最佳供货商。

“分类管理”是零售业形势变化的晴雨表，在这种管理模式中，零售店的销售人员可将糖果点心和饮料归入一类，然后看哪个品牌的产品可以大批量进货，哪些需要小批量进货。奇怪的是，在这种按数量管理的方法中，销售人员与进行分类管理的管理者之间的关系比其他任何关系都重要。

奥布赖恩还指出：“我们的营销高手具备通过人际关系平衡销售的能力。销售行业如今的重心已不是凭情面推销，而是发展到了强调销售数量的程度；如今的零售行业不仅重视通过社交技能完成销售任务，也强调达到预期销售数量，也不仅是签合同了事而已。不过，销售人员必须在产品销售数量与人际关系之间达成平衡。归根结底，销售数量是由人决定的，你必须把握好人际关系。”

同理心可以有很多表现形式。它可以是敏锐的观察力，就像约翰逊制蜡公司的工作人员了解他们的客户有什么需求一样。同理心也可以在公司的运作中体现出来。一家公司也许能准确地掌握员工、消费者和客户的情况，了解竞争对手、市场以及股东的情况。此外，他们也许能把自己的想法付诸实践，也许公司领导觉察到员工对公司各种做法的真实反应，那就为公司的有效管理提供了有力的依据，以上都是同理心的各种表现形式。

瑞士一家私人银行的总裁告诉我："我的工作性质有点儿像家庭牧师或是家庭医生。如果情商较低的话，就不能设身处地替别人考虑，就不适合做我们这行。即使客户没说什么，你也要了解客户有什么期望、有什么顾虑。"

同理心由心而生

弗洛伊德曾说："人藏不住任何秘密。如果人们的双唇紧闭，人们的指尖就会代替热烈的交谈向他人传达信息，泄露秘密的力量从任何渠道都能找到自己的出路。"一个没有表情的谈判者掩藏不了内心的紧张不安，汽车销售门店那些假装毫无兴趣、讨价还价的顾客听到优惠折扣时的兴奋，无意间泄露了他们的心声。

能够察觉到他人情感方面的蛛丝马迹很重要，尤其是在真实的商业世界中，人们都习惯性地隐藏自己的真实情感，这时就更需要这种察觉他人情感的能力。

同理心的一大特色就是，不用交谈也能察觉到别人的感受。人们很少用语言表达自己内心的感受，但会通过声调和面部表情等非语言的表达方式体现出来，察觉到这种微妙信息的沟通能力依赖于一些更基本的要素，主要包括自我察觉能力和自我控制。如果我们不能察觉自己的情绪或者要避免某种情绪，我们就无法了解别人的情感世界。

同理心是我们的社交雷达，一个朋友告诉我她是如何觉察到同事的负面情绪的："我去见老板，说'凯瑟琳有点儿不对劲，她在这儿不大高兴'，她避免和我眼神接触，也不再像往常一样发一些有趣的电子邮件给我，不久她果然辞职到另一家公司去了。"

如果情感方面的敏锐度较低就等于关闭了社交雷达，这样的人会对他人的情感之声听而不闻，结果在社交方面遇到难题，原因可能是误解别人的情绪，或者对别人的情绪做出了机械式的、不合宜的反应，或者对别人漠不关心。这些都足以毁掉人际关系。另一种缺乏同理心的表现形式是：总以相同的反应回应别人，而不是把对方当作有个性的独立个体对待。

基本上，有同理心的人能够理解他人的情感。进一步来说，有同理心的人可以理解并回应他人内心的情感问题或者担忧，同理心涉及理解别人情感背后的难题和忧虑。

加州大学伯克利分校的罗伯特·利文森（Robert Levenson）进行的研究表明：要想了解别人的情感特征，关键是先要非常熟悉自己的情感发展特点。[1] 利文森请了几对夫妻到他的生理实验室，就两个问题进行讨论。第一个问题围绕着"你过得怎么样"来进行，然后讨论第二个问题，第二个问题比较有争议，夫妻双方进行了 15 分钟不同意见的讨论，研究人员记录下他们从心率到面部表情变化的每一个瞬间。

讨论分歧之后，夫妻一方离开，另一方留下，然后一边观看谈话录像，一边讲出自己没有说出来的实际感受。之后留下的人离开，另一个人回来，说说自己对配偶的说法和观点有什么感觉。

研究结果发现，善解人意的丈夫或妻子表现的生理活动与众不同，当他们将心比心为对方着想时，他们自身会产生与对方相同的感受。一方看到录像中显示配偶的心跳加速时，有同理心的配偶自己的心跳也加快；如果看到录像中配偶的心跳放缓，他们的心跳也出现相应的变化。[2] 这种模仿与一种叫作“拖带”的生理现象直接有关，是一种亲密的“情感探戈舞”。[3]

要想达到与他人情感的高度默契，就必须先把自己的情绪搁置一旁，以便我们顺利接收到别人的情感信号。当我们沉浸于自己的强烈情感中时，我们很难留意到他人的心理活动，最终会导致自己忽视那些帮助我们与他人维系友好关系的细微信息。[4]

达尔文认为，传达并解读情绪的能力在人类进步过程中起着非常重要的作用。这种能力是用于创造并维持社会秩序的。人类演变过程中，恐惧和愤怒等负面情绪发挥着不可磨灭的作用，对生存有重大价值。这些情绪在人类面对危险的动物时，促使人们做出决定，是战斗还是逃跑。在某种程度上，情绪的这种作用依然存在，我们受到杏仁核的影响，如果对方心情差，我们也一样；如果对方心情好，我们也感受得到，只不过负面情绪比正面情绪破坏性更强。此外，愤怒等负面情绪还会激发更多的负面情绪，循环往复。

要想有同理心，就要具备自我意识，要意识到自我内在的情感信号。以咨询师为例，最有影响力和最擅长换位思考的人调适自己情感的能力也最强。无论是教书育人，还是从事销售、经营管理工作，同理心都具有重要的作用，也是最基本的能力。[5]

配合默契的双人舞

一家教育软件公司的营销经理告诉我："某人有一种能力，她能在几分钟内让周围人走得一个不剩。她从不肯听别人讲完再讲话。她一开口就是一长串独白，说一些毫不相干的事，或是攻击别人，或是抱怨连连。她就这样自说自话，完全不顾别人不耐烦地打哈欠。她察觉不到别人厌烦她的迹象，也不知道什么时候该闭嘴。"

任何社交场合的互动要想顺利进行，都需要谈话双方的默契，就好像一起跳双人舞。当两个人开始交谈时，就会进入一场舞步和谐的奇妙双人舞，双方的动作、姿态、音调和说话速度，甚至在一个人开口和另一个人回应之间的停顿间歇，都要彼此配合。[6]

两个人谈笑风生，有互相模仿的倾向，这种和谐状态下发生的生理变化是无意中出现的，似乎受到大脑最原始功能的控制，随着双方呼吸逐渐加速，这种体内机制在 1/15 秒内运作。如果少了这个自动调节功能，我们就会感到有点儿不舒服。

我们在交流时会进行自我情绪的调节，而交流中另一个起关键作用的因素是面部表情。我们看到一张快乐的面孔或是一张生气的面孔时，自身也会产生快乐或生气的情绪。[7] 我们很容易随着对方的表情而产生相应的情绪变化，那时我们仿佛进入对方的情绪空间，体验自己的情绪与对方情绪的融合。[8]

我们的神经系统有助于我们运用同理心，进行情感方面的调节，让谈话时双方的情绪趋同。在这种情感调适过程中，大脑的杏仁核再次起到了关键作用。[9]但是怎样运用这种能力，相关的技巧是怎样产生的呢？主要是靠后天学习。而后天的学习取决于学习的动机。任何生物，包括人在内，如果在与世隔绝的社会环境中长大，察觉自己周围事物的情感能力就很差，这并非因为他们没有基本的激发同理心的神经系统，而是因为他们没有情感方面的老师，他们从来没有学习过留意情感方面的信息，也没有实践这种情感技能的机会。

我们还是婴儿时，就已经学习换位思考了。这种最初的情感学习为以后奠定了基础，便于我们以后学会怎样合作、怎样参加各种游戏、怎样加入某个群体并受欢迎。情感课程学习得好坏决定了我们的社交能力。小孩子还没有学会恰当的互动反应，就被带到运动场上，这时如果他们想加入其他孩子的游戏中，就很可能不管三七二十一地掺和进来、胡搅蛮缠。

相反，有一定社交能力的孩子则会待在一旁，先看清情况。他们会先熟悉游戏规则，然后再参加游戏，大家打成一片。这个道理也适用于成年人。我们都希望与同我们社交节奏一致的人一起工作，这是十分重要的。

人们学习基本社交意识的能力存在差异，因此人们在工作中发挥同理心这种情感能力时表现各有不同。同理心是习得其他社交能力的基本技能。其他社交能力对工作来说都非常重要，其中包括以下技能。

- **善解人意**：觉察他人的情绪、了解他人的观点，对他人关心的问题保持积极态度。
- **帮助他人进步**：了解他人的发展需求，培养他们的能力。
- **服务定位**：预测、识别以及满足客户的需求。
- **集思广益**：通过不同的人创造和把握机遇。
- **政治敏感**：能觉察组织的情绪走向和权力关系。

善解人意

察觉他人的感觉和观点，主动关心他人的意愿。

人们一旦具备这种能力，就可以：

- 觉察他人情绪方面的蛛丝马迹，善于倾听。
- 理解他人的观点，对别人的情绪和观点保持敏感。
- 因为理解他人的需求与感觉而伸出援手。

一位助理工程师在一家大型设计公司工作，他的搭档喜怒无常、不易接近，他这样描述自己的搭档："谁要是看他一眼，他就立刻摆出一副拒人于千里之外的样子。他既然不想理我，不让我烦他，那我就只好对他敬而远之。当我不得不与他打交道时，我赶快办完事，然后离他远一点儿。现在我既不和他闲聊，也不跟他打招呼。以前我曾经跟他开过一次玩笑，结果他勃然大怒，像发疯了似的，从此我与他形同陌路，当他是低能儿。”[10]

这里一个关键的信息是：“谁要是看他一眼，他就立刻摆出一副拒人千里之外的样子。”这就是搭档向那位助理工程师提供的情感线索。在工作中，我们不断找出这类情绪线索，并借此调整自己的行为，要是没有这个社交雷达监控器，我们很容易在同事心情不好时打扰他。同理心是情绪的导航系统，帮助我们在职场上游刃有余。

除了生存需要，凡是和人打交道的工作都需要同理心。巧妙解读个人情绪事关重大，在很多行业发挥重要的作用，比如销售、组织咨询、心理治疗、医疗和管理，同理心对他们而言是不可缺少的因素。

医疗界最近才发现同理心的益处，部分原因是迫于经济压力。在竞争十分激烈的时代，那些善于了解他人情绪的医生更容易获取病人的信任，病人也愿意找这样的医生治疗。相比之下，那些对病人情绪不敏感的医生就不那么成功。[11] 当然医生必须了解患者的忧虑和痛苦，这样他们才能对患者进行有效的治疗。不过有关研究发现，医生很少倾听病人的倾诉，平均每个病人如果有四个问题想问医生，看病时他们只能问一两个问题，病人平均讲话时间不足 18 秒就会被医生打断。[12]

现在，医生因为不愿听病人倾诉而被指控的案例越来越多，至少在美国是这样的。在从事护理的医生当中，那些从没有被指控治疗不当的医生通常比那些常成被告的同行更擅长与人交流，他们愿意花时间告诉病人应该怎样配合治疗，给病人讲笑话，要他们保持心情愉快，征求病人的意见，询问病人对疾病的了解情况，鼓励病人讲讲自己的情况。[13] 成功运用同理心、为病人着想究竟要占用医生多长时间呢？只需三分钟而已。

同理心模式

很多公司的研发部门已经开始培养员工的同理心。很多公司鼓励员工留心观察顾客在家或工作中怎样使用该公司的产品，就像人类学家观察并研究其他文化一样。[14] 这种深入对客户消费情况的了解，要比一次性抽样调查和市场调研收获更大，能够更充分了解客户。

这种深入了解客户生活的行为与公司所鼓励的变革结合在一起，成为推动技术创新的重要因素。美国金佰利公司曾派人观察并研究母亲怎样使用婴儿纸尿裤。他们意识到纸尿裤应该与婴儿的衣着搭配。这种深入的观察研究促使公司率先发明了好奇拉拉裤。大一点儿的婴儿自己就可以穿脱拉拉裤。结果，在其他竞争对手开发出这种纸尿裤之前，金佰利公司的年销售额已扩大到 4 亿美元。

优秀的产品研发经理在了解顾客需要方面是很熟练敏锐的。要把握市场需求的脉搏就意味着站在客户的角度为其考虑，开发研制出客户需要的产品。[15]

福特汽车公司在改变林肯城市汽车的设计方案时，就体现出他们的同理心，工程师们第一次与那些希望彻底改造林肯城市汽车的车主们保持密切沟通。

以往，在设计师设计前，市场调查人员会挑选一些车主，听听他们的意见反馈。现在，工程师会花一周的时间与购买了林肯城市汽车的车主交流，他们就是想亲自听听车主的改进建议。

后来公司有一位名叫尼克·赞纽克（Nick Zeniuk）的项目经理告诉我："客户知道自己喜欢什么样的产品，所以我们需要调整自己的产品特色以满足客户的需求，要做到这一点，我们就必须从客户的角度考虑问题。我告诉设计部门的管理者：'忘掉你们那些市场调研数据。走出去，找那些想买这种车的人谈谈，认真听听他们的意见，了解他们的想法。要跟他们有目光接触，问问他们到底想要什么样的车。'"

亲自与客户接触能让汽车设计工程师在设计时考虑到客户的需求。赞纽克回忆说："这些工程师回来时，带了一盘与客户交谈的录像带。他们说：'真想不到，他们很愿意告诉我们自己最真实的想法。'我们必须首先了解人们对产品的感受，然后再考虑外观的设计。只有经过这种程序设计出来的车才舒适，更切合客户需求。"

倾听的艺术

华尔街一家经纪公司的销售部经理曾对我说："如果你一心要做成一笔生意，却又不听对方的看法和意见，那肯定不会成功。如果对方拒绝你推销的产品时，你说：'你说得很有道理，我们会考虑你的意见，'结果会好得多。假如我们能认真听取对方的意见，好好考虑一下他们的想法，销售工作就会顺利得多。"

认真倾听、进行良好沟通的关键在于同理心。一个人如果乐于听取意见，在事业上成功的概率更大。美国劳工部估计，人们在交流时有22%的时间花在阅读和写作上，23%的时间花在语言表达上，55%

的时间花在倾听上。[16]

那些不善于听取他人意见或不愿听取他人意见的人显得有些冷漠无情，他们对人漠不关心，难以倾听他人的意见。倾听他人的意见是一门艺术，首先，要让人感到你愿意倾听。管理者如果能采取一种“广开言路”的策略，放下架子，倾听别人的意见，就证明他具备同理心。聊天时人们不拘束，我们也更容易听到别人的想法和意见。

善于倾听不仅包括听对方的想法和意见，或是能针对对方的话题提出问题，复述对方的话以确定自己是否理解正确。善于倾听指的是以积极态度倾听，真正听懂别人的意思，并针对自己所理解的内容做出恰当的回应。这也意味着我们需要对自己的行为做出某种调整。不过根据别人所说的意见，我们应该做出多大幅度的改变，这点尚在讨论之中。

在销售圈里，某些人对同理心的理解十分狭隘，他们以为听取客户的意见就是减少客户不需要的产品或服务。[17] 实际上这种看法太世故了，或者把销售工作看得过于简单，他们忽略了与客户建立人际关系，也不愿意改善人际关系。

比较明智的销售人员则认为，销售过程中最重要的是注意倾听客户的看法和意见、理解客户的需求，并找到满足需求的办法。从这点来说，同理心是成功销售的关键。这项结论是根据在美国大大小小零售店里购物的顾客进行随机抽样调查，征求他们对销售人员的意见后得出的。[18]

销售圈过去的套路是表现出和蔼可亲的态度，整天在外奔忙，如今这种方法已经过时了。善于沟通和社交已远远不够。顾客现在喜欢的是能够设身处地为顾客考虑的销售人员，因为体贴的销售人员留意满足客户的需求，能为客户分忧解难。[19]我们甚至可以说，客户对销售人员的信任是因为销售人员具备同理心。

识破虚情假意

“我可以先向你们保证，对我们来说，孩子是最重要的，我们最关心的是他们。我知道，你们可能有些不放心。不过，一旦我们发现任何可能伤害孩子的情况，就会立刻终止业务运营。”

这是一家专门从事工业垃圾焚烧并回收金属的公司的老板所做的开场白。他慷慨激昂、信誓旦旦，他的公司打算搬到一个小镇上，于是他和一所小学的学生家长和教师谈话，因为公司打算把工厂建在离学校不远的街上，正等待镇政府的批准。

这位公司老板大谈特谈建立工厂的好处，说建工厂会增加就业机会，能为当地经济带来好处。他的口才很好，他对孩子以及社区福利事业的关心也打动人心。他看起来很体贴，一心为镇上的所有人着想。

但是，随后有人提出疑问，一位家长是个化学家，他问这个老板：“你打算怎么处理含有二噁英的粉尘？二噁英是一种对健康十分有害的致癌物质，你想怎么做才能保护孩子免受这种致癌物质的伤害？”

这可真是个要害性问题，这位老板马上慌了，赶紧找借口辩解。其他家长也逐渐丧失对他的信任，质问他为什么不早点儿告诉大家这个问题还没解决。结果，他甚至开始以敌对的态度对待家长。

这场谈话结束后，家长们决定找专业人士咨询，并要求镇长在批准建厂之前举行公众听证会。

上述例子表明，同理心也可以被虚情假意的人利用。常见的情况是虚伪的人装作替别人着想，一旦被识破就原形毕露。一个朋友曾向我谈起一件事，她走进一家高档服装店，售货员的态度很有意思：“她们总是不断对我说这件衣服多么适合我，还跟在我后面喋喋不休，劝我买东西。我只想离她们远一点儿，就告诉她们有问题我会问的。”后来有一天一位售货员终于告诉了我真相，原来是老板告诉她们要千方百计与曾买过昂贵衣物的顾客搭话，讨他们喜欢。可是这种强装出来的友好完全不是发自内心的，所以引起了我朋友的反感。

人们似乎天生就能识破虚情假意。我的那位朋友立刻就察觉到对方不是发自内心关注自己。曾有研究人员对假装关心别人的人进行调查，结果发现，人们受到渴望获取私利的影响，往往想利用他人达到自己的目的。实际上，这类人的同理心是最差的。相反，我们对他人表现信任，并且相信别人大都本性善良，这样我们更容易调整自己的情绪。[20]

缺乏同理心的“残疾人”

山姆不善于察言观色，有一次，他听到电话铃响起，一拿起电话就听到了抽泣声，对方说要找他的妻子马西。山姆听了以后，丝毫没察觉到对方的悲伤情绪，还高兴地对妻子说：“马西，找你的！”然后把电话递给她。

夏威夷大学的心理学家伊莱恩·哈特菲尔德（Elaine Hatfield）很了解山姆这样的人，她说："山姆对什么都满不在乎，所以对情绪方面的信号丝毫没有察觉。"[21]

仅具备同理心是不够的，我们还必须有意识地运用它。不过，有些人表面上缺乏同理心，实际上可能是出于某种策略的考虑，有意装作缺乏这种能力。他们有意避免流露出不安或关切的样子，保持冷漠的表情，为的是抑制自己帮助他人的冲动。[22] 在工作中，如果这种策略运用得当，也不失为一种选择。

管理者如果过分重视人际关系，或者一心只顾满足人们的情感需求，而忽略组织的利益需求，就会在管理时弄得一团糟。[23] 在某些情况下，换位思考是要付出代价的。比如，公司和员工签订合同前对工资讨价还价。这时，双方是不会站在对方的立场考虑的。同样，大家都知道，律师法庭辩论时也会对对方的痛苦刻意视而不见。

对组织内紧缺资源进行调配时就更需要抑制同理心的活动。我们越认同众人的个人利益，就越容易走极端，过分关注他们，甚至可能因而做出损害集体利益的决定。[24]

另外，管理者也要有一些同情心，适当为他人考虑，这样才能做出恰当的决策，否则后果极其严重。这种情况在那些无情地裁员的公司十分常见。公司裁员后，老板或管理者发现留下来的员工情绪低落，甚至痛恨老板，开始表现出不信任的态度。还有一些管理者为了避免考虑员工的情绪，采取对员工情绪不闻不问的态度，员工就会认为老板很冷漠或傲慢。

有位缺乏同理心的外科医生负责治疗我的朋友腿上的血肿。他说，做手术有风险，弄不好可能会截肢。我的朋友一听就吓哭了。

那位医生却说："你要是哭，就去找别的医生治疗好了。"这是典型的缺乏同理心的表现。

后来，我的朋友果然去找别的医生给她治疗了。

同理心有时带来苦恼

有一位女士当了7年的儿科护士，但是现在想调换到医疗中心的其他部门。为什么呢？

她说："我无法承受某个孩子因癌症而夭折给我的打击，这让我太难过了。"

这位痛苦的护士为我们研究同理心痛苦症提供了案例。有同理心痛苦症的人总是受到别人痛苦的感染。以这位护士为例，她不能帮助孩子减轻痛苦，所以她自己也陷入悲伤难过之中。

同理心痛苦症之所以会出现，是因为我们过度关心某个人所受的痛苦和折磨，我们为对方感到难过。例如，我们关心朋友的烦恼，或者听说一位同事担心要被解雇，这时我们也产生同样的感觉，我们也同样难受。一个人如果非常善解人意，看见别人心情不好，而自己又不能调整情绪的话，难免会经受同理心带来的痛苦的折磨，这时就产生了同理心痛苦症。

有些医生故意让自己变得"铁石心肠"，这样他们就不用受同理心痛苦症的折磨。医生有时与濒临死亡的患者开开玩笑，其实是要缓解他们的情绪。实际上，这不过是医生保护自己情感的外包装而已，是他们对付自己同理心痛苦症的办法。这种做法也有负面作用，用不好就会像那位把我朋友吓跑的外科医生一样显得冷漠无情。在医学院新开设的课程中，有一门课程一方面教学生控制痛苦情绪，另一方面教导学生保持同理心。

某些行业的工作人员总要和心情不好的人打交道，这些工作人员也有患上同理心痛苦症的危险。比如，有些人要经常照料患者，帮助弱小，同理心痛苦症将给他们带来极大的烦恼。从事这种工作的人要想避免痛苦，就要保持心胸开阔，学会自己控制情感，这样他们就不会被接触到的痛苦和不幸压垮。

同理心的权术

权力和等级观念在同理心方面也有所体现。通常人们认为下级应该对上级的情绪敏于察言观色。相反，有人认为大权在握者不必关注一般人的情绪变化。换句话说，有的人故意不同情他人，不考虑别人的感情变化，其实是在以当权者的角色维护自己的权威。

在民权运动期间，马丁·路德·金发现白人丝毫不理解黑人的感情，对此他非常惊讶。他说，黑人如果想在一个种族主义的社会中生存下去，就必须更敏锐地察觉白人的感受才行。同样，某种程度上，由于女性在社会中受到压迫，所以女性也必须比男性具有更强的同理心，才能在社会中立足。

20 世纪七八十年代，有人进行研究，结果发现，权力地位与同理心成反比。[25] 由于在企业组织当中越来越注重团队合作，相应的等级制度日渐减弱。过去的某些安排在今天也产生了变化。现在的领导必须具有同理心，那种强调权威的管理方式在今天已经不那么有效。

当然今天仍然有些人认为，做管理的人不需要同理心。他们认为替别人着想是“心太软”的表现。有些人之所以这么想，主要是因为他们对同理心有两种常见的错误理解：一种是，他们把同理心与心理分析混为一谈；另一种是，他们错误地认为设身处地地考虑对方的情况就等于接受对方的观点、同意对方的做法。

理查德·博亚特兹告诉我：“在一家著名的计算机制造公司，我请该公司的管理者描述一下他们怎样帮助遇到麻烦的员工，我想借此测评一下这些管理者的同理心。我发现有些人大谈特谈他们怎样探索员工的心理状况，他们提到去了解员工儿时的经历，或者使用‘拖累症’等流行的心理学理论分析问题。其实这是心理分析，不是同理心。他们实际上是在避而不谈问题怎么解决，反而专注于分析问题的起因。”

博亚特兹发现，使用心理分析的管理者往往在工作中业绩平平，而优秀的管理者则善于倾听他人的谈话，能理解对方的感情，并且提出合理的建议。优秀的管理者不勉强分析问题产生的原因。这种心理学的理论分析在朋友闲聊时也许有趣，也许对某些人有帮助，可是在工作中却不太适用。心理分析虽然表面看来是同理心，实际上却并非如此。

理解别人的看法和观点，了解他们做事时为什么会有这样或那样的感受，不等于接受他们的看法、观点和情感，尤其是做生意时，理解对方的想法不是指必须做出让步，而是说要更讲究谈判技巧，表现通情达理的态度。即使是看来最艰难的决定，我们也表现出为对方着想的态度，也可以减少对方的不满和怨恨，或者不至于让对方长期记恨在心。

我现在还记得与洛克希德-马丁公司领导团队的负责人的谈话。这家公司主要生产航天航空产品。有一段时间该公司大量裁员，许多管理者不得不解雇数百名员工。有些人说，那是他们必须做出的决定，也是最冷酷的决定。我提醒他们，有些管理者也许认为同理心使他们心太软，以至很难做出这样冷酷的工作决策。我问他们，是否认为同理心影响了他们的决策。一位管理者回答说："绝对有影响，当你不得不让数千人离开公司时，留下来的人都盯着你看。"尽管结果十分痛苦，但还是必须裁员，不过管理者们还告诉我，如果只管裁员全然不替员工考虑，就会打击士气，甚至引发大家的抗议。

现在我们举两个例子——两家公司关闭部分工厂时的情况，我们看看他们怎么对待员工。在美国通用电气公司，职员们在被裁员前两年就会得到通知，说工厂将关闭，公司会裁员，公司将尽力为他们介绍并帮助他们寻找其他工作。而另一家公司在工厂关闭前一周才通知大家，员工怎么选择下一份工作，他们对此毫不关心。

结果怎么样呢？大约一年后，大多数之前为通用电气公司工作的员工都说他们找到了好工作，93%的人感谢公司为自己提供了合理的过渡期。[26] 而另一家公司只有 3%的人说他们找到了一份好工作。通用电气公司赢得的是一片好评，而另一家公司留下的只有怨恨和骂名。

帮助他人进步

了解他人的发展需求，培养他人的能力。

人们一旦具备这种能力，就可以：

- 知道并鼓励他人发挥自己的优势、技能和潜力。
- 提供有价值的信息反馈，并明察他人的发展需求。
- 及时给他人提供指导，合理分配艰巨的任务，帮助他人培养技能。

以下会谈到一个小小的教训，教训虽小却影响深远。有一位女士是一家全国性杂志的编辑，她喜欢表现自己，晋升也很快。可是，她遇到了麻烦，她说：“我常常遇到事情就草率做决定，脑子一热就把某个选题接下来了，接下来以后就找作家不断写、不断改。可是，文章最后还是被‘毙’了。感情上我可真受不了，这也让写稿的人对我非常不满，他们也很沮丧。”

接着，这位编辑告诉我：“但后来主编教给了我一句话，对我帮助很大。”

这句话是什么呢？

“让我再考虑考虑。”

主编提出这个劝告就是帮助他人进步的典型案例，领导的一个关键作用就是开发别人的能力。高层管理者更需要这种能力，这种能力仅次于团队领导能力。[27] 对负责销售的管理者来说，培养和开发销售人员的能力显得非常重要，那些领导销售团队的佼佼者通常都具备这种能力。[28]

帮助他人进步是人与人交流的艺术。指导和帮助他人进步实际上是一种提供咨询的行为，给予咨询者的建议要有成效，就离不开同理心，也离不开对自己情绪的觉察能力、与他人分享的能力。[29]

有人曾对 12 家大型组织的主管、管理者和高级行政人员进行研究，结果发现管理者在帮助别人进步方面所起的作用非常大，这表明帮助别人提高能力对第一线的业务员和架线工等员工来说极为重要。[30] 一个人如果当上了管理者和高级行政人员，就容易产生更大的影响，可是他们直接开发他人能力的机会少了，与此同时，其他的能力（比如领导力）显得更重要了。

咨询心理学的开拓者哈里·莱文森（Harry Levinson）告诉我："一个组织的领导者实际上就是一个教师。"他补充说，"现在，人们需要知道自己在工作中的能力是否提高了，或者说想知道自己还能否在组织机构中继续干下去。"[31]

循循善诱的指导或辅导可以帮助员工把工作做得更好，增进他们对组织机构的忠诚度以及对工作的满意度，使他们能够晋升加薪，也降低他们跳槽的可能性。

在工作业务指导方面，上下级之间彼此坦诚、互相信任是成功的基础。有 58 名高级主管，他们是销售额超过 50 亿美元的公司里副总裁以上的领导，他们自身的经历充分说明了这种相互关系是成功的基础。[32] 这些高级主管注重帮助他们认可的、有潜力的员工，正如一位高级主管所说："那些做好本职工作的员工，我待他们都非常友好，但是我真正重视的是那些有才华的员工，我督促他们不断提高。"

这些管理人员提供帮助时，大部分时间都花在提高员工业务素质上，主要方式是给予员工意见反馈，提出培养所需技能的建议。管理者提出的大部分建议都是正面积极的，他们只有5%的时间用来处理特别棘手的问题。

在企业里当好员工的顾问，成功的关键是什么？最优秀的顾问对接受自己指导的人表现出真正的个人关心，设身处地替他们考虑，理解他们。彼此信任是非常重要的，如果员工对上级领导没有信任感，也就不会把他的建议或忠告放在心上。如果顾问待人冷漠、处事极端，或只顾自己的利益，其建议也很难被采纳。顾问如果尊重员工、表现信任、事事替人着想，那么其建议或忠告也最容易为人们所接受。不过，如果员工不想听从顾问的建议，也不想改变目前的习惯做法，那么也许顾问会失望透顶，甚至想放弃提供帮助。

一家大型传媒集团公司的副总裁曾对我说："回想起来，我在工作上曾有过一次重大失误，那就是我刚入职时没有得到他人的指点和帮助。我总是担心别人认为自己能力不够，不敢请教他人指导我怎样处理某些事情。结果，我把许多可能给我出点子、提建议的人拒之门外。现在我的一位年轻助手主动向我求教，请我指点她在某些事情上怎样与我们的总裁打交道，或怎样应付某种局面。她这样做说明她很聪明。"

通常，人们认为指导或建议是有经验的老手给予身边讨人喜欢的新人的帮助。其实并非如此，真正热心并乐于助人的员工愿意帮助任何人，甚至给他们的上级出谋划策、提建议。帮助上级领导做好工作也是指导能力的一种体现形式。例如，美国海军的一位军官以其亲身经历告诉我："我不得不教那些上级军官学会怎样指挥我。我告诉他们，'你们负责的是指挥这艘舰艇，我负责的是为你看管这些设备。你有权知道我管理得怎样、有权质问我，要求我在力所能及时帮助你们。'"[33]

批评的艺术

谈到给予信息反馈，应该树立的榜样大概是新泽西州公共交通总公司的局长雪莉·德利贝罗（Shirley DeLibero），在她的领导下，新泽西州公共交通总公司一跃成为美国效率最高的运输公司。德利贝罗不断向员工提供持续的、正面的、建设性的工作情况信息反馈。她向员工表示，她很赞赏他们所做的工作。德利贝罗告诉我："我花很多时间表扬员工。当员工业绩不错时，我通过公司给他们送去我个人的祝贺。但他们没做好工作时，我也让他们知道工作没做好。我要给他们客观如实的评价，这样才能改进他们的工作，必须让他们知道哪些地方还需要改进提高。"

我们也可以像德利贝罗一样，提供有益的指导时，提供具体的信息，让别人知道错在哪里，并且提出该怎样改进的信息反馈，相信对方有能力改进自己的不足。不过，当对方大脑杏仁核短路时，提供信息反馈就不恰当了，结果必然是，对方以为你在对他进行人身攻击。

如果信息反馈会带来有害的后果，就会出现一个常见的难题，那就是对方对工作中的任何信息反馈都置之不理。

研究人员曾进行过一项研究，研究内容是工作中信息反馈对员工自信心的影响。在研究中，人们进行场景模拟，以创造性的方式讨论并解决问题，研究中将攻读工商管理硕士的研究生分成三组，对其中一组学生的工作情况进行表扬，对另一组提出批评，剩下的一组则不闻不问，不提供任何信息反馈。另外，研究人员同时也告诉学生们，最终要将他们的工作结果与解决同一问题的其他几百人进行比较。研究结果发现，没有得到任何信息反馈的人其自信心遭受的打击与那些挨批评的人一样。[34] 研究报告提醒人们："如果组织让员工得不到有关工作的具体信息反馈，也许就会不知不觉中挫伤员工的士气。"

人们都渴求信息反馈。然而，有些年轻的管理者、主管和行政管理人员却不善于提供信息反馈，或者干脆拒绝了事。在一些文化中，特别是在亚洲和斯堪的纳维亚半岛，人们不喜欢在公开场合受人批评指教。有一位主管在沙特阿拉伯国家的一家公司工作，他告诉我："在我们的组织里，员工来自 27 个国家，大部分人的成长文化都差不多，都禁忌在工作场合向同事提出负面信息。因此，大家很难彼此获得真实的信息反馈。"

另外，提供信息反馈的方式如果是粗鲁无礼的，就可能被认定是纯粹的攻击，也就是说，打着助人的幌子攻击他人。挪威一家银行的管理者说："在这里，有人以提供信息反馈显示高人一等的优越感，全然不考虑接受信息者的感受。他们这样做太过分了。其实对人没有任何帮助，纯属戏弄。这样的人需要更强的同理心。”

皮格马利翁效应

在美国的海军当中，有些老水手总是惹麻烦，不认真做事，拖其他人的后腿。美国海军所说的“没有进取心的捣蛋水手”指的就是他们。海军中用缩写“LP”①指代这些“劣迹斑斑的人”。

于是，管理这批人的军官接受了培训，学习改造这些人行为的方法。方法的主旨就是：对他们既往不咎，期望他们洗心革面，尽力改变。

军官让他们知道，上级相信他们有能力改过自新。对待他们时，军官们就像对待已经有了进步的人一样，这种正面的积极期望的确卓有成效。在各个岗位上的劣迹者都逐渐取得进步，总体表现比过去强多了，甚至个人形象也有所改观。[35] 这就是皮格马利翁效应②在发挥作用：期望一个人成为什么样的人，这个人可能就会按照期待改变。

体育教练和优秀的管理者都知道，要求运动员或员工完成有一定难度的任务时，也要对他们表示信任，相信他们一定能行，一定会取得卓越的体育成绩或工作业绩。

---

① LP，即lowperformer，意为“劣迹斑斑的人”。——译者注

② 皮格马利翁效应比喻对某个人期望越大，这个人的表现越好。皮格马利翁是萧伯纳作品中的一个人物。——译者注

对他人心存积极正面的期望，就能鼓励对方按照明确的目标努力奋进，而不是以领导姿态对其指手画脚、发号施令。这种方式让员工感到自己有能力主宰自己的命运，让员工变成一个积极主动的进取者。

鼓励员工把工作做得更好，还有另一个方法，就是指出问题所在，而不提供解决问题的方法，也就是给员工机会证明自己有能力解决问题。在指导学生方面，有些导师就采用这种方法，效果很好。他们采用苏格拉底式的谈话，通过提出一系列的问题，引导学生思考怎样解决问题。这种方法让学生努力以自己的方式找出解决方法，让学生在解决问题的过程中建立自信心。[36]

当人们的能力逐步提高并发展到较高水平时，顾问或导师可以不断给被指导对象指定或分配任务，让他们得到必需的锻炼以获取相关经验，在他们经受住艰巨任务的考验之后，还可以委派他们负责一些工作，或是安排他们负责一些需要新技能才能完成的项目。不过，采取这种方式时，指导者或导师必须具有敏锐的观察力，要清楚指导对象能否胜任指定的工作，如果指定的任务太容易，接受指导者就学不到什么东西；如果任务太难，接受指导者又无法完成任务，也可能遭受挫折打击。安排任务时要注意，安排一些“可上可下”、既能提高能力又能增强信心的任务。最后，培养和指导员工时还可以试试把他们提拔到一定岗位上任职，以此表明，公司确实认为他们的能力已有所增强，应该在新岗位上有进一步的发展。

不过，如果在帮助某员工成长时操之过急，就可能与组织的更高利益发生冲突。牺牲其他人的利益，过分强调指导与发展某些员工是不明智的危险之举。另外，如果主管、管理者在指导和培养人才方面投入的时间和精力太多，而在领导或管理上投入的时间与精力太少，最终业绩也不可能提高。[37]

服务定位

预测、识别以及满足客户的需求。

人们一旦具备这种能力，就可以：

- 理解客户需求，为客户提供满意的产品或服务。
- 采用不同方法让顾客称心如意，愿意在此购物。
- 乐于提供其他配套服务。
- 能抓住客户心理，提供令人信赖的建议和忠告。

圣巴特岛上有一家服装店叫作“斯蒂芬和伯纳德”，到这座小岛上的人都会到这家店享受一下高档的服务。这家服装店的名字就是以该店两位店主的名字命名的，它以高卢人特有的魅力和睿智，诚心诚意接待进店的顾客。

在一月的一个下午，我和妻子闲来无事，正好去这家服装店逛一逛。在那里，我们一待就是两个小时，愉快地享受了商店提供的优质服务。我妻子和店主聊起自己的兴趣爱好，谈论怎样选购衣服。店主一边聊一边在一排排衣架间穿梭不停，为我妻子挑选最适合她的服装。同时，他还花了整整 20 分钟向我详细介绍岛上的主要餐厅、海滩和潜水的旅游景点。

伯纳德指着一间挂满15位一流时装设计师设计的服装的房间，解释说："我做生意就是要让顾客有宾至如归的感觉，让每位顾客都感到称心如意。"他的店面只有40平方米左右，但是在冬季这4个月的旅游旺季，这家店的盈利是岛上最高的，每平方米盈利是同类商店的5倍。

斯蒂芬告诉我，他成功的要诀就在于服务理念："我必须了解顾客才能帮助他们。我要知道他们喜欢怎样的穿衣风格，他们对自己身体的哪一部分不太满意。"

斯蒂芬说自己不会给店员销售提成。"如果给店员佣金，他们就会不管服装适合不适合顾客、好不好看，全力向顾客发动推销攻势。无论你挑选什么衣物，他们都会说你挑得好极了。如果我认为顾客挑的东西不适合她，我就要告诉她，而且说明为什么不适合她。我不愿销售给顾客不适合她的东西，我是顾客的顾问，负责向他们提供有价值的建议。"

正是由于上述做法，这家店才赢得了约300名固定顾客。这家店里的店员非常了解自己的顾客。当斯蒂芬和伯纳德外出采购服装时，对这些顾客的各种需求都了然于心，采购的服装刚好切合顾客需要。伯纳德告诉我："我们与顾客建立了友好的关系，我们为每位顾客建立了购物档案，跟踪了解他们的购物情况，了解他们的喜好。几年内，我们帮助他们购齐了一切穿戴之物。"

斯蒂芬和伯纳德的服务代表了为顾客服务的最高水平，达到这种水平意味着了解顾客真正的、深层的、潜在的需求。然后，提供适合他们的产品或令其满意的服务。要想提供这种服务就需要对服务对象进行长时间的观察和了解，同时，也要维护和保持已建立的友好关系，不能急功近利。

优秀的经营者在服务理念上要比通常意义上的顾客服务观念更高一筹。销售产品或赢得顾客忠诚不再是买卖双方关系的唯一目的，它只不过是满足顾客需求的一种自然而然的副产品。

要想提供最佳的服务就要成为顾客信赖的顾问，就像斯蒂芬和伯纳德所做的那样。要做到这一点，就不能只顾组织眼前的利益，而是要为顾客着想。这种以信任为基础的关系需要在长期的服务中建立并培育起来。

要想提供优质的服务，服务人员应该为顾客的利益考虑。从长远来看，这会增加企业的效益。例如，劝告顾客不要透支信用卡，虽然这可能会暂时少做几笔生意，但它确保了顾客账户在今后依然能有效使用。有时我们甚至可能向顾客推荐竞争对手的某种商品。虽然这会让已到手边的生意暂时跑掉，但这样做有助于进一步巩固顾客与公司之间长期的相互关系。

开阔眼界

在现代的企业组织中，每个人都是“客户”。每个需要我们协助工作的同事或受到我们影响的同事都可以看作一位客户。优秀员工不怕麻烦，甚至在某些关键时刻，为这些客户提供服务和帮助。他们帮助客户增强自信，例如，帮助客户或同事一起成功地完成某项任务。

有些人在山德士制药公司负责薪资福利相关的工作，优质服务对他们而言包括付出额外的时间与销售部门的负责人一起工作，一起决定公司的奖励对象，奖励对象包括在紧急时刻给部门的负责人提供员工的家庭电话号码的人，还包括公司内提供“全天候”帮助的人。[38] 有时，提供优质服务对于员工而言就意味着把自己做出的成绩拱手让给别人。

要想在服务工作中有出色的表现，我们就必须主动了解客户的满意程度，而不是被动地听客户抱怨，应主动向客户提供免费信息，这些信息绝非出自有利可图的自私考虑，而是对客户确实有帮助。这是彼此之间建立信任和友好关系的基础。客户或同事都非常看重这种人际关系，他们也会把我们看作可靠的、实实在在有价值的信息渠道，同时，他们也不再将这种关系视为简单的买卖关系。

当然，要这样做，也需要同理心。以一家办公设备销售公司的销售团队为例，这家公司主要向工业组织和政府部门推销办公设备，那些成功的推销员既能采纳客户意见又不失自信，能引导客户做出双方都满意的选择。[39]

假如有个推销员对客户的自由意志控制和干涉太多，就会招致对方不满。成功的推销员在双方接触之初就注意考虑对方的情况，察觉客户的想法和意图，在双方接触的过程中，调整自己对客户需求的看法。如果注意到客户对某个建议有反感情绪，就会在下一次的洽谈中表达自己对对方想法的关注和理解。

把客户需求作为销售人员与客户相互关系的重心，这很重要。这种现象的产生与和客户建立良好感情是同步的，有了这层关系，处理客户抱怨和不满就容易多了。一家大型零售店的管理者在回忆往事时说："有位顾客在取一张退款支票时遇到麻烦。于是，她找到了我，抱怨我们的业务经理对她态度粗暴。我解释说肯定存在一点儿误会，但我仍然向她赔礼道歉，帮助她取得支票，还送她出门。处理这个问题只花了几分钟的时间，但那位女士离开时的情绪就比刚进来时好多了。"[40]

我还得再重复一下刚才讲的最后一句话："那位女士离开时的情绪就比刚进来时好多了。"当客户与公司销售人员打交道时，他们的感觉影响到他们对公司的看法。从心理学的角度来讲，客户对公司的感受怎样，往往要看他们与公司销售人员之间的关系如何。用"管理学之父"彼得·德鲁克的话来说，做生意的目的不仅是为了做成一笔买卖，也是为了招揽客户并留住他们的心。

削减成本的代价

南希·科恩走进一家店，打算买一套厨房用的椅子。商店里椅子倒是不少，可是南希空手而归。不仅如此，还让她十分不愉快。

南希后来告诉我的一位同事："我已经预约了，但是在店里竟然找不到售货员帮忙。那些售货员忙着闲聊天，最后，总算有个售货员看见我了。我对她说：'我很想要橱窗里那种椅子，现在有货吗？还有别的颜色吗？'"[41]

那个售货员怎么回答的呢？她向一个摆满了玻璃器皿的角落里随便一指，说了一句让人摸不着头脑的话："我觉得你要的东西都在那个地方吧。"

说完，那个售货员转身就走了。一笔800美元的生意也就泡汤了。

从对顾客服务的角度来讲，那位售货员绝对是不称职的。如果一个员工所处的位置是代表公司与客户沟通，那么这时客户服务质量就显得尤为重要。[42] 然而这种不负责的情况在美国的百货商店和廉价商店中却日益严重。1996年，扬克洛维奇伙伴公司对4 000名客户进行了调查，为20类客户服务有关的零售服务进行评级，服务质量排在后面的有电话公司、餐厅，甚至还包括美国邮政局。[43] 问题的症结之一在于售货员数量的大量减少，另一个原因是有些公司取消了对售货员的培训。在美国，零售业花在售货员培训方面的经费比其他任何行业的培训经费都少。

在提供客户服务时，最不称职的表现之一就是服务人员带有一种敌对心理。存在这种敌意，客户就被当成了敌人，成了呵斥指责的对象。这种态度实际上妨碍售货员进行销售，因为他们根本不了解顾客。这种态度还可能导致完全不应该存在的死板销售模式：不管顾客的需求是什么，售货员全力向顾客推销自己现有的商品。

利用多元化优势

通过不同的人创造和把握机遇。

人们一旦具备这种能力，就可以：

尊重来自不同生活背景的人，能与他们和睦相处。

理解不同的世界观，能敏锐觉察到不同群体间存在的差异。

把多样性看作机会，营造适合不同人群成功和发展的环境。

敢于挑战偏见，待人宽容。

我在纽约市乘公交车时碰到一位驾驶员，我常提起他的故事。在驱车于纽约的大街小巷时，他与乘客们谈天说地，努力使大家保持愉快的心情，到乘客下车时，因受到他愉快情绪的感染，坏心情一扫而光。这种社交能力真是令人羡慕不已。

过去，我每次提到那位公交车驾驶员时都会说："那位 60 岁左右的黑人。"但是在一次演讲后，一位非洲裔美国妇女走上前来，问道："你为什么要特别提到他是黑人？假如他是犹太人或日本人，你也会特别提到他的种族吗？"

我被她问得瞠目结舌，细细思量片刻，我明白了，对我而言，提到司机的种族是我对《钟形曲线》(*The Bell Curve*)一书抗辩的一部分。那本书认为，智商是人生成功的关键，而非洲裔美国人不如其他种族智商高。我分析认为，那本书的观点是以错误的数据资料为基础的，更何况智商仅是迈向成功的若干因素之一，情商在人们的成功之路上发挥着更主要的作用。[44] 我有意提到那位司机的种族，就是要说明那个非洲裔美国人的情商高。

但这位女士认为我没讲清楚，因为公交车司机的种族与演讲没关系。在她看来我的故事是一个黑人司机讨好白人乘客的故事。她解释说，不管怎样，提到种族都是错误的。

她说得对，在我讲的故事中，这个司机的种族的确无关轻重，提到他的种族让人分心。从那以后，我讲这个故事时不再提及他的种族。

如果讲某个故事，其中种族因素与主题无关，不但令人分心，也会挑起听众对此种族的固有看法。而听众对某种族的固有看法会对演讲效果起到负面作用。

斯坦福大学的心理学家克劳德·斯蒂尔（Claude Steele）通过一系列细致的研究揭示了传统偏见的破坏作用，这种破坏作用对组织中少数种族的影响更大。斯蒂尔应该知道，斯坦福大学的教授绝大多数是白人，他是为数不多的黑人教授之一。

斯蒂尔的实验涉及学术工作，他的研究结果表明，传统观念对工作具有直接的影响。消极的传统观念会严重影响工作业绩。在工作中，人们想要有所建树，必须拥有组织归属感。人们想要受到大家的承认、受到别人重视、自己做出了成绩，甚至拥有优秀的技能和内在工作动力等等，这时都需要承认和鼓励。消极的传统观念会削弱人们得到的认同感，自然也就妨碍工作业绩的提高。

“成见威胁”是斯蒂尔发明的一个专业术语，用以指一种情感地雷，一种没有直接说出来但仍然弥漫在组织内的因素，它会降低工作效率。这种情感地雷的存在将催生消极气氛，削弱员工的工作能力。[45]

这种情感隐患可能不知不觉引起大脑兴奋水平的提升，而大脑兴奋水平提升则可能严重影响认知能力。正如我们在第五章所看到的，兴奋的杏仁核会使可用于工作记忆的脑神经收缩，“成见威胁”会刺激杏仁核的兴奋度。

潜在的威胁

斯蒂尔设计了一个简单的测验。他从研究生资格考试中挑选了一些数学题，给计算能力强的大学男女教师做。测试对象分作两组，他告诉第一组从测试结果通常能看出男女的能力差异，而对第二组却什么也不说。

实验结果出来后，他发现有些女教师的测验得分明显低于男教师，这些得分较低的女教师都属于被告之测验结果会显示性别差异的那组，而那些没有被告之测验结果会显示性别差异的女教师的得分则完全与男教师一样！

把实验对象换成黑人，告诉他们类似的威胁性信息后，他们的得分也比较差。斯蒂尔的实验说明，陈旧的观念影响工作效率。此外，即使是潜在的陈旧观念也会产生很大的影响。他发现，导致女教师得分较低的一个主要因素是她们的焦虑感，由于这种焦虑的存在导致能力下降。尽管她们都有做好试题的潜力，但让人感到威胁的陈旧观念引发的焦虑感妨碍了她们的能力发挥。

斯蒂尔认为，陈旧的观念让人顾虑重重，由此进一步加剧了当事人的焦虑感。人们对一项艰巨任务有所担忧本来是很正常的，但如果认定自己无法完成任务，就会增加焦虑感，结果他们做得真的很糟糕。

某个群体中的出头鸟最容易遭受陈旧观念的“迫害”。比如，第一批成为喷气飞机驾驶员的女性，或某少数种族中第一个当律师或做经纪人的人，他们都是某个群体的出头鸟。尽管他们都有自己的特殊技能和自信心，但一旦他们受到陈旧观念的威胁和影响，在开始阶段，他们往往会因为情绪波动而致使工做出错。

那些跻身高层管理者行列的女性的经历也能说明问题，有人针对这类女性以及她们的首席执行官进行了一项调查，结果显示，如果首席执行官认为女性缺乏管理经验和任职资格，就会阻碍女性进入公司的领导层。很多女性管理者认为，陈旧观念和在组织的管理层受到歧视是影响她们晋升的原因。[46]

陈旧观念对女性管理者的影响并非无处不在，似乎只是在某些特定环境中才起作用，曾有一篇评论文章专门针对女性管理者所受的偏见进行了论述。该文章综述了 61 项研究成果，结论认为当女性跨入一度由男性独占的职业领域时，或者女性的工作业绩受到男性上级考评时，更容易滋生偏见。[47]

陈旧观念的影响

斯蒂尔认为，陈旧观念的影响可能导致很多女性在数学、工程以及物理学等方面表现欠佳。在小学和中学阶段，美国女孩的数学能力与男孩相比并没有差异。进入高中后，女孩的数学成绩就落后了。读大学和研究生期间，这种差距进一步拉大。进入大学后，数学、理科、工科辍学的女生是男生的 2.5 倍。在这些学科中，获得学位的美国女性仅占 22%，获得哲学博士学位的女性仅占 13%，女性在这些领域的就业人数仅占 10%，而且在这些领域内，女性即使担任与男性相同的职务，其工资也仅为男性的 75%。[48]

看起来她们表现不佳，其实这与其技能几乎毫不相关，主要起影响作用的因素是世俗的偏见。斯蒂尔以黑人和妇女为例，指出他们在测验中可以得很高的分数，但在工作时表现欠佳，这说明陈旧观念在工作领域内仍占主导地位，人们会受到偏见这种情感因素的影响。他认为，人们面对偏见时很脆弱，很容易怀疑自己是否有能力，怀疑自己的才干和技能。因此削弱了自信心，人们被焦虑情绪左右，总是担心自己表现得不好。因此，一些正注视着他们、看他们能否干好工作的人也开始留意他们。不管别人是否在注意自己，至少他们自己认为大家都盯着自己。

例如，黑人学生就受到《钟形曲线》这本书里所散布的“劣等民族”偏见的影响。类似的错误观点也折磨着世界各地那些受压迫的少数种族。斯蒂尔认为，随着时间流逝，人们以讹传讹，这些消极的陈旧观念已经根深蒂固，使属于所谓“劣等”少数种族的人心神不宁、担惊受怕。在工作中，这种担惊受怕的感觉极具破坏力，伤害人们的情感。

借助他人，迈向成功

哈佛商学院流行一句至理名言——“借助他人，迈向成功”。在差异中蕴含着力量，所以利用多元化优势成为越来越重要的能力之一。

当今，各行各业的员工来自五湖四海，背景各不相同。这种情况下，人们对传统观念或偏见给工作关系带来的、难以捉摸的负面影响有了更清晰的认识。例如，管理者如果能更准确地了解员工，在感情上不受传统偏见的影响，才能把优秀员工与平庸者区别开。[49]

一般而言，我们很难对另一群体非常细微的、非言语表达的感情信息加以分辨。其他群体可以指不同性别、不同种族、不同国籍或是不同民族，我们很难深入了解他们。[50] 每个群体都有表达自己情感的特定习惯，如果我们不了解这些习惯，就很难换位思考。正如我们常看到的，不能从对方的角度考虑问题，就不能设身处地替他人着想，双方互动时就会出现不协调，双方都觉得不舒服，情感上产生距离。不仅如此，由于偏见，我们还可能认为这个群体的人都是一样的，并不区别对待他们。

在许多涉及利用多元化优势的项目中，人们欠缺的往往就是充分利用多元化优势把工作做得更好。不同背景的人在工作中感到轻松愉快是件好事，但我们还应该进一步利用多元化优势提高董事会的工作成绩。

兼收并蓄的能力与狭隘偏执格格不入，这种能力也和其他技能有关：就是与不同的人和睦相处，重视别人特有的工作方式，善于抓住那些与众不同的方式可能带来的机会。

戴维·托马斯（David Thomas）和罗宾·埃利（Robin Ely）曾在《哈佛商业评论》上发表一篇文章，文章观点与上述内容不谋而合。他们认为，利用多元化优势有着多种潜在好处：提高赢利能力、增进组织的学习风气、增强企业的灵活性和对不断变化的市场的快速应变能力。[51]

要想跨出第一步，就要敢于挑战流行的观点。通常，人们认为多元化的目的就是在公司中增加不同群体的员工人数，公司给大家安排工作时，也把同类人群安排到一起。托马斯和埃利认为这种观点很主观，持这种观点的人认为，少数群体员工对公司的特殊贡献有限，以为他们的作用仅限于帮助与他们同种族、属于同一群体的人为公司获利而已。

上述观点流传已久，看似很有道理，但不能真正发挥多元化优势。托马斯和埃利认为，不同人群“在具体怎样工作、怎样设计、以怎样的方式达到目的、制定任务、怎样有效地协调和交流意见以及指挥领导等方面各有独到的见解和知识体系”。[52] 只有充分发挥这种集体优势，才能使公司的状况彻底改观。

举个例子，美国西北部有一家公益法律事务所，该事务所的成员以前都是白人，其委托人主要是在工作中遇到法律纠纷的妇女。20 世纪 80 年代，他们注意到事务所的委托人几乎都是白人。为此，他们觉得应该拓展自己服务对象的范围。

于是，事务所雇用了一名西班牙裔律师，希望她能吸引西班牙裔的客户。没想到他们确实有了更多的客源，而且拓宽了事务所基本业务的服务对象范围，甚至拓展了事务所的业务项目，事务所的服务对象不再仅是妇女，事务所进一步开拓市场，服务范围也涉及其他诉讼业务。

后来，事务所雇用了更多的非白人律师。事务所一位主要合伙人说："多元化发展打开了我们看问题的视野。如果只用白人雇员，处理问题时就不可能有那么多新思路，也就很难改进工作。从这个意义上说，公司内部多元化发展提高了我们的工作质量。"[53]

组织的领导者如果重视不同背景的员工给工作带来的不同思路和见解，就会引导大家互相学习，从而提高组织竞争力。某金融公司过去的推销模式主要是采取连续打电话的方式，后来才发现最成功的业务员是那些销售风格独特的女性员工，她们通常慢慢与对方建立良好的关系。现在，这家公司向这些女性员工学习，采用更灵活的销售方式，也鼓励并奖赏不同的推销方式，以便让不同背景的业务员工作时感到更得心应手，也可以互相学习。这家公司能够从女性业务员成功的事例中有所觉悟，反省自己，共同学习提高，利用群体多元化把工作做得更好。

政治敏感

了解组织的情绪走向和权力关系。

人们一旦具备这种能力，就可以：

- 准确识别起影响作用的人际关系。
- 看出重要的社会关系网络。
- 了解那些左右客户或竞争对手的观点及支配他们行动的推动力。
- 准确判断组织内外事态的发展变化。

有一位干练的外交官被派到外国，那是一个盛产石油的非洲国家。他到任后很快就了解到该国总理的行政助手有位情妇，而这个情妇的侄子实际上对该国的石油政策有着巨大的影响力。于是，这位外交官立即安排了一次社交聚会，通过这次聚会，他结识了情妇的侄子，其后与他频繁接触，进行游说。[54]

无论做什么工作，这种审时度势的能力对了解潜在的关系网和选择结盟对象都极为重要，因为我们通过社交网络和自己的联盟对象可以制造影响力。平庸者就缺少这种社交机敏性，审时度势的能力极差。

一家《财富》500强公司的培训发展部主任曾请我帮他们设计一个管理者培训项目，她直言不讳地说："我们这里的许多管理者对他们周围发生的事情简直是懵懵懂懂、不闻不问。"

每个组织都有一个相互连接、相互影响的隐形内部网络系统。一些人对这个隐蔽的预警系统所提示的情况视而不见，另一些人却把发生的一切情况了解得清清楚楚。一个人能否识别局势动向，取决于他是否站在整个组织的高度考虑问题。我们只注意人际关系并不够。

在组织里，有着广泛人脉网络的员工通常对周围发生的情况很敏感，也能觉察到发生的情况对整个组织有什么影响，例如，擅长销售的员工大都知道怎样了解客户公司的人事动向。有一个优秀的业务员十分擅长审时度势，他曾举例说："在客户公司里，有一位副总裁进入董事会的时间不长，却青云直上，深得公司总裁的青睐，最终大权在握，成了公司真正的决策者。这时我们就需要特别注意与他建立友好关系，因为这是涉及我们利益的大事。这也是搞销售的诀窍。”[55]

在大多数组织中，优秀的员工都具有这种能力。总体来说，优秀的管理者和行政人员也都具有这种情感能力，他们能客观地判断形势，而不以自己的偏好或主观臆断错误地看待形势。这就使他们能够对发生的情况做出有效的反应。越是组织的上层，这种能力越重要。[56]

管理人员总要不断平衡那些来自企业内部或外部的相互冲突的、真假难辨的观点或利益关系。如果管理者不善于审时度势、不识时务，就很难厘清那些来自同事、上级、下属、客户及竞争对手的各种相互冲突的观点和看法。

如果能更好地判断形势，就可以使自己置身事外，避免在情感上陷入发生的事件纠葛之中，这样才能更客观地看待问题。例如，组织内部发生冲突时，当管理者的就要听取各方观点和意见，准确把握有关各方的态度立场。虽然我们每个人处事时，特别是处理情感色彩很浓的事件时，难免会带有自己的观点和看法，但如果我们的立场更超然，就能更客观地处理问题。这种情感能力是建立在情感自控能力和同理心之上的，它有利于人们清醒地判断形势，不被他人的立场和观点所左右。

政治判断力

有一次，美国有家大型石油公司的副董事长前往某国访问。访问期间，他与当地几位官员举行会谈。会谈中，他对克林顿总统大加抨击。[57]

这些官员坐在那里，静静地听着。他讲完后，听者一言不发，一阵沉默。次日，有位官员去那家石油公司驻当地办事处表示歉意，措辞得体地说："昨天，我们未能更好地进行交流。对此，我们深表遗憾。但是请你们理解，你们副董事长谈论的许多话题，我们确实听不懂。"

后来，接受道歉的那位公司雇员说："我认为他们做得非常棒。他们并没有因为生气而脱口而出：'你们的副董事长可以抨击克林顿，这在他是理所当然的。我们要是也这样做，第二天一定被抓进监狱了。'"

那位副董事长对打交道对象的国家文化准则缺乏敏感性。由于各国的文化不同，各个组织都制定了一些基本行为规范，指出什么可以做、什么不可以做。要想从全局考虑，就要适应对方组织的基本情况和文化。

在组织中常会出现类似政治运动的事情，也会出现拉帮结派和权力斗争。如果对那些不当的拉帮结派和竞争对抗具有敏锐的觉察力，就能更深刻地认识到深层问题，能更清楚地向主要的决策者说明问题的实质。进一步来讲，审时度势的能力能让人洞察在世界各地发生的事所具有的影响力。比如，会存在竞争或行政管理中造成的压力、技术革新带来的机遇、各种政治力量的斗争等因素，有审时度势能力的人能帮助企业在世界各地上述形势中寻找机遇。反之，组织的发展因此会受到遏制。

不过，要当心"政治动物"。"政治动物"是指那些玩弄权术、追求个人权益和一心想往上爬的人。这些人都热衷于研究隐形的权力网，但他们的弱点在于其动机纯粹是为个人私利，他们对那些与自己个人利益无关的信息视而不见，结果显得又偏执又无知。这说明他们只考虑符合自己个人野心的事物，而把身边发生的其他事情统统拒之门外。结果，这些“政治动物”常常对身边发生的大多数事件漠不关心、反应迟钝，一切都以自我为中心。

另一种倾向就是不重视或不关注组织的政治形势变化。无论他们这样做的动机是什么，这些缺乏政治敏感度的人在鼓励其他人参与自己的事业时，常常把事情弄得一团糟，因为当他们试图影响他人时，往往弄错方向或是力不从心。人们只了解组织的正式框架结构是不够的，还需要洞察组织内部那些非常规的结构和隐形的权力潜规则。

第八章

影响力的艺术

所罗门公司与美邦公司合并之后成为世界上最大的金融公司之一，新闻界认为这次合并是美邦公司的首席执行官桑迪·威尔（Sanford Weil）一手策划的。几个月后，威尔又策划了与花旗公司的合并。

在合并消息传出后，两家公司又举行了一系列的新闻发布会，在发布会上详细介绍了这两家重量级的大公司将怎样合并为一家超级大公司。当然，合并就意味着有数千名员工面临失业的危险，因为这两家公司有很多职位和部门是重叠的。

怎样把新闻发布会上的消息告诉公司的员工，才不会让他们过分担忧呢？

有一个部门管理者做得很糟糕，他说的话让人心灰意冷，甚至还带着威胁的语气。他说："我不知道该怎么决定。你们也别指望我会对你们发善心。你们当中有一半人将失业，我还没决定要解雇谁。在我做决定之前，你们把自己的背景资料和任职资历告诉我，便于我决定裁掉谁。"

另一家公司相同部门的管理者却做得与他截然不同，这位管理者说话时总是充满希望，他说："这家新公司将为我们提供新的工作机会，前途一片光明。我们一定会很荣幸，因为将来的同事都是来自两家公司的优秀人才。我们会尽快做出决定和安排，但是在决定之前，一定要先收集充分的资料，这样才能做出公平合理的决定。每隔几天，我就向大家汇报一下相关的进展。决定依据的是大家的工作业绩，还有团队合作等决定性因素，一定尽量做到公平合理。”

后来，所罗门美邦公司管理部主任马克·勒尔（Mark Loehr）对我说：“在后一个部门工作的员工生产效率更高，因为他们的工作潜力被挖掘了出来。他们知道，即使因解雇离职，公司的决定也是公平合理的。”

至于前一个部门的员工，勒尔评论道：“每个人都觉得提不起精神。人们所想的都是‘公司给我的答复可能很不公平’。结果大家牢骚满腹、士气低落，员工们说：‘我不知道是否还要为这个蠢货公司打工卖命，别跟我提什么对公司的忠诚度。’猎头公司也趁机下手，挖走了该部门一些优秀人才。但在后一个部门没有发生这种情况。”

勒尔说：“所罗门公司与美邦公司合并时，雷曼公司还没有完全与希尔森公司合并，不过那时该公司内部已经乱作一团。但美邦公司接管希尔森公司之后，情形有所改善。情况改善是因为公司合并后，新公司以完全不同的方式对待员工。新公司给予员工极大的信任，所以两家公司原本不同的文化开始交融并完善。桑迪·威尔真是个天才，他能把两家公司融合为一个整体。这样，公司就更有生命力。”

使影响力发挥作用时也要考虑到对他人情绪的影响。从这点来说，上述例子中的两个部门管理者都很有影响力，只不过一个产生了负面影响，一个产生了正面影响。优秀员工或管理者能技巧纯熟地传递恰当的情感信息，与人充分交流，在一定程度上影响听众的情绪。简而言之，他们表现出良好的领导能力。

情绪具有感染力

情绪具有感染力，这一基本事实无可否认，人们的心情是好是坏都会互相影响。我们总是不断和他人在情绪方面互相影响。情绪好像是某种社会病毒，会在传播中相互传染。这种情绪交换在人际交往中无处不在，是人们彼此回应对方的一种方式，只不过通常这些情绪活动都很细微，不易被发觉。

情绪的相互感染有很大的力量。为了研究人们在情绪方面的相互影响，研究人员找来五个彼此互不相识的志愿者，让他们坐在一起安安静静地待两分钟。结果发现，就在这短短两分钟里，有一名志愿者的情绪表露得很明显，结果其他两人也受到他的影响。[1] 在每个试验阶段，情绪表露最明显的人都能对其他两个人产生情绪上的影响，无论这种情绪是愉快、厌烦、焦虑还是生气，都具有影响力。

情绪能互相感染。瑞士心理分析专家荣格（C. G. Jung）说："在心理治疗中，即使治疗师不理会患者流露的情绪，患者的情绪仍然会对他产生影响。如果治疗师认为自己可以完全不受患者情绪的影响，那就大错特错了。治疗师要想提供有效的治疗，就不能忽视对患者感情的体恤，否则他就会对患者十分冷漠，结果抓不住患者问题的症结，也会受到患者不良情绪的侵害。"

以上是心理治疗中常见的情形，这种情况也会出现在办公室、会议室等工作场所。人们不知不觉流露出各种情绪并相互影响，因为情绪是生存所必需的重要信息。情绪提醒我们要注意什么、什么时候该着手行动。情绪吸引我们的注意力，以警告、引诱和报警等方式影响我们。情绪的影响力很大，能传达重要信息，而情绪中蕴含的信息人们未必用语言表达，情绪在人们的交流中起到更大的作用。

有人说，在原始部落中，情绪感染可能起到了警报的作用。比如，一只老虎正在悄悄逼近，人们一看到别人的情绪反应就能知道有危险靠近。

在现代商业社会，很多公司销售额骤降，大批员工面临失业，竞争对手总是在制造威胁。大家的情绪可以相互传染，每个人都是信息交流中的一部分，自己受前一个人的情绪感染，又去影响下一个人的情绪，人们就这样通过情绪把信息传播开，让大家在现代社会的竞争中保持警觉。

我们可以把情绪看作一套信息传播系统，情绪不一定要用语言表达出来。有人认为在大脑深处就有情绪识别系统，可以帮助我们适应周围人的情绪变化，帮助我们更好、更有效地与他人互动沟通。

我们都有一套情绪系统帮助我们进行情感交流，这套系统发挥作用的方式也许不那么明显。有时，我们突然觉得很放松，有时感到很难受，这都是我们与他人沟通时相互影响的明证。我们本能地对传达给我们的情绪进行比较，分辨该情绪是健康还是不良的。基本上，情绪的影响都是潜移默化的，作用方式也不明显。可是在组织里，情绪状态影响深远。

团队精神

有些管理者正在开会，讨论的是该怎样发放奖金。每位管理者都推荐一名本部门的候选人，也说明为何他具备资格领取多少奖金。讨论结果可能是一番争吵，不欢而散，也可能是大家意见统一，关系融洽。

关键在于什么呢？情绪。管理者们讨论时流露出怎样的情绪，对讨论结果有很大影响。在工作场合，员工的情绪也相互影响，这一点常常被人忽略，实际上却对工作效果起着关键的影响作用。

美国耶鲁大学管理学院教授西格尔·巴萨德（Sigal Barsade)进行了一项科学实验，实验的结果很有戏剧性。这个实验说明情绪可以影响整个集体的工作状况。[2] 巴萨德从商学院找来一些志愿者，让他们扮演管理者的角色，请他们负责分配奖金。每个扮演管理者的志愿者都有两个目标：一个目标是尽可能为自己的候选人争取更多奖金，另一个目标是帮助公司整体以最合理的方式发放奖金。

不过，这些志愿者都不知道巴萨德在他们中间安插了一个实验助手。这位助手也以管理者的角色出现，每次开会他总是第一个发言，提出自己对奖金分配的看法。他一共发言 4 次，每次发言时都以不同的情绪表达意见。他表达意见时分别体现出了以下 4 种情绪：愉快热心，洒脱而平静认真，消极低沉且懒洋洋，以及生气、敌对和烦躁。这位助手的角色就是尝试用不同情绪影响志愿者的情绪，他的角色就像在不知情的受害者中传染病毒一样。

实验结果表明，情绪的确会像病毒一样感染他人，当那位助手以愉快或热情洋溢的情绪与大家一起讨论时，这种情绪感染了小组内的其他人，在会议进行期间，小组成员的反应也更积极。如果他动辄就火冒三丈，其他成员也更容易发脾气。不过，这位助手情绪低落、态度消沉时对其他成员却没有什么影响，这可能是因为情绪低落、态度消沉本身就是一种不引人注意的情绪表现。如果一个人的目光不与他人接触，那自然就不会对他人产生强烈的影响。

愉快的心情比负面情绪更有感染力，而且所造成的结果也更积极。一个人如果态度积极，鼓励大家互相合作、处事公正、彼此协作，就能促进整个集体的工作良好运行。最终的结果是：大家情绪健康，评价客观，工作效率更高。在这种良好状态下，奖金的分配也更加公平。而且小组会议能够以最符合公司利益的方式做决定。

在工作时，无论考虑什么业务问题，情绪因素都影响巨大。一个情商高的人不会任凭别人的情绪左右自己，反而会控制涌动的负面情绪。

调整他人情绪

大家去迪士尼玩了一天，游玩结束时，大家都疲惫不堪，车上挤满了大人和孩子，准备回到旅行社。开车到旅行社需要 20 分钟，孩子们特别兴奋，吵吵嚷嚷，天气又非常热，大人们也烦躁不安。

这 20 分钟的行程真是让人不堪忍受。

然而，正当大家发牢骚时，突然传来了动听的歌声，原来是客车驾驶员唱起了影片《小美人鱼》中的插曲。大家渐渐安静下来，静静地听他唱歌。之后，一个小姑娘也跟着他唱了起来，接着几个小孩也跟着唱。到达目的地时，所有人都齐声歌唱，唱的是《狮子王》的插曲。结果，本来十分难熬的车程变成了一天中最愉快的、充满歌声的归程。

那位驾驶员很清楚自己在做什么。事实上，驾驶员特意唱歌，为的是帮助乘客保持愉快的心情。现在，我仍然清楚地记得，在20世纪50年代，我还是小孩时，在游览迪士尼乐园后回家的路上，米老鼠大巴的驾驶员唱起当年曾风靡一时的电视剧《米老鼠俱乐部》主题歌。至今，那愉快旅途的尾声还历历在目。

这种做法巧妙地利用了情绪的感染力。我们大家的情绪是相互影响的，或好或坏总要影响别人，或受到别人的影响。我们每时每刻都会进入别人的情绪状态，同样，别人也会进入我们的情绪状态。这有力地证明了一个观点：工作中一个人如果心情不好，不能随意发泄，否则不良情绪会破坏工作气氛。同样，代表公司的人给我们留下良好印象，我们才可能对该公司有积极的看法。

在组织里工作效率最高的人天生就会利用情绪，他们不动声色地用自己的情绪识别系统了解别人的反应如何，然后调适自己的反应，把互动反应推向最佳方向。正如凯悦酒店董事长汤姆·普里茨科（Tom Pritzker）所说的那样：“大堂服务台的服务人员如果仅靠微笑服务争取客人，那她还不算优秀。她还要善于察言观色，抓住机会。”微笑对所有人来讲都是最具感染力的情感信号，使对方很难不以微笑回应，微笑本身就表明自己感觉良好，也让对方觉得愉悦。[3]

构成同理心基础并进行情感调适的同一大脑机制也是构建情绪感染的通道。不过，除了发送杏仁核信号的系统外，还牵涉负责调节本能反应及自主功能的基础神经区域(包括脑干在内)。这些神经区域的活动产生了一个密切相连的生物学环路，受影响的另一个人的大脑基础神经区域也会激发出这种生理活动，这似乎就是情绪相互感染的途径。[4]

善于抓住听众心理的演讲者正是运用这个系统。加州大学欧文分校的心理学家霍华德·弗里德曼（Howard Friedman）评论说："要想口若悬河地雄辩，讲话充满激情，进行生动活泼的交流，关键就在于运用丰富的面部表情、抑扬顿挫的声调、形象有力的手势和肢体动作，借此充分表达情感。"弗里德曼的研究表明，有这种情感能力的人更能打动人，有更强的煽动性，更能激发听者的想象力。[5]

某种程度上，情感表达就好像是舞台表演，我们有一个后台，这个后台是我们体验自己情绪的隐蔽场所。此外，我们还有一个前方舞台，也就是我们表达情绪的社会舞台。我们在公开场合与私下里的情绪表现不一致，就好像我们在商店前台和在后面办公室有不同表现。我们与顾客打交道时，小心翼翼地表达情绪，有所节制；可是一回到办公室，就不那么注意控制情绪了。这种情绪表达的差异性不一定是好事。一位组织咨询师指出："许多管理人员走出办公室时魅力十足，可一回到办公室对员工的态度就有了 180 度的大转弯。"一所大型主日学校的校长对我抱怨该校的某个牧师："他总是板着脸，面无表情，很难知道他究竟在想什么。我没法理解他对我说的话，我心里忐忑不安。我觉得与他共事真难。”不善于控制情绪以及不善于表达情绪都是重大的情感障碍。

在巧妙应对他人情绪的影响时，所需的社交技能要以下面这几种能力作为基础。

- **感召力**：有效地说服及争取支持。
- **交流能力**：信息表述明确无误，易于接受。
- **控制冲突的能力**：善于沟通，能应对不同意见，解决分歧。
- **领导力**：能鼓舞并激励他人，引导他人。
- **引领变革的能力**：善于改变话题，控制变化节奏。

感召力

善于运用说服力这一有效工具。

人们一旦具备这种能力，就可以：

- 擅长说服，善于赢得支持。
- 调整情绪表达方式以吸引听众。
- 运用间接影响等复杂手段，制造声势和舆论，努力赢得他人的支持。
- 策划引人注目的事件，以说明问题的要点。

美国一家公司驻东京办事处的代表带着到日本访问的公司老板去与日方进行一系列的会谈。这位代表能讲一口流利的日语，但在第一次去参加会谈的路上，他请老板不要当着日本人的面要他翻译对方的话；如需翻译讲话内容，请日语翻译员来做。老板愉快地接受了他的请求。[6]

为什么这位熟悉日语的代表提出这样的要求呢？

“如果我也负责翻译，日本人会认为我不过是纽约总部的一个传声筒。我要让他们确信，在这里我有决定权；我要让他们知道，这里讨论的大部分事情，我都可以做主。如果我回应了他们的要求，也无须再找纽约总部。”

一个人如果对这种看似微不足道的小事保持敏感度，就表明他了解情绪影响力的作用。最基本的感召力和说服力的表现就是能否激发对方某种特定的情绪，无论那种情绪是什么。我们的目的是激发对方相应的情绪，让他们重视我们的能力，热心于某个项目，或者使对方干劲十足，或是一心要超过竞争对手，又或是对不公正表示适当的不满等。

善于运用感召力的人能够觉察出或预感到听众对自己所讲的事有何反应，能卓有成效地带领大家奔向既定的目标。例如，在德勤会计师事务所，工作业绩杰出的人都明白，要赢得客户，仅是说得有理有据还不够，还要善于辨别哪些观点最能说服主要决策者下定决心。[7]他们也会注意到哪些理论依据在某些时候不起作用，什么时候富于情感的游说会产生影响。情商高的人知道巧妙运用这些技能的关键秘诀。

优秀的工作者，尤其是出类拔萃的主管、管理者及行政管理人员，都会一贯地表现出这种情感能力。[8]不论身处什么职位，他们都对感召力有更深刻的理解。博亚特兹对我说："如果你刚上台，就'新官上任三把火'，急欲行使大权或过分关注你的权威，尤其是对人摆架子、耍威风，就会栽跟头。比如，你刚成为销售部经理，就与人保持距离，摆出一副威严的样子，显得高高在上，总是穿得西装革履，不让下属直呼你的名字，那只会疏远员工，让大家对你敬而远之。"

优秀的高层管理人员通常采取的方法包括：留下好印象，强调理由和事实，提出引人注意的论据或做出引人注意的行动，在同事之间建立同盟，对某些人暗中给予支持，突出重要信息，等等。例如，一家大型制造公司的某位管理者因表现出色，被派去负责控制产品质量，他上任后做的第一件事就是改变质量服务的名称，这种做法不动声色却又突出了重点。他说："我想制造一种印象，就是本部门不仅进行质量检查，还提供技术信息支持。现在，我们要抓紧跟踪产品质量，了解客户对产品质量的抱怨是什么，并且还要了解人们目前需要的产品究竟是什么。"[9]

引人注意的行动能吸引人们的注意力，使人兴奋，如果这种方法运用得当，这种影响手段极为有效。引人注意并非哗众取宠、一味自我表现，有时，用最普通的方法也能让人感觉到影响力的效果。如果有位能干的推销员为争取一位客户不惜卷起衣袖，牺牲自己的部分宝贵时间，亲手把自己公司的产品安装在客户的设备上（即使那台设备是竞争对手生产的），这样做能赢得客户的心。

为什么他能赢得客户的心呢？因为他的服务引人注目，是那位潜在客户所期望的服务。[10]那位推销员自己也说："他们确实非常惊讶。"

首先，要建立友好关系

要想善用感召力，关键需要同理心。假如自己不能觉察到对方的感受如何，不理解他们的立场和态度，要想给对方积极的影响是不可能的。如果不善于通过细微的线索识别他人的情感状态，不善于在人际交往中敏锐觉察彼此的互动反应，也很难影响他人。要想对他人运用感召力，首先就要与对方建立和谐融洽的关系。

以美国一家跨国石油公司的一位业务分析员为例，他要想生意成功就必须留意自己与南美一家银行代表接触时的处事方式，[11] 他说："我有大量的资金进进出出，那家银行起的作用非同小可。在南美国家做生意，友好关系能帮你的大忙。假如我打电话给一位商务代表，说'喂，我有点儿麻烦，要你帮忙'，出于友好关系，他们会很乐意与我们一道工作，解决问题。"他的办法很简单，就是邀请几个关键的代表人物，聚在一起，悠闲地喝喝咖啡，谈谈自己的情况，聊聊生活情况等。

一家制造公司的推销员告诉我："你走进客户的办公室时要做的第一件事就是扫一眼办公室里的情况，看看对方对什么感兴趣、喜欢什么，然后从对方感兴趣的话题入手。在开始游说之前，先要建立和谐的关系，比如先打声招呼说：'喂，老兄，今天过得怎么样？到街对面买个热狗怎么样？走，我们一起去吧。'如果去拜访的人今天穿的是牛仔裤、T恤衫，那我就不能穿西装、系领带。"[12]

还有一位管理者也擅长运用类似的说服技能巧，他所在的组织想聘请一位能经常去不同城市出差的人，他看中了一个人，便想方设法想聘她。他了解到那个人喜欢航海，于是就带她到当地小艇码头去看看；一了解到那人的丈夫喜欢骑马，就把她的丈夫介绍给精通马术的朋友。在这之后，他才着手采取说服行动。

与他人关系和睦且保持密切的联系有利于我们说服别人。花点儿时间建立人际关系不是绕圈子，或是浪费时间，而是绝对必要的一步。例如，高高在上的、连面都见不到的首席执行官宣布某件事时对员工的影响就不如他们天天接触的某个人所传达的信息具有影响力。在大组织里，传达新的指示时，最好利用基层管理人员的群众基础和人际关系，或者让那些员工熟悉的、人缘好的、受尊重的人传达信息。[13]

影响力可以产生强烈的效果，但是影响力发挥作用的方式是间接的，好似一只无形的大手。往往影响力是通过第三方制造声势或舆论发挥作用，产生连锁反应的。在这方面表现优异的管理者会建立强大的支持团队，或者会使用微妙的方式发出信息，最终让组织整体自然而然地赞同管理者的决策，达成目标。

经验证明，舆论导向是影响力的关键，但现实中我们常常忽视舆论导向的影响力。有人曾对美国 356 家公司的战略决策进行研究，结果发现，大部分公司从来就不制造舆论宣传，或仅是偶尔制造一下，有的公司只是在一开始创造一点儿舆论声势而已。[14]

公司在这方面失败的最常见原因是最主要的管理者太专横，他们不是努力赢得舆论支持，而是把自己的观点强加于人。研究表明，管理者如果采取强制措施，58%的计划都是以失败告终。然而，如果管理者首先与同事交换意见，反复斟酌大家共同的长期目标。那么96%的战略发展计划都被采纳。正如主持该项研究的俄亥俄州立大学管理学教授保罗·麦克纳特（Paul McNutt）所说："如果你在项目计划的制订过程中请一些人参与计划的制订，哪怕只让他们参与某些步骤，他们也会成为你的忠实支持者。"

说服失败的原因

有这样一个案例，几个单亲妈妈生活并不富裕，要上班还要照顾孩子，无力供孩子上幼儿园。如果有人出资为这些孩子专门建一所幼儿园，那一定是一件善事。当地有一位艺术家在国内小有名气，她邀请了大约100位朋友出席自己的最新作品展，还邀请大家在当地的高档餐厅吃自助餐。晚餐后，这位艺术家请大家在草坪上聚会，把一位负责管理幼儿园机构的负责人介绍给大家，也借此想让大家与单亲妈妈们认识。没想到，这位负责人唠唠叨叨，开始了长篇大论，她不厌其烦地讲怎样历尽艰辛开办了一所幼儿园。接下来，她又烦琐详细地讲述幼儿园的整个历史，说话又啰唆又难听，让人难以忍受。

如果她只讲10分钟，那效果或许还不错，但她啰唆了将近一个小时。最后，这位艺术家甚至没有机会将单亲妈妈和幼儿园老师介绍给大家。

聚会刚开始时，听众出于对母亲的境况的同情，都勉强留了下来。但后来天黑了，蚊子"嗡嗡"乱飞，客人们也逐渐散去了。

艺术家的丈夫是位年长的绅士，他可没有那么大的耐心，他忍不住站了起来，从容不迫地走到放蛋糕的桌前，鞠了一躬，说道：“你说的太多了！蛋糕都快撑不住了！”他的话音刚落，所有假装在听那负责人讲话的人都走向摆放蛋糕的桌子，开始吃饭后甜点。

即使一个人动机良好，但如果不能把所谈话题与对方情感联系在一起，所产生的影响力必然微乎其微；一个人出发点再好，但如果没有与对方交流信息的恰当方法，也很难成功。那位艺术家的丈夫讲话虽然看似不礼貌，可是却切合了众人的情感需求，就远比那位唠唠叨叨的幼儿园负责人讲话效果更好。

过分依赖某些技术手段，比如用精心制作的幻灯片或是详尽精确的统计数据等说服听众，往往可能因为展示的时间过长而错失良机。必须切合听众的情感需求，说服才能奏效。平庸的演讲者通常喜欢讲枯燥乏味的数据和事实，或是夸夸其谈，从不考虑与听众情感上的碰撞。如果你不能准确把握听众的情感或反应，也许所讲的观点别人听不进去，出现冷场，甚至引起众人反感。

无论我们多么才华横溢，如果不善于以情动人、以理服人，那么聪明才智也无用武之地，尤其是对在理工类、医学、法律、行政管理等需要很强认知能力的领域工作的人来说，更需要说服力。进入这些领域工作首先就需要很强的认知能力，可是仅有认知能力还不够。华尔街一家大型经纪公司研究部的一位管理者对我说：“干我们这行，必须善于计算。但是要做成生意，还得擅长说服他人。”

说服能力差的表现包括：

- 不能建立人际关系网，也不能“说服他人支持自己”。
- 过分依赖原本熟悉的方法策略，而非见机行事、选择最佳方法。
- 不顾信息反馈的情况，固执己见。
- 不注意或不能激发他人的兴趣和热情。
- 讲话效果适得其反。

马基雅维利主义的玩弄权术者

他是一位马基雅维利主义者，对他来说一切看似尽善尽美。他的妻子出身显赫，他本人也有很高的社会地位，是德国一家历史悠久的大型家族工业公司的高级管理者，他负责的部门年收入超过10亿美元。他的处事方式是一门心思取悦上级领导，对外想留下完美的印象。然而，下属向他汇报工作时，他却专横霸道，好像对待奴隶一样。

公司外聘一位专家对这位管理者进行测评，这位专业咨询顾问告诉我：“初次见面时，我被他的好印象迷惑了，可是他的下属在他面前战战兢兢，他对下属毫不尊重。如果他对下属的工作不满意，就严厉斥责。可是，假如上级领导工作没做好，他就不发话。员工的工作感情受到伤害。最后，首席执行官将他调离原部门。可是，由于他总能给人留下良好的第一印象，结果，他再次爬上了另一个高位。”

在有些公司，老板重视的不是工作业绩，而是看谁顺眼，看谁会讨上级喜欢，就提拔谁。这位好谄媚的德国管理者就是爱谄媚的典型。那位咨询顾问后来告诉我：“这类人给上级领导留下很好的印象，可是在下属眼中却不怎么样。因为他根本不关心下属，常常以自我为中心，不顾他人利益，一心想着自己，甚至把组织利益抛在脑后。”

这样的管理者虽然有闪耀的光环和较高的社会地位，却不能树立丝毫威信。在社会上，玩弄权术、假公济私的人迟早会被戳穿。优秀管理者建立威信，这与马基雅维利主义者为求私利不择手段截然不同。一个人有威信就能显示力量，他的目标与集体目标一致，符合大众利益，而不一心求取私利。

有一位分析家专门研究威信力问题，他与300家组织保持着密切联系。他说：“我们研究发现，优秀的管理者或经营者虽然也追求自己的地位、威信和利益，但是他们不会以损害他人或集体的利益为代价。”[15]

交流能力

能洗耳恭听别人的意见，并传递有说服力的信息

人们一旦具备这种能力，就可以：

• 与人交换意见时卓有成效，在调整自己情绪的同时，敏于察觉对方的情感状态。

• 直截了当地处理难题。

• 注意倾听对方意见，努力做到互相理解，愿意共享信息。

• 鼓励开诚布公的交流，无论是坏消息还是好消息都能坦然面对。

微软公司的比尔·盖茨以电子邮件作为沟通渠道；宝德隆公司的

董事长马丁·艾德斯顿（Martin Edelston）则通过设立意见箱与公司员工沟通；眼镜蛇电子公司首席执行官杰里·卡洛夫（Jerry Kalov）怎么做呢？要想和他沟通，任何员工都可以拨打一个专门用来和他沟通的分机电话，这个分机电话一响，他第一时间接听。

各个老板的沟通方式不同，这说明他们各自在解决难题时采用了不同的方法。卡洛夫回忆说："员工期望我能亲自倾听他们的心声，至于我想不想听对他们来说无所谓。"其实，在他进入管理层之前很久，就想过用电话与大家保持沟通。[16] "当时，我有些意见想表达，可是我的顶头上司不让我说，怕我抢了他的功劳，要么就是他不同意我的意见。所以，每当我感到有好主意要说时，总是没法和上级联系……结果错失良机，下一个好主意不知道什么时候才能想出来。"

卡洛夫接着说，电话沟通比边走边谈的方式更好，因为员工直接和高层领导对话，难免有些拘束。有些员工甚至由于害羞而不敢接近高级领导。可是，电话交流很容易进行，又能保守秘密，也保证了交流渠道的通畅，可以鼓励大家畅所欲言地交流。

开放沟通渠道可以带来很大收获。艾德斯顿有一位下属通常不当面对他讲什么，但是他喜欢把自己的想法写在一张纸条上，放入意见箱。结果，他的好想法一年为公司节省了50万美金。一名发货员建议，把公司的邮递费控制在1.8千克邮资范围内。公司每次邮寄出去的书籍数量减少了1/8，节省的费用累积起来就是一笔巨款。

营造一种畅通交流的氛围很重要。美国员工抱怨最多的就是很难与管理层沟通，有2/3的人指出交流渠道不通畅妨碍了他们更好地工作。[17]

所罗门美邦公司管理部主任马克·勒尔对我说:“我想，如果与员工畅通无阻地交流，就能充分发挥员工的作用，如果与员工坦率交流，员工就会尽力而为，发挥自己的能力和创造力。如果拒绝与他们的交流，他们就以为自己不过是机器上的一个零部件而已，固定在那里没什么工作乐趣可言。”

情绪和含义

有一家传媒公司年营业额高达 20 亿美元，该公司的广告业务经理曾向我诉苦:“老板从不流露任何情感。我的业绩无论怎样，她都没有表态，也不称赞我。我最近谈成了一笔大买卖，这笔生意能使公司一年广告收入高达 600 万美元。可是，我告诉老板这个消息时，她的反应不是‘你太棒了’，而是淡淡地说:‘要确保他们兑现，因为这是一笔大生意。’她说话时没有半点儿感情，没有一丝一毫的激动，也没有对我说任何鼓励的话。她说完就转身走了。我把这个消息告诉其他销售经理时，他们都夸我干得非常好。这是我做成的最大一笔生意，可是老板却对我的辛劳不闻不问、漠不关心。”

这位业务经理接着说:“一开始我以为自己还有做得不到位的地方，可是后来发现，其他员工也有同感，大家都认为她从不表露任何积极的感情，也不给予他人鼓励。无论什么事，她从不称赞……我们这个团队业绩一直很不错，可是感觉我们和她好像毫不相干似的。”

良好的沟通能力是一切社交能力的根基。优秀的管理者在沟通能力上与业绩差的管理者存在很大的差别。这位业务经理的老板就缺少良好的沟通能力，所以严重伤害了员工的工作积极性。

一个人要想运用同理心，就必须善于倾听他人的意见，要想进行良好沟通，也必须如此。倾听他人意见时需要提出恰当的问题，不抱偏见，也要善于理解对方的意见，不打断对方，善于征求意见。人们评估他人是否善于交流时，倾听是重要的衡量指标。[18] 我们可以说，倾听是最需要经常培训的业务能力之一。

要想在交流方面卓有成效，就必须控制好情绪。有人曾针对 130 名行政管理人员和管理者进行研究，结果表明，一个人控制情绪的能力越强，别人越愿意与他交流。[19] 与同事、下属交流时，保持冷静和耐心很重要。同样，将心比心地分析一下，老板也不愿意与那些胡搅蛮缠的人交流。

关键问题不在于我们的心情，而在于我们怎样保持沉着冷静。与人交往时，最好努力保持一种中性情绪状态，只有这样才能心平气和，也能根据情绪需要随机应变。[20] 这就像开车时挂中挡一样，随时可以转向或是加减速。在情绪方面，我们保持中性情绪，就可以随时全力以赴，这样要比不表露任何情绪的状态好。

保持冷静

一个人如果心情波动起伏，就不能顺利交流。我们与人交流时心绪不宁，别人也无法与我们交谈。社会学家欧文·戈夫曼（Irving Goffman）把我们因心绪不宁而无法交流的状态称为“失神”，也就是交谈时心不在焉。[21]

我们有能力保持冷静，就能在做事时心无旁骛、全神贯注、随机应变。这种保持冷静的能力一直备受重视，无论在什么文化当中，保持冷静都是优秀的特质，即使有些文化声称激动胜于沉默也不例外。[22]如果人们在遇到紧急情况时，或是人们面对惊慌失措者或极度悲伤者都能保持镇定，那么交流会很顺畅，谈话结果更有益。反之，背着沉重的情感包袱，就很难全身心投入当前情感的调配中。

有人曾针对中上层管理者进行研究，结果发现，最善于沟通的管理者无论处于什么情感状态，都能尽力保持镇静和耐心。[23]即使自己情绪起伏不定，他们也能把负面情绪暂时搁置，集中精力与他人交流。结果，这样的管理者能抓住时机，获取必要的信息，找到问题的解决办法，包括给予建设性的信息反馈。他们不会轻易驳斥或指责对方，而是具体指出对方哪里做得对、哪些方面需要改善；在采取补救措施时，他们也指出怎样可以扭转局势。领导控制情绪、保持冷静才能让对方畅所欲言。领导倾听时也要调整自己，随机应变，而非一直按照自己的套路讲话。

在社交场合，一个人热情帮助他人，有外向型的性格，这本身不能保证交流顺畅。此外，一种文化中有效的沟通方式可能在另一种文化或社会背景中碰壁。

有时，要想进行有效沟通，就必须克制自己的言行举止。比如，在美国西南部有一处旅游胜地，工作人员如果过分主动、说话太多，反而引起反感。在这类安静雅致的景区，员工过分健谈或过于热情往往让客人感到受打扰。客人来这个地方是为了享受清静的生活，有些私人的空间。因此，该旅游景区的管理层要求员工在客人寻求帮助时再帮助，而且要以不引人注目的方式提供帮助。[24]

控制冲突的能力

谈判并解决分歧。

人们一旦拥有这种能力，就可以：

- 老练巧妙地与强硬难缠的对手周旋、应对紧张局势。
- 觉察潜在冲突，把分歧摆到桌面上，设法减少冲突。
- 鼓励提出异议，公开进行讨论。
- 制造双赢的结果。

马克·勒尔说："有位银行家想把一家铜矿公司卖给投资者，他需要找一位专门研究矿业的专家写份报告，以便能卖出这家铜矿公司。可是他却被那位专家拒绝了，这位银行家很生气。而我和那位专家刚好是同事，于是银行家向我报怨，说那位专家拒绝给他写报告。"

我去找那位专家了解情况。他告诉我说自己累垮了，每周工作七八十个小时，月底之前还必须完成18个公司的研究报告，还要去波士顿参加会议。他说，写这份报告要耗费40个小时的时间。我们谈话后，他去找那位银行家，解释说自己不堪重负。但他还是说："如果你确实想让我写，我也乐意效劳。"

这位银行家了解到这位专家的难处后就另想办法，找其他人写报告。不过，一般人遇到这种情况很可能突然发火，因为每个人都很忙，都累得精疲力竭，就很难听取别人的意见。每个人都以为别人不如自己忙，于是很难做到通情达理。

人们很难花时间仔细聆听他人的想法，做到这点的确比较困难，除非这个人善于倾听，也能觉察对方的感受和所思所想，否则就不可能提出合理的建议，也不能提供对方真正想要的东西。

有些人非常善于解决冲突，他们在难题出现之前就能看出苗头，可以及时采取措施，使当事人冷静下来。勒尔指出，倾听别人的意见和同理心是很关键的。那位银行家了解专家的难处后非常通情达理，也就避免了冲突的升级。

有些人从事审计、警务和调解纠纷的工作，这些工作都处在重压之下，需要付出努力才能完成工作。要想工作成功，就必须处事谨慎、机敏精明。美国政府在招聘税收稽查员时，就要求应聘者能够在工作时避免敌对情绪，也要让对方满意。总之，就是要有熟练的社交能力。美国运通公司要求财务顾问具备以下能力：察觉到冲突背后的原因，承担相应的责任，必要时向他人赔礼道歉，能开诚布公地讨论各方的观点。

察言观色

经过长达数月的谈判，查伦·巴尔舍夫斯基（Charlene Barshefsky）终于和中国政府就中美知识产权保护的问题达成了一致。她是怎样做到的呢？在新一轮谈判中，巴尔舍夫斯基拒绝了中方的最后提议，她觉得和谈判预期还差得远。不过，此时，中方代表团团长对她的工作表示感谢，告诉她当天晚些时候再答复她的提议，然后中方代表耸了耸肩，转身告辞。正是根据这个细微的动作，巴尔舍夫斯基判断这次谈判她赢得了中方的合作。

那天，巴尔舍夫斯基一直在认真研究谈判桌对面中方人员的面部表情。她发现中方人员的面部表情不像以前那样严厉。那天，中方较少提出反对意见，与早先谈判中针锋相对的情形有着明显的差别。

巴尔舍夫斯基对细微迹象的判断完全正确，也就是在那天，双方代表团停止了争论，开始往达成贸易协议方向靠拢。随后，两国签署了协议。[25]

在谈判中，准确判断对方情绪的能力对成功谈判至关重要。我的朋友罗伯特·弗雷德曼是一位律师，他曾谈及在合同谈判时该注意什么："谈判主要是攻心战，合同的签订包含情感因素，其中不仅牵涉合同的措辞，也牵涉双方怎样解读合同的措辞，以及有何感受。因此，情感因素对合同的签订意义重大。"

一个人如果掌握了达成协议的技巧，就知道在谈判中情感发挥多么重要的作用。谈判高手可以洞悉对方重视什么，巧妙做出适当的让步，而让对方做出让步时，又让对方面子上过得去。这就需要同理心发挥作用了。

在某些行业中，比如律师和外交人员，对他们而言掌握高超谈判技巧很重要。不过，某种程度上说，每个员工都需要这些技能。擅长平息冲突的调解员是任何组织都不可或缺的。

某种意义上说，谈判是双方学会共同解决问题的方式，因为单是一方不可能爆发冲突。当然，人们谈判时都为自己的利益争取，坚持己见，说服对方满足自己的要求。可是，一旦双方能坐到一起谈判，就等于大家都承认这个问题涉及双方，而问题的解决方案一定要双方都满意才行。因此，谈判中也需要双方的合作，而非一味竞争。哈佛大学专门研究谈判的心理学家赫伯特·凯尔曼（Herbert Kelman）指出，谈判的过程就是双方交流的过程，一起在谈判中解决问题无形中改善了双方的关系。[26]

要想在谈判中解决问题，就需要谈判双方理解彼此的观点，也要知道彼此需要什么、哪方面存在担忧。凯尔曼说，有同理心的人能够促进双方“了解对方的利益需求，也能及时做出合适的反应。换句话说，最终大家能找到双赢的解决方法”。

谈判渠道

大部分谈判都是在非正式场合进行的，谈判发生在生活的方方面面。我们举个例子，服装制造商与服装零售商为产品销售进行谈判。一个服装店的老板说：“我有一条主要的女性首饰供货渠道中断了。我想与供货商谈判，想建立联系，因为这类商品的销路很好。但城那边的另一家店给这个供货商提供了更优惠的条件，我也相应提出了优惠条件，可是，还是那家店在竞争中取胜了，毕竟在这种规模的城镇只要一个销售点就够了。这次我真倒霉。”

制造商要想赢利就离不开销售渠道，同样，零售商也离不开制造商。但是双方有很多选择。结果，谈判围绕着涨价幅度、付款条件、按期送货等问题展开了讨论。

大部分渠道关系是长期互利的。在这种关系中，总有问题出现，不断累积，也不断暴露出来。如果制造商与零售商双方发生争执，那么通常有三种谈判方式，他们选择其一：第一，找出双赢的解决方法；第二，双方均做出妥协，都不考虑自己需求的满足；第三，一味进攻，各自施压，让对方做出单方面妥协。

曾有研究人员对若干百货公司连锁店的零售采购员进行调查，每个采购员采购的商品金额在 1 500 万—3 000 万美元之间。调查结果显示，制造商与零售商的谈判方式能够反映出双方的关系如何。[27] 我们可以设想一下，如果谈判方式是进攻式的，不断相互威胁或是要挟，必定会损害双方未来的合作关系。最后，采购员往往是满腔怨恨，有着强烈的不满，常常放弃和自己谈判的进货渠道。但是，如果谈判时双方都没有攻击性的行为，最终问题的解决方式就会很和谐，双方的合作关系也更长久、更牢固。

威胁和强硬有损谈判的气氛。有调查显示，在谈判中，即使一方比另一方强硬得多，但是前者采取一种高尚的态度，就能产生更长远的益处，双方如果要保持长期的生意往来，就更要如此。所以，即使零售商要完全依靠某一制造商，双方要想合作愉快，就不能一方压着另一方。如果想发展长期合作互助的关系，采取合作的态度总是最有效的。

发挥创意，解决冲突

一天傍晚，琳达·兰蒂耶里正走在一个行人很少的危险街区，这个街区两边都是一些废弃的破落建筑物。突然，不知从哪里跳出来三个14岁左右的男孩，将她围住，其中一个男孩拿着一把十几厘米长的刀逼住她。

拿刀的那个男孩喊道："把钱包拿出来！快点儿！"

尽管琳达吓了一跳，却立刻镇定下来，她深吸了一口气，冷静地说："孩子，你们也看出来了，我有点儿害怕。你们离我太近了，能退后一点儿吗？"

琳达观察了一下人行道，发现这三个小伙子果然后退了几步。于是，她接着说："把你们刚才的要求再说一遍好吗？你们需要什么？那把刀有点儿吓人，请把它拿开好吗？"

那个男孩犹豫了一会儿，然后把刀收起来。

琳达赶紧拿出钱包，取出了一张20美元的钞票，看着早先拿刀的那个男孩，问："给谁呢？"

他说："给我。"

琳达看了一下另外两人，看看他们是否同意。其中一个人点了点头。

她把钞票给了那个男孩，说："好了，现在结束了。我就站在这儿，你们走吧。"

几个男孩一脸疑惑，慢慢退后，看了她一眼之后，飞奔而去。他们竟然被琳达弄得狼狈而逃。

其实，我们看到这个小奇迹以后不必大惊小怪，因为琳达是总部设在纽约市的“创造性解决冲突项目”的发起人和项目理事长，该项目在课程中讲解怎样解决各种冲突。她本人潜心研究谈判技巧，也学习怎样心平气和地处理冲突。[28] 她学到这些技能并作为教师传授技能期间遇到了之前谈到的一幕。现在，她培训来自全美国 400 多所学校的教师。

琳达不仅教授解决冲突的技能，还说服持怀疑态度的学校董事会，同意开展她的项目。事实上，加利福尼亚州某城的一所学校董事会因两派严重对立而使工作停滞，琳达的谈判技巧给董事会的两派留下了深刻的印象。结果，他们请她帮助调解分歧。

琳达街头遇险时展现出了卓越的技能，也让我们从中看出平息冲突的典型步骤：

- 冷静下来，调整自己的情绪，表达自己的情绪。
- 通过讨论问题，表示愿意解决问题，而非激化问题，引发进一步攻击。
- 不用争论的语调，而用中性语言表达自己的想法。
- 努力找到合理方法解决冲突，共同探讨一个两全其美的解决方案。

上述技巧与哈佛大学谈判技巧研究中心的专家所倡导的“双赢”解决方案十分相似，这些技巧看似容易却很难做到，要想像琳达那样娴熟地运用这些技巧，首先必须具有自我意识、自信、自我控制、同理心等情感能力。切记，同理心不是一味地让步妥协。同样，了解对方的感受也不等于我们一定满足对方的要求。但是，如果缺乏同理心，坚持强硬态度就会走极端，使谈判陷入僵局。

领导力

能鼓舞个人或群体的士气，领导人们进步。

人们一旦具备这种能力，就可以：

- 让大家团结一致，激发团队对共同目标和使命满怀热情。
- 无论身处什么岗位，都随时做好准备，可随时承担领导职责。
- 引导他人的行为，同时也让员工学会负起自己的责任。
- 以身作则。

现在我们看看一些案例，这些例子让我们清楚认识到怎样发挥卓越的具有启发性的领导力。我们会谈到两个人：美国达美航空公司的前首席执行官，罗纳德 · W. 艾伦以及美国西部航空公司及伯灵顿北方铁路公司的前首席执行官格拉尔德 · 格林施泰因。[29]

格林施泰因学过法律，做过律师，他很擅长与员工建立友好关系，也擅长调动情绪，进行说服工作。他从 1985 年开始担任美国西部航空公司的首席执行官。当时公司处境艰难，他花了数百个小时待在飞机客舱、验票处、行李检查处等不同部门，了解并熟悉员工。

因为他和大家关系非常好，所以他说服西部航空公司的员工同意修改工作制度并缩减薪水时，大家很痛快就同意了。而此举有助于实现公司的无债务宣言，员工也由此可以获得更多的股份。由于员工愿意让步，西部航空公司开始稳定盈利。后来，达美航空公司收购了西部航空公司，当时西部航空公司的售价是 8.6 亿美元。

1987 年，格林施泰因出任伯灵顿北方铁路公司的首席执行官，这家公司当时同样是效益大滑坡，他再一次运用了卓越的人际交往能力。他从全国各地挑选了一批维修工、秘书、机组乘务员，把他们接到沃思堡的公司总部，与自己共进晚餐。他乘火车在公司运营的线路上来往奔波，与工作人员聊天，努力说服员工接受他削减成本的计划。最后，他成功了。

格林施泰因的一位好友曾这样评价他的领导风格说："他从不强硬地固执己见，没有必要为了争面子而被众人唾骂。"

格林施泰因接管伯灵顿北方铁路公司时，公司所欠外债高达 30 亿美元，但是他扭转了局面。1995 年，伯灵顿北方铁路公司收购了圣达菲太平洋公司，成为美国最大的铁路运输公司。

现在，我们谈谈罗纳德 · W. 艾伦。1997 年，达美航空公司创下了盈利的新纪录。尽管如此，董事会还是解除了他的首席执行官职务。

在公司里，艾伦是一级一级晋升到管理层的，最终在 1987 年成为公司的首席执行官，执掌大权。当时正是美国航空业蓬勃发展的初期，他的战略计划是增强达美航空公司在全球的竞争力。1991 年，他收购了濒临破产的泛美航空公司，取得了该公司来往于欧洲的航线。而与此同时整个航空业盈利水平都大幅下滑。公司曾经每年盈利，可是收购泛美航空公司后的三年里，每年增加 5 亿美元的债务。

不过，艾伦被公司解除职务不是因为自己这次决策的失误，而是因为公司处于困境时，他采取铁腕政策，给人的感觉是近乎冷酷无情，他因此臭名昭著。在公司的高层管理人员中，他压制所有反对意见，甚至撤换了首席财务官，因为其当年曾公开反对收购泛美航空公司。另有一位公司的高级行政官员当年曾是艾伦晋升首席执行官的竞争对手，他要辞职去美国大陆航空公司任总裁时，据说艾伦的反应是命令他当场交出公务用车的钥匙，让他自己想办法回家。

这些还算是小事，更残酷无情的是艾伦曾大规模裁员，他裁掉了 1.2 万人，约占公司员工总数的 1/3。的确有些人被开除可能是因为工作不力，可是有很多被开除的人都是公司骨干。大规模裁员后，公司曾闻名一时的乘客服务质量急剧下降。对公司的抱怨和投诉猛增，问题涉及机舱卫生状况差、航班延误、行李丢失等，没有一件事让乘客满意。表面看来艾伦是在为公司削减开支，却把公司的核心命脉切断了。

达美航空公司的员工无不惊讶万分，因为公司从没有这样无情地对待他们。虽然大裁员有助于公司盈利，但曾有人对剩下的 2.5 万员工进行调查，结果显示，他们惊恐不安、疑虑重重，有半数的人对艾伦的强权管理持有敌对态度。

1996 年 10 月，艾伦公开承认，他这样削减成本的确有些严厉，给公司员工带来了灾难性的后果，但是他辩解说自己“不得不这样做”。这番话引来一片抗议声。“不得不这样做”一句话激起了众人的不满，飞行员、乘务员、机械师等所有人都极不满意。

艾伦与公司的合同到期了，在续签之前，达美航空公司的董事会看出了众多员工的不满，也看出公司需要重整，以服务质量著称的达美航空公司如今已名誉扫地。优秀的管理人才纷纷离开公司，更糟的是员工士气降到了冰点。

这样，在格拉尔德·格林施泰因的带领下，公司董事会采取行动。艾伦这个权倾一时、集公司董事长和首席执行官等头衔于一身的大人物终于在其 55 岁时被赶下台，主要原因是他扼杀了企业精神。

领导就是传递能量

罗伯特·W. 艾伦和格拉尔德·格林施泰因的事例说明，领导艺术在于个人怎样实施变革，而非是否需要变革。他们都经历了削减成本的痛苦过程，但一人采用的方式既削减了成本又保持了员工的忠诚度以及高昂的工作热情，另一个人则打击了员工的工作积极性，与公司员工逐渐疏远。

高明的领导者能根据员工微小的情绪变化调适自己，并且能意识到自己对员工情绪做出的反应会产生怎样的影响。领导者建立威信的途径之一就是通过辨识员工没有表达的情绪，并向员工清楚地阐释自己，或者巧妙地表示自己理解他们的情绪，从而争取众人的心，就这点来讲，可以说领导者是一面镜子，他们通过自己把员工的感受反映出来。

不过，领导者也要负责调控整个机构内人员的情绪。一个热情洋溢的领导者能带领大家齐心协力地工作。正如瑞士一家公司的首席执行官比吉塔·维斯特兰德（Birgitta Wistrand）所说："领导的艺术在于传递能量。"

领导者如果能传递正能量，就能把组织引领到良好的方向，使组织有积极的发展路线。例如，郭士纳（Lou Gerstner）受聘担任IBM的首席执行官时，他明白一件事：要想挽救IBM，就必须改变企业文化。郭士纳说，"企业文化不是一纸空文。领导必须关心大家的情绪变化，员工愿意为公司献计献策还不够，必须赢得员工死心塌地的拥护和支持才算成功。"[30]

领导者之所以能赢得人心，一部分原因是群体内人们的情绪会相互影响。我们已经讨论过，一个群体中的气氛如何要看最善于表达的人传递出怎样的情绪，并使这种情绪散布开。可是，对于领导者而言，他要进一步发挥这种情绪散播能力。因为在一个组织中，人们往往把注意力放在领导者身上，正因为如此，领导者的情绪大大影响整个组织的士气。一个领导者的面部表情或说话语调有轻微变化，所产生的影响比职位稍低的人产生的影响更大。

员工不仅留意领导者的一举一动，也进行效仿。微软公司正是如此，在开会时，员工对某个问题进行讨论时常常反复分析，这实际上是在效仿比尔·盖茨的态度，这说明员工潜移默化地受到影响力最大的领导者影响，也愿意表现忠诚。

里根总统任职期间，曾有人给他一个美名——伟大的交流家。里根曾当过演员。有人曾进行研究发现，里根与对手沃尔特·蒙代尔在竞选总统中辩论时，是里根那丰富的面部表情打动了选民，这显示出里根做领袖的魅力，体现出了情感能力。选民哪怕只是通过录像看到里根的微笑，也会跟着微笑；如果他皱眉，也会跟着皱眉。蒙代尔则缺乏这种情感影响力，即使对那些支持他的选民，他也没有让彼此有什么情感上的共鸣，结果在竞选中败北。[31]

领导者的情绪很容易影响下属。俗话说:“鱼从脑袋烂起。”冷酷、狂妄自大而又专制的领导者会破坏群体的积极性。比吉塔·维斯特兰德用“情绪失禁”一词形容那些从上到下的破坏性情绪的影响。她说:“如果领导者情绪波动剧烈，就会使员工忧心忡忡、情绪低落或愤愤不平，因而影响工作干劲。”

另外，成功的领导者本身具有一种积极向上的能量，可以把这种能量传递给整个组织或团队。领导者越是拥有积极情绪，整个组织或团队越积极，越能发挥更大的作用，也更合作。[32]

一般来说，情感方面的魅力有三点：第一，感受强烈的情绪；第二，善于表达情感，能打动人心；第三，用自己的情绪感染他人，而非被动地受他人情绪的影响。一个人如果善于表达情感就会通过面部表情、讲话时的语音语调或手势与他人沟通，并打动人心、鼓舞士气，赢得追随者的支持。[33]

领导者表达的情感如果发自内心，就容易让员工心悦诚服。真诚、以情动人的领导者与一心谋取私利、企图操控他人的领导者区别很大。利用感情笼络他人的领导者虽然得逞一时，却不能让人心服口服，玩世不恭的态度会破坏情绪的感染力。领导者要想通过魅力打动人，在表达信息时就必须发自内心。[34]

领导者的情感能力工具箱

每一种情感能力都与其他情感能力相互配合发挥作用。领导能力与情感能力的配合也很明显。领导者做工作时需要很多技能。我曾对此做过分析，发现一般性质的工作当中，要想取得优秀业绩，情感能力发挥的作用占大约 2/3，但是要想成为优秀的领导者，与技术和认知能力相对应的情感能力才是关键，占的比重是 80%—100%。[35]

马修·朱切尔（Mathew Juechter）是美国培训与发展学会的会长，他说："领导才能牵涉所有类型的情感能力，而一般业务员却不需要那么多的情感能力。在以下方面，比如采取什么态度、了解事件重要性、与他人一起实现工作目标等，管理者和一般业务员的差别很大。"

一般来说，优秀的首席执行官主要需要三种情感能力：第一，成就驱动力、自信心和责任感等个人情感能力。第二，感召力、政治敏感度和同理心等社交能力。这些情感能力在亚洲、美洲和欧洲国家的优秀的首席执行官身上表现得很明显，这表明卓越的高层领导者所需的情感能力并不局限于某种文化或某个国家。[36] 第三，认知能力。优秀的首席执行官考虑问题时着眼全局，广泛搜集信息，视野开阔。第二章谈到一个针对 15 家大公司进行的分析结论：卓越工作者有与众不同的能力，能够纵观全局，在众多纷乱的信息中抓住症结，目光长远。

而伟大的领袖级别的人物则把上述情感能力发挥得淋漓尽致。创造性领导中心的罗伯特·E. 卡普兰说："顶级的管理者仿佛有一种特殊魅力，他们谈话生动，简简单单几句话就能向集体传达清晰有力而又记忆深刻的道理。”[37] 换句话说，优秀领导者能激发人们的想象，激励大家向既定方向前行。领导不仅是用权力命令或是领导那么简单。

好人有善终

美国海军曾对领导者判断积极或消极情绪的能力进行过分析研究。在美国海军中，优秀的衡量标准多年来未变，年度奖励都是给工作效率最高、办事最稳妥、工作前认真准备的队伍。[38] 研究发现，优秀军官和表现一般的军官差异很大，这种差异主要体现在他们对情感状态的把握。管理最出色的军官不是凶神恶煞般进行恐吓的人，而是举止文雅的军官。

优秀的领导者能够与众人培养良好的人际关系，同时管理的时候又不失果断。他们毫不犹豫，做事有目的，自信果断。一般领导者和优秀领导者最大的区别就是情商。最有成效的领导人更积极，更与人为善，更愿意表达自己的情感，愿意制造戏剧性的插曲，更让人感到温暖，更善于与人产生共识，微笑也更多。他们比一般人要友好，更愿意倾听大家的意见，乐于本着合作的态度与人共事，他们更讨人喜爱。人们也乐意与他们亲近。他们更愿意欣赏大家的优点，也乐意对员工表现信任，也更温柔一些。相比之下，业绩差的领导者做不到。

相反，业绩差的海军军官所采用的管理模式刚好是典型的军事监工的样式。他们刻板教条，态度消极，对人粗暴，总是否定他人，一切以自我为中心，与优秀的军队形成了鲜明的对比。业绩差的军官更喜欢独裁专制，更喜欢压制人，更飞扬跋扈，更刻板僵化，待人更冷漠，更自私自利，总想证明自己是对的。他们抱着规定不放，死守规章制度以及职权进行领导。有些工作场合的问题要通过发挥情感能力才能顺利解决，这时这些铁腕领导者就行不通了。在军队里，也需要运用情感能力。

领导的扩散效应

领导者的情绪会一级一级向下扩散。[39] 有人对组织员工的情绪状态进行过研究分析。结果发现，领导者情绪的影响作用就像俄罗斯套娃，一层套一层，最终领导者情绪影响到所有员工的情绪。

上述情况在等级森严的军队中更为常见。有研究发现，在军队里，最优秀的军官一般待人热情、乐于助人、善于表达情感、作风民主，能够赢得大家的信任。虽然他们的影响范围不像高级军官那么大，但是也会产生一层层扩散的影响力。相反，领导力很差的军官一般待人粗暴冷漠、喜欢训斥人、易怒、做事刻板，很难合作共事。上行下效，领导怎样，下级也受到影响变得怎样。

一般的领导者喜欢把自己关起来，不见任何人，优秀领导者则经常到处走走看看，和下属聊聊天，关心他们的个人生活，也让大家留意到，领导者也需要掌握情况，他不是无所不知的，借此营造畅所欲言的开放氛围。这种双向交流渠道鼓励各级人员不断与上级保持沟通，并汇报情况。

在业绩差的领导者所领导的团队中，下级不愿意向上级汇报，如果是坏消息就更不愿汇报了，因为最高领导知道坏消息后往往进行“遥控指挥”，而不是代表领导层深入基层，给予具体指导。

当然，优秀领导者也很重视具体工作的完成情况，如果下属没有按规定完成任务，他们会直接提出意见。但是，如果下属做得不妥之处仅是些无关紧要的方面，他们就会灵活处理。可是能力平平的领导者则不分轻重，一律按规定办事，僵硬死板，结果影响团队士气，损害了任务的完成。

优秀领导者知道仅是与某些个体保持良好关系还不够，团队的团结和凝聚力也很重要。因此，在休息时，他们常常组织体育比赛或是开晚会，自己也会亲自参加。通过这种大家都能参与的休闲活动，参与者可以开开玩笑，活跃气氛，增强彼此的认同感，这样反而能促进本职工作的完成。相反，业绩差的领导者只关心设备运行或是工作成果如何，他们不关心与下属的关系怎样。

何时需要强势

强势领导有时非常有必要，这是毫无疑问的。真正掌握领导艺术的人知道何时需要果断行事。例如，下属出现工作失误，就应直截了当地指出。如果是同级别的同事有工作失误，则要委婉，采用暗示启发或引导的方式让对方认识到自己的失误。

领导者要敢于做出强硬的决定。比如，有时他们必须告诉员工工作任务是什么，要求员工尽忠职守。说服、制造舆论、运用其他手段施加影响等方法不总是奏效。有时，让员工行动起来的最有效方法就是运用职权。

主管或者高层管理者最常见的失误就是举棋不定、犹犹豫豫。不坚决果断就容易造成工作被动消极的局面。如果领导者只关注结果，而不是关心努力工作的过程，那么工作起来就可能被动消极，对表现不佳的员工容易放纵，不敢提出批评意见。还有些领导者觉得与人发生冲突或生气，自己很难受，所以在需要态度坚决时，常常不愿意做出果断决策。

一个人如果领导力不足，那么在开会时就会控制不住局面，把握不好讨论主题和方向。领导力不足还有另一个表现，就是头脑不清醒、态度不明确，结果员工不知道该怎样执行。

管理者如果办事有魄力，就会在表达否定意见时态度坚决，说一不二。另外，这样的管理者对完成任务或工作质量的要求较高。必要时，他们也会进行公开监督或是进行工作检查。

如果员工做得不好，管理者的职责是提出改进意见，给予对方反馈，而非放任不管。假如某个员工没做好工作，管理者会指出问题所在，并适当提供帮助。但是，如果这个员工做得仍然不尽如人意，那么也许有些管理者会毫不留情地坦率公开提出警告。

有位管理者说："我的前任开会时没有立规矩。我们第一次开会时，就有人迟到，而且什么也没准备就来开会。这种情况发生第三次时，我站了起来，说：'各位，我无法忍受这种散漫的态度和行为。今天的会议推迟到两天后再开，请大家务必准时，提前做好准备，否则后果自负。'"[40]

不过，这不是说，做管理者就得专横一点儿，以权压人。这是一种策略，并不一定一开始就这么做，而是在其他方法不起作用时才不得已而为之。假如某位管理者平时就一贯强硬，那说明他与员工建立友好关系的能力很差，反倒丧失威信。换句话说，一贯强硬是一种虚弱的表现，并不能说明一个人领导能力强。

假如一个管理者做事愚蠢、目中无人、待人粗野无礼，却受到支持和赞赏，那么这个管理者所在的组织一定会蒙受损失。诚然，做出艰难决定时必须有一定魄力，但是如果执行决定时还专横霸道、冷酷无情，即使最终决定获得了彻底执行，员工对这样的管理者肯定怨声载道。这样的管理者是失败的。

在艰难时期，管理者一定需要依靠在组织内建立的人际关系。此时，奴隶主一般的管理者就束手无策了。萨福拉公司是沙特阿拉伯最大的食品生产商。该公司的执行副总裁穆罕默德–阿明·卡沙格利（Muhammad-Amin Kashgari）对我说："在我们公司里，有一位管理者粗暴专制，下属都恨他。不过，他的工作任务总能完成。可是，情况不断改变。现在市场竞争日益激烈，每个人都要加倍努力工作，才能保持我们占据的市场份额。最终，那位管理者的蛮横作风让他尝到了苦头。"在他们公司有另一个优秀管理者崭露头角，因为员工都喜欢他，他能鼓励每个员工努力工作。卡沙格利说："由于那位专制管理者仍然不肯改变，一意孤行，结果，下属们离他而去。"

管理者能表现自制、不滥用权力，这说明他是个成熟的领导者。有研究针对美国电话电报公司，经过长期研究后发现：在大型组织中，有些管理者能够在表现自制的同时也能表现较强感染力，随着时间的推移，他们更容易获得晋升，而有些人感染力虽强却缺乏自制力，这样的管理人员会遭到淘汰。[41] 优秀的管理者和行政人员能够表现强大的自控力，把主要目标放在实现组织整体的目标之上，而非只为了实现个人的抱负。[42]

名副其实的领导者

在旧金山机场曾经发生了一件事，那天雾气蒙蒙，航班接连取消，航空公司的服务台前人山人海。一个小时过去了，现场气氛越来越紧张，乘客开始咒骂航空公司的代表，大家彼此之间也开始争吵。这时，凯斯西储大学的管理学教授大卫·库伯（David Kolb）想改变这种局面，至少他想改变一下自己周围人的情绪。于是，他大声说："喝点儿咖啡怎么样？还有谁想去喝咖啡？"

许多乘客正感到无聊，纷纷响应，他记下大家的名字，写了一张饮料清单。随后，买回一大堆饮料。这足以缓解大家的心情了。

库伯当时无形中成为这群乘客的领头人，他的随机应变诠释了领导艺术。

一个人在组织中有正式的头衔或职位标明他是领导，可是真正起领导作用的人也许不是他。发生特殊情况时，某些人会临时起到领导的作用，事后回到自己原来岗位上。有时这些特殊情况并不是大事，比如，批评供货商工作不认真。有魄力、自信、坚持己见也可以是下级向上级表现出来的特质。有时，事件牵涉整个公司的利益时，下级员工要有魄力和自信才敢于向上级表达自己的不同意见。

例如，美国一家石油公司打算在南美某城市设立办事处。公司的领导看好了一栋新建的摩天大楼，想在楼里租办公室做办事处。这栋楼的房价是全城最高的。后来，该办事处的管理者与当地一位牧师聊天，牧师挖苦他们说："那种办公室就是像你们那样的公司才会租。"

管理者一听，颇为不解。多方调查后，才知道如果把办事处设在那个位置，给人的印象是公司只是打招牌，而非踏踏实实做生意。知道这一事实以后，那位管理者便自做决定，放弃原计划，另在一处繁华的商业地段租办公室设立办事处，借此表示本公司要在这里好好干一番业绩。然后，他打电话给在美国的老板，告诉他们办事处的选址变动及原因。

采取这类行动的确需要自信心和主动精神，这两种情感能力对领导者来讲都极为重要。这个人在实际工作中担当的角色是名副其实的领导人角色，这样的人在工作中更容易崭露头角，在高科技领域情况更是如此。有时，下级员工在碰到专业领域问题时可能发挥了专家级或是管理级别的人才有的作用。

在芬兰的诺基亚公司，大约 70% 的雇员是工程师，平均年龄 32 岁。在这些工程师里，有一大批人都是刚从大学毕业的年轻人，他们比 40 岁左右的老板更熟悉新技术。该公司人事管理与招聘部的负责人维利–佩卡·尼塔莫（Veli-Pekka Niitamo）说："我们对领导才能如今有了新的定义。每个人都有领导才能，年轻的工程师同样可以担当领导职责。我们在公司内部采取的模式是做你自己的老板。管理者与下属那种固定不变的结构已经过时了。”

的确是这样，今天的商业大环境经历了沧海桑田的变化，所有旧的组织模式和结构都过时了。所以，我们迫切需要下一种能力：引领变革。

引领变革的能力

引发并控制变革。

人们一旦拥有这种能力，就可以：

- 意识到变革的需要，并为变革扫清障碍。
- 敢于挑战现状，承认存在变革的需求。
- 引领变革，赢得他人支持。
- 变革时考虑众人期望。

1993 年，约翰·派屈克（John Patrick）才领悟到怎样针对公司进行变革。这一过程让他整整花了两年的时间。

他所在的公司就是IBM。1993 年，郭士纳入主IBM，公司翻开了崭新的一页，发展形势良好。但是公司的变革不只是自上而下的，在派屈克的事例中，变革就是从下而上的。

一切变革都始于英特尔芯片。1993 年，派屈克时任IBM战略发展高级研究员。有一天，他随意浏览网页，突然发现了一个叫“金色地鼠”（Gopher）的项目，内容是有关国际互联网软件处理器的。能坐在家里与别人的计算机连接互动，这个创意让他着迷。在IBM，远程连接不是什么新鲜事。但是无论用什么型号的计算机都能与别人的电脑实现远程连接，是个让人耳目一新的创意。[43]

当时IBM主要生产计算机硬件，新兴的国际互联网还没引起IBM的注意。公司实际上没有生产任何与互联网有关的产品，也没有任何这方面的计划。郭士纳正在想办法改变现状，而像派屈克这样能实现该想法的人却分散在公司的各个部门。

派屈克首先提倡“把计算机联网”，并指出将来互联网必定会给组织以及公司相关的一切带来翻天覆地的改变。他提出若干建议进一步推动变革：他给公司每个员工开设了一个电子邮箱；在公司内部鼓励以小组形式工作，以便建立互助团队；他也建立了IBM的网站。

虽然上述做法在今天看来再平常不过，可是当时IBM内部都认为这种想法太不可思议了。不过，也有很多支持这种变革的员工，他们分散在不同的部门。派屈克发出消息后立刻接到从各个部门发来的传真、电子邮件和电话，他们表达了自己的看法。于是派屈克建立了一个通讯录，实际上，公司内部因此形成了一个新兴的合作团队。

这个新团队的成员来自世界各地，他们没有正式职务，没有领导的职位，也没有给他们的预算。尽管他们在公司内部还没引起广泛注意，但是已经在悄然行动。1994 年 5 月，他们的第一个项目开始运作。这个项目包括建立IBM的网站。IBM是最早建立官网的大公司之一。

同月，派屈克在没得到公司批准的情况下，提前公布IBM将参加下一届国际互联网论坛。这种情况下，冒险是需要勇气和眼光的，也许还需要执着的信念。

他的信念并非徒劳。派屈克到公司各个部门寻求资助，在这里找到 5 000 美元的赞助，又到那里找了 5 000 美元的赞助。就这样，来自公司 12 个不同部门的 54 人代表IBM参加了这个论坛，即使在那个时候，他们的活动也还未被公司正式承认，根本没有公司的拨款支持。

可是，这时，IBM制订了一个正式发展国际互联网的战略计划，组建了一个特别工作组，成立了国际互联网研发部。1995 年 1 月，该开发部正式运作，负责人正是副总裁兼技术总监派屈克，这个项目主要是确定并开发IBM参与国际化互联网的初步方案。就这样，一个曾经非正式的团队如今变成了正规部门，共有 600 位员工。

1996 年亚特兰大奥运会的网站取得了巨大成功，这个网站就是该部门开发的一个项目，每天访问次数高达 1 100 万。IBM的这个部门也运用开发出来的软件处理交通问题，这个项目的开发自然也创造新的研发机会，后来IBM推出了商业软件。以上仅是诸多例子中的少数，这都是派屈克最初灵感的结晶。

推动变革的关键因素

今天，世界各地的组织都在重组、转让、兼并、被收购，也在逐渐消除公司内的等级制度。20 世纪 90 年代以来，形势变化迅速，所以需要能应对或促进变革的领导力。早在 20 世纪 80 年代，促进变革的能力还没引起足够重视，可是人们进入 21 世纪以后，许多公司越来越重视变革中的领导力。

管理者怎样才能推动变革呢？需要具备什么特质吗？德勤会计师事务所的合伙人约翰·费雷拉（John Ferreira）对我说：“组织转型期间，管理层的领导者所具备的能力很重要。我们曾帮助某个组织减少订货所需的时间，要做到这一点，可能需要交叉使用公司各不相连的库房，需要有较强工作能力的人在场，这些人不一定是公司的高层管理者，也不必有高深的理论知识，但他们能深入具体工作，了解发生的情况，并且敢于打破条条框框的束缚。这些人通常是公司的中层管理者。”

除了技术专长，推动变革的人也需要一些情感能力。费雷拉接着说：“你要找有能力把资料交给副总裁的中层管理者，让他们把需要副总裁处理的东西交给他本人，不要因为自己是中层管理者就胆怯。”

比如，一家大型金融服务公司正处于刚刚解除管制的动荡之中，新形势下的市场竞争激烈，但是，公司负责人信心满满。即使面对千变万化的局面，他们所领导的各部门依然稳步前进。[44]

除了需要很强的自信心，管理者也需要很高的威信、责任心、成就驱动力和乐观精神。也要具备把握公司各种关系和形势的直觉，这样才能成功面对变革或引领变革。费雷拉说：“你需要的人应该是把促进组织良性发展作为使命的，而不是仅做好工作就够了。员工应该乐于接受变革，早晨一起床就想着变革。这点有些像房客与房东的差别：房东一心关注自己的房子，房客却不然。员工全力以赴很重要，因为进行变革需要锲而不舍的努力，其间会遇到各种阻碍，面对不少阻力。另外，懂得咨询专家，让专家在关键时候向关键人物讲解变革的理由，这很重要。最后，也要不断讲述变革的规划，赢得公司整体对变革的支持，尤其是赢得公司重要人物的支持，这样更容易使高层管理者接受变革计划。”

变革中的领导者

变革中起领导作用的人未必就是这场变革的发起人。虽然变革中的领导者都知道新观点或新方法很重要，但是他们通常都不是最初提出改革方案的人。组织正在经历变革，传统的管理模式已经不复存在。在这个新时代里，组织最需要的是有魅力、能激励员工的管理者。

在变革中起领导作用的人比一般的管理者有更高的素质，人们对他们的要求也更高，这类领导者能够用自己的热情感染员工。他们不是下命令或者指挥员工做什么，而是鼓励员工。他们在宣布自己的想法时，方法运用得很巧妙，而且满腔热情，对大家起到激励作用。他们对自己的想法坚信不疑，也能赢得别人的支持，一起追求目标。[45] 他们乐意跟下属建立良好的人际关系。

在一般的管理模式中，管理者通常采用加薪、晋升等奖励措施鼓励员工。新型领导者却采用另一种方式，他们唤起员工对自己工作的热诚，鼓励员工积极参与组织的改革。新型管理者一方面激发员工的工作热情，另一方面让员工意识到改革的意义和重要性。工作成为员工体现新的价值观的方式，也变成员工表达信念的机会。在工作中，员工体现出积极进取的精神，也表现出对领导的变革的认同态度。[46]

公司管理者要想做到上述内容，就需要清楚说明组织的目标，让员工信服且接受。尽管有时这些新目标看来有几分空想的色彩，但是追求新的目标至少在情感上可以让人们获得满足感。这种方式可以激发员工的热情，激励他们追求更崇高的目标，也能进一步推动领导者将改革进行到底。曾有研究清楚表明，这种新型的领导方式能更好地激励员工，让他们更努力工作，取得更好的业绩，工作也更有成效。[47]

情感的艺术

加拿大有一家大型金融服务公司，这家公司曾经历过变革，研究人员对变革时期该公司的领导方式进行过一次测评。这家公司在市场解除管制之后，在市场中处于动荡不安局面，赢利极其不稳定，陷入苦苦挣扎之中。[48] 以往，他们在市场上受到保护，所以公司业绩稳定，获利颇丰，可是现在市场环境改变了，他们需要灵活应变才能在过去垄断的市场上占有一席之地。

该公司处于动荡时期时，研究人员对该公司的几位高级管理者进行了长达一年的跟踪研究，想看看他们怎样帮助公司渡过难关。研究结束时，研究人员会看看生产效率有无提高、奖金发放情况怎样，也会看看公司的工资预算，然后对每个管理者进行评估。结果发现，绝大多数管理者做得很好，虽然只有少数管理者完成了生产指标的17%，但其他管理者完成了生产指标的 84%以上。

如果管理者在变革时期采用新型领导方式，通常业绩更好，而采用常规的传统管理方式的管理者在这段时期却大大束缚了员工的能力发挥。

员工评价成功的领导者时会说他们富有魅力、随机应变。他们的信心和进取精神能激励下属，鼓励员工大胆想象，机智应变，开拓新的思路。

上述研究结果与哈佛商学院领导才能研究专家约翰·科特（John Kotter）所说的一致，科特一直认为管理和领导是不同的。[49] 科特认为管理是要保证公司工作有序进行、稳定生产、有良好的效率，而领导则是指能有效应对激烈竞争和时代变化所产生的变革。

科特说："成功进行激励的方法可以是满足人们的基本成就需要，让员工有归属感和人生的方向。如果管理者对自己实现理想的能力充满信心，就能激发员工的干劲。如果管理者像控制机器一样控制员工的一举一动，就必将失败。我们的感受可以感染员工，引发强烈的回应。"这种领导能力实际上是在发挥情感的艺术。

第九章

团队合作与集体智慧

个人智慧永远比不上集体智慧。

——日本谚语

1982年，硅谷发展才刚刚起步，硅谷计算机俱乐部举办了一次会议，出席的有几百名工程师。当时，来自《圣何塞信使报》的记者问大家：“你们当中有多少人打算自己开公司？”

结果有2/3的人举手表示想自己创业。[1]

从那时开始，数千家公司如雨后春笋般在硅谷出现，其中有SGI公司、甲骨文公司、思科系统公司等著名公司。这些组织有一个很大的共同点：他们的创业者都坚信创意或重大技术革新能促成巨变。不过，好创意只是一个因素，还需要其他因素，关键因素就是——团队合作。

当今各大企业都强调团队合作的重要性。约翰·杜尔（John Doerr）是硅谷一位富有传奇色彩的风险投资家，他曾投资过莲花公司、康柏公司、美国基因工程技术公司、网景公司，[2]他说：“当今世界到处都是新技术，到处都是企业家，总能找到资金或风险投资，但就是缺乏优秀的工作团队。”

杜尔创办了凯鹏华盈公司，该公司每年都会从有潜力的企业家那里拿到约 2 500 个项目，公司从这些项目中挑选大约 100 个项目认真考察，最后挑选出大约 25 个项目作为投资对象。杜尔说："一般人以为我们主要考察的是某公司的技术、产品或服务。其实，我们主要是看他们的整个团队以及团队成员的情况。我们想了解他们是怎样一个整体、怎样一起工作。"杜尔与即将运营的公司开会时会深入了解对方的团队，看他们怎样进行管理，对重大问题意见是否一致，对他们做好工作的能力进行评估，看他们怎样对待没有完成工作的人。他说："他们的天分、运营系统以及价值观都是我的考察对象。"

想靠着技术类项目起家的公司需要做到技术和集体智慧相结合。杜尔曾说过，真正的聪明人是情商高的人。保持平衡的观点很重要，只看业绩或只讲蛮干都是不平衡的态度。"优秀企业与一般企业的差距就在于平衡方面的把握。"

能在社会上生存的人

人类必须彼此互助合作：在众多生物中，人类社会复杂的人际关系一直都是生存的优势。人类的合作方式巧妙，这种天赋在现今组织中尤为重要。

相信进化论的人曾想当然地以为，人们从猿变成人的过程中，由于生活环境的改变，学会了社会协作。据说，一个人在 15 岁之后，大脑的生理发育很明显，而且日趋成熟。这时也是学习社交技能的黄金时期。如今社会环境更加复杂，人们面对的挑战也更大。[3]

进化论者认为合作在进化过程中起着关键作用，这种看法未免有些激进。不过，这也说明人们在重新审视“物竞天择，适者生存”这句话。[4] 19 世纪后期，社会达尔文主义者声称：“适者生存。”所以，强者要残酷无情，必须战胜弱者。他们利用这句话鼓吹疯狂的竞争，全然不顾及穷人或丧失劳动能力的人的困境。

今天，人们完全醒悟过来，明白了所谓的“适者生存”并非真理，靠强硬手段竞争而战胜并非人类成功的原因。有人认为，可以这样理解“适者生存”：人类有极强的繁殖能力，有多少人能够活下来，把人类共同基因传给下一代，这才关键。后来，进化论中那种弱肉强食的观点遭人唾弃，人们更相信基因遗传决定人类成功生存这一说法。

所以，有人分析，人们聚集在一起，一同工作、寻找食物，在集体生活中抚养子女和抵抗猛兽，这些才是人类生存下来的关键因素。凶悍的暴徒虽然冷酷无情，在人类社会是没有立足之地的。达尔文早先认为，为了共同利益而彼此协作，比团体中每个人只顾私利或是鼓励自己产生的结果好得多。

即使在今天，在有些靠狩猎和采集生存的原始部落中，他们仍然有着严谨的秩序，体现出团体合作的优势。我们的大脑有很大潜能，我们本能地重视人际交往能力，任何时代中的人们都重视这点。母亲教育孩子时也会教导孩子社交技能，这样整个人类社会都会依靠社交能力维持人类社会的正常运作。[5]

人类社会交际能力的恩赐帮了我们大忙。我们借着这个能力可以建立友谊与合作关系，也有助于我们的发展。人们都喜欢和待人友善的人合作或交往。我们的社会网络很健全，在这个系统中如果某人很自私或不值得信赖，我们很快就能发觉。美国康奈尔大学的研究人员做过一个实验，在实验中，互不相识的陌生人在一起待半个小时后，让他们彼此评估，说说对方是自私自利，还是容易合作共事。然后，大家一起做游戏，从每个人选择的策略可以判断这个人是自私，还是乐意与人合作。研究人员通过参与者在游戏中的表现进一步验证之前人们互相的评价结果。结果表明，人以群分，容易合作的人、待人友善的人喜欢聚在一起。乐意合作的陌生人很容易组成一个新团队，大家彼此像家人一样，关心互助。[6]

社会化过程塑造大脑

大脑新皮质对于人类群体活动是不可或缺的，新皮质是大脑最表面的皮质。因为它的存在，我们才能够思考问题。

某物种要想生存，就必须应对各种挑战。适应挑战，才能发展。无论是在公司还是在原始部落，相互协作的群体当中，丰富的社交技能是必不可少的。人们需要了解并实际处理各种人际关系。某个群体的社交能力越强，就具有越强的生存能力，最能适应生存环境，结果大脑功能也更加复杂。[7] 今天，有些人认为，人类群体为了躲避敌人和生存而进行团体合作。在过去物资贫乏的时代，人们必须互相配合，保持资源的合理分配才能共同生存下去。如果一味你争我夺，也无法生存。此外，人类发展过程中，我们也要考虑统治阶层的结构、社会中个人担负的责任与义务、货物交换等因素。随着时间的流逝，人们对社会信息的搜索和运用能力获得了极大提高。

在人类进步过程中，因为受到各方面的生存压力所迫，所以大脑有了更大进步，结果，人类学会了短时间内将所有相关社会信息联系起来。人类的新皮质在大脑容量中的比例与人类群体聚集数量的增长成正比。[8] 早期人类群体一般在几十到几百人之间。而今天，一个公司群体的人数可达数千人。

从这点来看，早在逻辑推理受到重视以前，人类的社交技能就已经产生并投入使用了。[9] 人类大脑新皮质最开始主要是促进人际交往能力的，随着人类发展，后来新皮质也主要负责人类的抽象思维能力。进化论者认为，新皮质和杏仁核都是从情感大脑进化而来的。所以，新皮质与大脑的情感神经系统紧密相连。

新皮质可以帮助人准确解读某个群体，不过，在此过程中，分析的数据和情感信号必须和谐一致，解读后的结论才准确。实际上，每个认知性心理活动都包含情感因素，比如“那是一把椅子”是一个认知结果，但是它可能包含着“我不喜欢它”的情感色彩在里面。

我们进入电梯，大脑神经系统马上运作。我们随即扫视四周，知道向谁打招呼，寒暄几句，也知道哪些人应该敬而远之。大脑可能会发出声音：“老板今天心情好像不好，别惹她。”一个人能否在组织中与他人合作，这影响他在这个组织的前途。大脑神经系统会负责我们人际交往与合作的相关细节。

即使我们总要处理很多枯燥乏味的信息，我们的神经系统也会继续留意我们情感的细微变化，我们面对数不清的信息时，也会解读它们背后的情感意义。我们可能在聆听时观察对方说话的音调、所选的措辞、微妙的手势变化、所安排的时间等，在对方的信息背后肯定蕴含着情感信息。对方信息中的情感因素会促使我们继续谈话交流或是起到阻碍作用。双方合作是否顺利既要看彼此是否表意清晰、合乎逻辑，又要看双方的情感交流是否顺畅。

合作的艺术

约翰·西利·布朗（John Seely Brown）是施乐公司的首席科学家，也是一位认知理论家。他说，今天的科研机构和组织中社会合作更加受到重视。现在跨学科的领域能够发展都是大家相互合作、共同努力的结果。

布朗说："许多理论家以一种纯粹理性的角度看待学习。但是，如果请教成功人士，问他们是怎样学习的。他们通常会说：'我们的大部分知识是通过与人接触和交流学来的。'这就需要认知能力和人际交往能力。许多人生活中常常碰壁，就是因为不知道怎样融入人类社会的生活环境当中，不知道怎样建立人际关系，这样的人往往只注重认知能力，忽视为人处世的能力。其实，只要把这两种能力结合起来，就能创造不少奇迹。"

布朗管理施乐公司在硅谷的研发设备分公司。公司取得了惊人的发展。他说："这都是大家合作的结果。现今世界高科技产业发展迅猛，没有哪个天才可以凭一己之力完成什么。其实，托马斯·爱迪生本人也是一个杰出的管理者。我们在人类进步的过程中，不可能单凭自己有所成就，都要对他人的知识有所借鉴，也要与人合作。”

在很多领域，必须依靠团队合作才能完成工作，尤其是科研或研发领域。要想在这些领域成功，社交能力必不可少。布朗说：“管理时，一个重要技能是辨识人心，了解事情的全局。管理者能促成很多事，但是怎样推动他人帮助你做事呢？这就需要一些特殊的技巧，比如，审时度势，了解他人的想法和情绪，能针对性地采取行动。如果员工所在的工作环境较轻松，管理者就更需加深对员工的充分认识。”

布朗还说：“有些人忽视了推动团队合作的动力。我曾与某个研究人员在会议结束后聊天，他说对会上讨论的情况完全不知所云。可另一个研究人员却非常了解会议的动向和进程，知道什么时候该参与、怎样提问，也知道哪些问题最重要。我敢肯定，后者不仅工作上游刃有余，在工作以外的其他场合也必定能应对自如。”

布朗还补充说：“通过他人制造影响是一门艺术，关键是把人才聚集起来，让大家受到吸引一起投入工作，这样他们就成为科研的核心力量。如果做到了这点，下一步就是把公司其他人也吸引进来。然后，把信息传播出去，让该领域的其他人接受你的观点。交流不只是向他人传播信息，也包括让他人体会和感受信息的内容和情感因素。这也是一种情感能力。”

群体优势之集体智慧

在今天的工作场所，有一个基本的事实：每个工作人员都拥有与工作相关的一部分信息或是相关的某项技能。卡内基–梅隆大学的罗伯特·凯利曾问过各行各业的很多员工，他的问题是：你的头脑中储存了多少与工作相关的知识？

1986 年，人们回答说是约 75%，但是到了 1997 年，这个比例降到了 15%—20%。[10] 毫无疑问，这是由于知识爆炸。据说，21 世纪的知识量远远超过过去的知识总和。进入 21 世纪以后，知识增长的速度依旧与日俱增。

鉴于这一事实，我们从网络或是团队中进行知识和技术专长的互助就更显得重要了。如今，我们比以往任何时候更需要集体智慧。

哈佛大学权威理论家霍华德·加德纳（Howard Gardner）说："一个人不可能将全部才能集于一身。"他指出，现在的工作中，重要的不只是计算机、数据库等工具，还有公司的同事、相关领域的同行，也包括通过互联网或电话保持联系可以求助的帮手。[11]

毋庸置疑，三个臭皮匠赛过诸葛亮。科学数据也支持这个结论。有人曾做过实验，实验中，一些大学生聚在一起，共同学习一门课程。在最终的考试中，他们先各自做一部分的试题，交卷后，再给他们增加一组问题，大家一起讨论后作答。

研究人员曾针对数百个群体进行过这一实验，结果表明，群体得分大多数时候都高于优秀个人最高得分。[12] 反复多次实验，结论仍然如此，有些群体组成一个团队的时间很短，仅是为了进行实验才临时组队，可是实验结果仍是群体得分高于个人得分。如果一群人听一个有趣的故事，在场的人越多，记住的内容越多，在场有三个人比只有两个人时整体记住的内容多，4 个人在场比三个人在场记得多。[13]

查克·诺尔（Chuck Noll）是个富有传奇色彩的人，他是匹兹堡钢人队的前教练。他曾对我说："我所学专业本来是数学。我在做球队教练之前，就一直坚信团体的力量等于每个人优势之和。可是我做了教练后，明白了，集体的力量不一定等于所有人之和，也许集体发挥的力量大于或小于每个人优势的集合。这要看大家怎样合作。"

集体智慧要想顺畅发挥，能集中力量一起思考问题，行动协调一致，就需要情感能力。仅有高智商，或是掌握顶尖的技术不足以让一个群体团结在一起。

剑桥大学商学院曾进行过一系列实验，证明了情感能力对集体智慧的影响。研究人员让 120 个模拟管理小组为一笔模拟的生意做决定。其中，有些小组完全由高智商的成员组成。尽管每个成员都非常聪明，但是整个小组的反应比其他小组差，没有发挥出他们的综合优势。[14] 研究人员观察这些小组的运作过程，发现了原因：高智商成员把大量时间花在激烈的辩论上，最后，讨论变成了无休止的学术研讨会。

高智商小组的另一个弱点是，所有成员都选择了同一类型的任务，他们因为眼前任务中有挑战认知能力的部分，就跃跃欲试，想用自己的批判力进行分析。没有人跳出这个思维框架考虑工作所涉及的其他部分，比如，他们不考虑制订计划、搜集并交换具体信息，未针对工作进展情况彼此沟通，也没有协调计划具体执行的情况。小组成员都急于展示自己的聪明才智，结果小组整体表现糟糕透顶。

集体智慧的结晶

有一群人在沙漠里迷路了，太阳火辣辣地烤着大地，海市蜃楼时常出现。放眼望去，茫茫一片，没有任何路标。剩下的水越来越少了，又没有地图或者指南针。唯一的希望就是去找人救援。可是，他们带了太多东西，太沉了，必须挑选一些生存必备的东西留下，其余的都扔掉。

当时的情况看起来生死攸关，实际上还不至于那么严重，因为这只是一次模拟场景，目的是测试参与者的团队合作能力。研究人员根据参与者的选择进行评定，他们把个人决定和集体决定进行了比较。

研究人员对成千上万名参与者的最终决策进行了比较。结果发现，群体内有三种情况，最糟糕的是群体内四分五裂。以群体而言，他们是失败的，他们的群体得分低于个人的平均分。但是如果小组成员团结一致，其成绩就远远超过最优秀个人的得分。

有一家公司是欧洲最大的汽车公司之一，从技术专长和工作经验来说，公司轿车生产部的管理团队比卡车部门的要强很多。可是就整体评估而言，卡车部门的管理团队的运作情况比轿车部门好很多。

这两个管理团队的管理咨询顾问与他们一起工作，他告诉我："如果只看卡车部门管理团队成员的个人简介和背景资料，你会困惑不解。你会发现，他们与轿车部门的管理团队个人相比很平庸。可是，以整体而言，他们团结之后就做得非常好。"

一个群体能够以团队形式做出优秀表现，为什么会这样呢？这是问题的关键。工作中大家完美配合就能提高群体智慧能力，群体中每个个体都能最大限度地发挥聪明才智。[15]团队协调配合进入最佳状态后，其结果不只是每个成员工作效益的简单相加。其实，有可能是成倍增加，因为一个人的最佳才能可能刺激另一个人的最佳才能，形成连锁反应，最终每个人的才能都被调动起来。所以，总效益会远远超过每个人所能取得的成绩。群体效益怎样要看团队成员的相互关系怎样，这取决于成员彼此之间微妙的感情变化。

耶鲁大学的温迪·威廉斯（Wendy Williams）和罗伯特·斯滕伯格曾主持过一项经典的群体智慧的研究。结果发现，群体内成员处理人际关系的技能和协调能力决定了群体工作效果的好坏。后来反复进行的研究不断证实了这一点。[16]威廉斯和斯坦伯格发现，有些人不善于处理人际关系，不顾他人感受，这样的人会拖大家的后腿。如果他们不能解决分歧，或是不能与大家有效交流的话，影响就更大。一个群体内至少应有一个高智商成员，这样有助于整体取得好成果。可是，这还远远不够，这个群体在其他许多方面也要保持一致。工作成效受到影响的另一个元素可能是，有些人把主要精力放在讨好上级身上，这样的人喜欢什么事都插手，喜欢争功夺权，阻碍他人能力的发挥。

动机也对团队工作效果影响很大。如果团队成员都关心共同的目标，都有责任感，就都会努力工作，改善工作效果。总之，群体内人际关系如何在很大程度上影响团队业绩。团队内各成员之间气氛和谐，整体就能有效运作。这样的群体更能充分发挥每个人的聪明才智。

有人曾做过研究，对象是美国一家大型金融公司的 60 个工作小组。结果发现，影响团队工作效率的因素非常多，但是影响最大的是人的因素，也就是成员间的互动交流，也包括与这个团队有联系的人和该团队的互动。[17]

优秀工作者需要的好几种情感能力都是以基本的社会合作能力为基础的，这些能力包括：

- **建立联系**：培养有效的人际关系。
- **合作与配合**：与志同道合的人共同努力，实现目标。
- **团队合作能力**：在工作中有机配合，努力实现群体目标。

建立联系

发展互助关系。

人们一旦具备这种能力，就可以：

- 培养并保持广泛的人际关系网。
- 寻求双赢的人际关系。
- 与人建立融洽关系，与团队成员形成一个朋友圈。
- 在同事之间建立并维系友谊。

杰弗瑞 · 卡森伯格（Jeffrey Katzenberg）很喜欢建立并保持各类人际关系。他的秘书们和他联系很频繁，他们负责在娱乐业中搜索合适的联系对象，这些秘书经常给不同的人打电话，安排他们与杰弗瑞的会面。凭借这些秘书的帮助，杰弗瑞可以与数百人保持紧密联系，而联系这样的人也是杰弗瑞日常工作的一部分。[18]

杰弗瑞·卡森伯格是好莱坞电影制作公司梦工厂的三位创始人之一。他之所以与那么多人保持密切联系，是因为想要与人保持沟通，而非只是做生意而已。他打电话时首先会照顾这些人际关系，保持这些关系的新鲜度。这样真的有生意往来需要时，随时联系谈生意（或是合作或是拒绝某个生意机会）就更方便。

在娱乐业，人际关系很重要。因为一部电影或电视剧的制作周期往往较短，其特点是针对性强、时间紧迫。制作时需要临时组建一个小团队，包括导演、制片人、演员和制作人员。制作一结束，团队就地解散。这些团队成员平时分散开来，组成了一个潜在的工作网络，而杰弗瑞·卡森伯格就与这些网络上的各点保持联系。一旦有合作的可能，就把这些人聚在一起。

各行各业做得出色的人都习惯与业内人士保持广泛的联系。比如，有人曾针对工程、计算机、生物科技和其他知识等领域的卓越工作者进行研究。结果发现，建立并保持人际关系网是成功的重要因素。[19] 在技术领域，人际关系网络的联系方式有很多，包括面谈、打电话或是写电子邮件等。

可是，只是表面上交往和接触还不够，更重要的是心理上大家彼此关系亲密。大家友好相待，彼此信任，关系和谐融洽，就能强化已经建立的网络。

优秀工作者并非随意建立人际关系网，他们建立网络时是经过挑选的。他们网络中的成员都有一技之长或是其他过人之处。这种网络以大家都认可的方式交流专业技术相关信息。只要打一个电话，网络上每位成员就可以随时提供或接受有价值的知识或专业技能。

善用人际关系网开展工作的人可以抢先一步，比通过常规渠道获取信息的人优先找到所需答案。有人曾估计，优秀人才通过关系网只要一个小时就能找到答案，一般人却要花上三四倍的时间才能获取同样的信息。[20]

人际关系网的艺术

在很多行业里，保持人际关系网通畅是成功的秘诀。在这些行业中，人们花在实际工作上的时间看起来不多，而是把更多时间花在看似短暂的但是往来密切的人际关系之上。毫无疑问，这类行业当然包括娱乐业。此外，有些人预言，在未来的岁月里，许多组织或者大部分公司将依靠人际关系网取得成功。如今人员流动更加频繁，人们常临时组成团队，做项目，项目一结束就散伙。这时，成功的关键不是你为谁工作，而是你与谁一同工作，即你现在和谁仍然保持紧密联系。

我们能从电子产业清楚看出人际关系网在组织中所起的重要作用。有人估计，1981—1990 年，个人计算机行业盈利从 0 美元猛增至 1 000 亿美元。财富急剧增加离不开想象力丰富的技术奇才和有魄力的风险投资人的合作。[21] 2/3 的高科技公司有风险投资人支持，因为在这些高科技公司创业之初，银行是不会给他们提供任何资金的，更不用提其他金融机构了。这提供了机会，让风险投资人和美国的高科技走到了一起。

在硅谷，风险投资人不仅找出有发展前景的创意，并且对相关企业进行投资，也参与到自己所投资的企业当中。他们会对所投资的公司给予援助，比如，介绍自己认识的管理者或金融人才到高科技公司从事经营，甚至帮助公司招聘优秀人才。

例如，凯鹏华盈公司所投资的新兴企业都是由熟悉并信任的人推荐后才进行投资的。该公司的主要合伙人约翰·杜尔谈到这个联系广泛的人际网络时，说："我们应当把硅谷看作一个既能得到人才又能找到项目和资金的高效率系统。"这样的网络系统能创造出很多财富。假如没有这种系统，尤其是大环境很艰难时没有这种系统，企业就会遭受灾难性的打击。

人际关系网是一项个人资本

在 20 世纪 80 年代的华尔街，随便做什么生意都能赚钱。有个年仅 24 岁的小伙子年纪轻轻就接管了资金达 30 亿美元的金融市场互助基金的管理大权。这位年轻人自己收入很可观，后来，他把掌管的资金绝大部分都投入了低档风险债券。1987 年，市场突然暴跌，他的投资损失殆尽，他也丢了工作。

他的妻子后来告诉我："到了这个艰难时期，他才懂得在生意场上人际关系就是一切。在他惨败时，没有一个人帮他一把。过去，他太傲慢了，目中无人，不屑于与他人建立任何友谊。所以，他遇到困难时，没有一个人站出来说：'我们大家一起帮他一把。'后来，他寻找新工作时，原来他认识的人却没有一个帮他找工作。"

他打了 500 多个电话到处求职，结果毫无收获。终于在 6 个月后，他找到了一份职位比以前低很多的工作，以此为起点，他开始了第二份事业。可是，他为人处世的态度发生了根本性的改变。

他的妻子说：“现在，他是地方职业协会的会长。他已经认识了那个行业中的所有显赫的人物。我们自己想，假如明天他失去了工作，会有多少个人打电话给他介绍工作呢？其实，今天就有人打电话请他去工作。”

人际关系网也是一项个人资本。我们要想做好工作，或多或少要依靠这种网络的运作。一位主管说：“虽然我看来好像已经完全掌握工作的主动权，大权在握，实际上，除了我的直接下属，我还和几百人保持着联系。他们不直接处于我的领导范围，但是对我的工作业绩影响很大。在这些人中，有 20 多个人是很关键的人物。”[22]

建立人际关系有很多好处，其中之一是积累了友谊和信任感。工作效率高的管理者都很擅长建立人际关系。相反，表现差的管理者人际关系不好。[23] 假如一个人想从较低职位晋升到较高职位，人际交往能力就更加重要了，通过人际关系网，职位较低的人可以让他人了解自己的能力大小。

人际关系网在本质上不同于追名逐利的娱乐圈。人们由于追求共同目标而建立友谊，这样志同道合的很多人可以组成一个社交网。一些善于建立人际关系的人往往把个人生活与工作融合起来，这样通过工作也可以建立个人友谊。当然，也不该把工作和个人的私事弄得混淆不清，要做到公私分明才好。

一个人如果性格过于内向，过分害羞或是很不合群就不容易建立起人际关系网。如果一个人只是被动地等待别人与自己接触，而不是自己主动与别人接触，或是与人接触时只谈公事，就不利于人际关系网的建立。

另一个让人很难建立人际关系网的原因在于，过分看重自己的工作时间和安排，把别人的请求帮助或寻求合作的要求一律拒之门外。结果，最终这样的人经常遭人怨恨不满，严重影响自己的人际关系网。不过，如果对他人的要求总是来者不拒，就会让自己正常的工作受到严重影响。优秀的工作者善于权衡各方面，能处理好自己的重要工作，也能谨慎对待他人提出的要求，并给予合适的帮助，也能与有潜力成为自己重要资源的人建立友好关系。[24]

要想建立友好关系，就需要广泛社交，也要建立有益的人际关系。与他人关系友好与否，与一个人的同理心有关。往往在大家谈及家庭、体育运动、孩子以及生活琐事时，这些漫不经心的谈话中，人们很自然建立起了友好的关系。最后，还有一点需要提及，建立亲密友谊意味着双方好像成为盟友，能互相依靠，像卡森伯格或杜尔那样的人都很擅长建立人际关系，他们有一个庞大且不断扩展的朋友网络，大家在网络中可以随时寻求支持和帮助。

构建人际关系的管理者

马莎百货是英国零售连锁店的巨头，它经常给自己的固定供货商送一些意外的小礼物，就是送一张小卡片，凭着这张卡片，他们可以随时进入各连锁店管理者的办公室。虽然他们去之前也需要预约，不过这张卡让他们有了一种自己是马莎百货一员的感觉。

关键之处就在于此。这张卡就是代表公司与供货商建立信任与合作关系。此外，马莎百货也努力组织供货商参加贸易展销会，去国外进行考察，目的是加强公司与供货商之间的联系和影响，寻求与供货商合作的新机会。

马莎百货的做法反映了该行业建立人际关系的新趋势。这不是耍花样，不是利用一个有潜力的合作伙伴对付另一个合作伙伴。这种合作是真心实意的，也能为各合作方带来实在的利益。有一项针对218家汽车配件零售商所做的调查，结果发现，如果零售商信任配件生产厂家就会较少改换供货渠道，与不信任配件厂家的零售商相比，更换供货渠道的概率低22%，产品销售额却高78%。[25]

表面看来，这些组织之间的联系似乎很抽象，不容易理解，实际上各组织的销售人员、财务经理以及产品经理等人天天有来往和接触。不同公司之间的人员常常接触对双方都有益处，因为不同公司的人之间可以共享很多重要的专业信息，可以共同配置人力、资源并生产顾客所需的商品。有时，一家公司的代表还会给另一家公司提供建议或忠告。比如，卡夫食品公司的销售小组把乳制品零售的销售情况分析作为自己本职工作的一部分，他们对此进行了长达6个月的研究，然后他们向零售商提出建议，重新安排货架，派上了一些近期畅销的新产品。结果，该零售商的销售额增加了约22%，而卡夫公司的产品在这家店的销售量也增加了22%。[26]

再举个例子，宝洁公司以前给销售经理付工资的方法是，公司从零售商那里拿来存货清单，根据这份清单付给销售人员工资。可是，这样一来，该公司的销售人员就容易采取一种破坏与零售商生意关系的方式开展工作。所以，宝洁公司现在做出了改变，公司主动留意那些既照顾宝洁公司利益又照顾商家利益的销售人员，并对他们给予额外补偿。

公司与公司之间的关系就是公司人员之间的关系，所以人际关系非常重要。因此，油漆生产商美国宣伟涂料公司邀请大型零售商西尔斯公司的管理者，请他们帮忙挑选一些能处理好与西尔斯公司业务关系的人作为销售代表。

尼尔马利亚·库马尔（Nirmalya Kumar）曾在《哈佛商业评论》上发表文章说："要想公司之间建立信任，需要一开始就招聘那些能与其他公司工作人员合作并共同工作的人……传统的生产商、销售人员以及零售商的采购员都只注意产品的销量或价格。可是，未来最需要的是善于运用良好人际关系开展业务的人。"[27]

合作与配合

齐心协力、实现共同目标。

人们一旦具备这种能力，就可以：

- 认真工作，同时注意人际关系的培养。
- 与他人合作，实现计划、信息和资源的共享。
- 营造友好、合作的气氛。
- 善于抓住机会，推动彼此间的合作。

英特尔公司是非常成功的计算机处理器生产商，但是成功使公司陷入进退两难的境地。从某种意义上说，正是成功让公司陷于困境。这家公司极其重视产品的生产，也十分注意开发新技术，保持技术上的领先，推动产品更新换代，结果该公司产品在市场上的占有率很高，获利丰厚，可是该公司很多员工却不那么高兴。

英特尔公司曾请一位顾问去某部门提供咨询服务，那位顾问告诉我："公司想要开一次会，专门讨论组织中的人际关系，因为公司内员工间越来越感到人际关系问题的严重性。从个人关系来看，大家彼此欣赏。但是由于大家都一门心思专注于公司，所以不容易培养良好的人际关系。大家也需要让上级知道这件事，就是如果损害了彼此之间的关系，那么想完成工作是不容易的。管理层应该知道，人际关系看似不重要，却可以产生巨大的影响。"

从英特尔公司的人际关系危机可以看出，互相协作的精神非常重要。大家共事时能感到轻松愉快，甚至彼此开开玩笑，共度美好时光。这样的群体就具有了领先同行的情感优势，而且这种情感纽带可以帮助公司顺利度过艰难时期。反之，如果群体内缺乏情感纽带，团队遇到压力困难时就无法运行，甚至最终瓦解。

有些人曾经倡导"商场就是战场"，他们认为发展人际关系毫无意义。但是现在他们的想法改变了，他们开始考虑怎样才能在员工当中培养团队精神。如果管理者意识到公司内的情感纽带能影响员工的士气和工作效率，他们就能看出并理解一个道理：在非同寻常的压力下，团队能正常运作、能逃过劫难都是因为团队成员的关系组带在发挥作用。

组织内的“婚姻”

阿尔是城里一家大型医疗中心的副院长，刚上任不久，他就主持了一次会议，每个参加会议的人都看出，这场会议简直就是阿尔的灾难。大家都知道这次会议的出发点也许是好的，阿尔要给一个濒临失败的社区项目献计献策，而他任职也是为了这一目的。可是阿尔把会议开砸了，自己也威信扫地。他事后也承认：“我真是自讨苦吃。”

阿尔犯下的第一个错误是没有给其他人准备的时间。高层管理者已经负担很重，他却急忙临时召开会议。他明知道负责护理的副院长那天通常不在医院，却偏要把会议安排在这一天，而那个副院长又是关键人物。此外，管理团队的顾问也无法出席会议。阿尔的第二个错误是没有提前讲明会议要讨论的内容或让与会者提前准备。尽管这次会议是他当副院长后第一次公开露面，但他并没认真准备，在会上发言时只是临场发挥。他的第三个错误也许是最严重的一个错误，就是他拒绝了顶头上司莎拉的帮助，莎拉是该中心的院长。她主动提出愿意帮忙安排会议，这样会议效果可能更好。

会议一开始，大家就清楚看出阿尔没做任何准备、手忙脚乱，与会者都觉得这次开会简直是浪费时间。莎拉感觉阿尔做得一塌糊涂，后悔自己用人不当，错误地委任阿尔为副院长。

到底问题出在哪里呢？

耶鲁大学组织管理学院的教授詹姆斯·克兰茨（James Krantz）

了解到上述情况后说，那次会议开得很糟，说明阿尔和莎拉在协调人际关系方面都有问题。[28] 他们很快就陷入一种思维定式，莎拉认为阿尔表现极差，阿尔认为莎拉在压制他，对他吹毛求疵，无论他做什么，她都不满意。莎拉则说，阿尔似乎很消极，能力不足，总和她赌气，对着干。在感情方面，他们的关系好像是陷于痛苦婚姻的夫妇一样，只不过他们的结合是工作关系中的结合，而不是一起生活。

克兰茨说，这种情况在哪都可能发生，而且也很容易出现。任何一个上级和下级都可能陷入这种破坏性的情感沼泽当中，因为双方想成功就必须彼此依赖。上级指望下级把工作干好，这样才显得上级管理有方；同样，下级也可能让老板看来可怜兮兮的，派头上俨然就是老板的老板。当然，下级需要上级提拔加薪，也需要上级帮助才能保住饭碗，二者谁也离不开谁。因此，也更容易在感情上伤害对方。

上下级之间的关系联系紧密，可能好，也可能不好。双方要相互负责、相互依存，结果上下级之间好像拴在一根绳上的蚂蚱。如果上下级之间感情很好，或者说彼此信任，态度友好，理解对方，相互鼓励，那么他们的工作会干得很出色。如果在感情方面出现矛盾，那么上下级都觉得对方是自己的克星，两人的工作中都会出现各样的错误。

上下级犹如夫妻

管理者总会觉得下级的表现与自己的声誉密切相关。对莎拉而言，阿尔成了她业绩提升路上的一块绊脚石。她把阿尔提拔上来管理那个项目，阿尔却把事情搞得一塌糊涂，她自己也很尴尬。她认为，这件事让人以为自己做院长的能力不够，声誉受到影响。于是，她开始怀疑阿尔是否有能力挽救那个部门。所以，最终她对阿尔的工作表现很不满。

在阿尔看来，他在以往的工作中能完全胜任工作，但是被提拔后信心不足。他总担心管理层中其他人会认为自己不称职，有时，他甚至感觉自己是个冒牌副院长。更糟的是，阿尔觉得莎拉对自己没信心。结果，他更觉得自己不称职，也更忧虑。

从个人角度出发，双方都认为是对方造成了自己的难题。阿尔认为莎拉过分压制自己，怀疑自己的能力，打击他的自信心；莎拉却从一开始就觉得阿尔自己信心不足，又缺乏能力。于是，她认为自己应该多付一点儿责任，甚至想多做点儿事。可是，这正是阿尔担心的。结果，情况越变越糟糕。阿尔更加消极，更没自信，更不称职；莎拉则大事小情一概过问，更看不惯阿尔的工作，处处插手，最后，干脆把阿尔的工作抢过来干。

克兰茨造了一个新词组，叫作“投射性认同”，用这个词组形容莎拉与阿尔的关系。他们各自担心对方会做出自己最担心的事，结果越是担心就越可能实际发生。[29] 这种情感的破坏作用最常发生在上下级关系中，但是在任何密切的工作关系中都可能暗藏着这种现象。

这种不经意的心理现象具有破坏性，导致当事人不能面对困难，不能听到坏消息，甚至意识不到某些难题的发生。如果老板把自己的过错以及组织问题都怪罪下属，那么他们不可能看到问题的症结和根源：罪魁祸首是他自己。这种“他有问题，我没错”的心理常出现，后果明显。比如，一个人当老板后，甚至直到退休时，要是仍有这种心理，就很难甚至永远无法找到接班人。其实人无完人，每个人都有自己的缺点。

关于媚上欺下

下级讨好上级，上级趾高气扬，这也是一种常见现象。下级把上级看作无所不能的人，上级则全盘接受下级投其所好的恭维，头脑发热，把基本的工作准则抛在脑后。

上述现象在某些文化中很普遍。行政教育学专家迪帕克·塞西（Deepak Sethi）告诉我，在他的原籍印度，上下级之间的关系就是“媚上欺下”，在大多数传统的印度公司中，上级从不为下级着想。你可以经常看到，上级对下级大发雷霆，没有人指责上级的这种行为。在印度，训斥下级，责骂下级完全被大众接受。

塞西说，下级能够忍气吞声的主要理由是，许多印度公司都是由势力庞大的家族掌控。此外，人才过剩，职位却稀缺得可怜。所以，即使你是职业经理人，你的命运也完全控制在企业所有者手中。

我们可以理解，这种不健康的上下级关系会形成负面结果，就是下级对上级充满怨恨，“员工不敢向上级表现出这些怨恨，所以就干脆冲自己的下级发火”。结果就是，下级工作时怠慢，状态不佳，不能及时完成工作任务，进而影响整个公司的经营业绩，老板又因此继续训斥下级。

上述恶性循环正是莎拉与阿尔之间出现的现象。莎拉认为，自己无法相信阿尔的工作能力，于是她不断督促，给阿尔施压以完成任务，与此同时，她又担心阿尔会把事情搞砸，所以对他指手画脚。反过来说，阿尔感觉受到了羞辱，影响了他能力的发挥。

幸运的是，莎拉与阿尔之间的恶性循环终于有了终止的契机。莎拉敏锐觉察到她与阿尔之间的工作关系不那么融洽，这不仅影响到了她与阿尔的关系，也会影响到整个管理团队的合作。既然已经知道问题症结所在，莎拉就尽量不再事无巨细、全处理，她也让阿尔放心，说自己对他的能力有信心。她明确了阿尔的工作职责范围，放权让他去做。由于阿尔不再担心被认为不称职，于是他开始积极主动工作，展示出了自己的才能。

上面谈到的故事具有普遍意义。实际上，只要存在上下级关系，你就可能是这种关系中的某一方。每个老板与下级都自然而然地形成了这种关系。处于这种关系中的人是公司的一个基本单位。如果说组织是一张关系网，不同人之间的感情互动就构成了这张网上的一个小格子。上下级之间虽然可能感情不错，但是仍然离不开权力和服从。上下级之间存在着各种情感的综合，同事之间也是。毕竟，即使是兄弟姐妹之间也存在着欢乐、嫉妒或是竞争等复杂多样的情感因素。

假如想在组织内培养人际关系，最好从基层员工入手。因此，要想建立彼此合作、卓有成效的互助关系，就应该从培养良好的搭档关系入手，将情感融入工作中的人际关系，让公司里的同事与自己一起表现创造力，一起参与到工作当中，团结一致共同进步。如果不能把适当情感融入工作当中，就容易导致工作关系僵化，公司内分裂的风险也增加。

团队合作能力

创造团队合作效应，努力实现共同目标。

人们一旦拥有这种能力，就可以：

- 表现尊重、互助与合作等团队特性。
- 把团队成员团结起来，积极热情共同参与工作。
- 建立团队认同感、培养团队精神和责任心。
- 保护团队及其声誉，共享荣誉。

美国欧文斯·科宁是一家生产建筑材料的公司，该公司特别注重团队合作。公司发现自己使用的软件系统大约有200种，可是互不兼容，每种软件只适用于某些专项工作，比如记录吊顶相关统计和绝缘材料托运情况。要想让销售人员销售出公司的所有产品，而不只销售绝缘材料或吊顶这两种产品，该公司就需要一个统一兼容的软件系统。

于是，公司的首席信息官迈克尔·拉德克利夫（Michael Radcliff）向德国的工业应用软件公司SAP公司求助。SAP公司为他们设计了一整套软件系统。如果销售人员在系统中录入一份订单，系统就会自动把原材料分配给相关生产部门，并安排生产和发货、处理结算账务等，所有工作只需要输入数据就能完成。

不过也存在风险，因为SAP公司的系统极复杂，所以如果中间使用环节出现了一点儿小失误，也会把整个公司数据弄乱。因此，欧文斯·科宁公司和SAP公司在世界各地的用户只好依赖SAP公司的援助，相信SAP公司能帮助他们学会怎样使用这套软件。[30]

但是，SAP公司的员工告诉我："有时，我很难找到公司其他部门的人员来帮我一把，大家共同努力才能做出一套统一的方案，共同解决客户提出的问题。如果我们公司的软件出现问题，人们总不能把我们的产品扔掉不用。所以，我们应该让客户相信我们的可靠性。"由于SAP公司团队构成的特殊性，导致人手短缺现象时常出现，所以很难做到客户随叫随到。

今天，类似于SAP公司那种工作小组的团队到处可见，比如管理团队、任务团队、质量控制团队、学习型团队、自我管理工作团队。此外，还有专门的现场工作组，在会议进行期间特别需要他们的配合。开会时，可以把他们叫来，或是组成临时工作小组，大家可以一起讨论某项工程的进展。虽然在日常工作中，人们一般总是进行互助，一起协调合作。可是，在大型组织中，这种进一步的团队合作可以强化组织内团队的能力。

美国总审计署进行过一项调查，《财富》1 000强中大约50%的公司都采用自我管理项目组的工作方式，并且希望以后进一步推广这种工作方式。[31] 主要理由是员工感受到了该工作方式的优越性。员工认为，自我管理项目组更强调合作，也激发人们的主动性，工作起来更愉快，效率更高。工作小组运行良好，大大提高生产率，员工流动和旷工的频率降低了。[32]

也许，对于企业来说，这类小组最引人注目之处就在于它有巨大的产生经济价值的潜力，正如优秀的员工能给组织增加利润。同样，工作小组的良好运作也能给组织创造大量的利润。在一家涤纶生产厂，人们将表现最佳的工作小组与做同样工作却表现一般的工作小组进行了比较，结果发现差别很大。基本上，表现最佳的 10 个工作小组中，每组的年产量都比一般小组高 30%，这 10 个小组一年就多生产了约 700 万磅涤纶。[33] 如果按当时每磅 1.4 美元的市场价计算，他们一年就多创造了 980 万美元的经济价值！

分析家小莱尔·斯宾塞博士对我说："运转良好的项目小组可以产生巨大的推动力，只要看看他们多创造出了多少经济价值，就知道给他们的工资与他们创造的经济价值相比是微不足道的。这个不争的事实是有力的证据，因为有些人不承认团队的力量，也认为团队小组是一种浪费，可是，团队合作实现的效益是实实在在、有目共睹的。"

斯宾塞继续说，如果组织的高层管理团队团结一心、运行良好，就能产生更大的效益。"因为他们在组织的高层，影响面很广，他们也要预测今后 5 年甚至 10 年的公司发展。所以，对公司而言，优秀的管理团队所产生的经济效益是巨大的。"

当公司处于动荡不安局势，强有力的团队就更为重要。1996 年，美国电话电报公司宣布将公司分为三家独立的公司，并且裁员 4 万人。此后不久，我去拜访该公司，有一位主管接待了我，当时他所在的部门就是现在朗讯科技公司的一个部门。他告诉我："并不是全公司都很痛苦。在许多高科技部门，员工们仍然团结一心，努力工作。大家都觉得自己的工作充满意义，一点儿也没有受到公司动荡局势的影响。”

这位管理人员还说：“无论在什么形势之下，公司的团队只要稳固，明确自己的任务，对产品保持严格标准，明白怎样做好自己的工作，就足够了。在稳固的工作小组中，你看不到惊恐不安或是人心惶惶的样子。优秀团队的成员不仅信任公司或公司领导，也互相信任。”

团队成就驱动力

我有位朋友在硅谷负责管理一个软件工程师团队，他曾对我说：“我们团队里的任何一个人，只要有人打电话聘请他，都能找到一份比现在年薪多 20 万美元的工作，但是他们没有选择离开另谋高就。”

为什么呢？

在这里，人们工作得很愉快。

管理者使团队中的每个人都热爱自己的工作，这是一种能力。这种能力对于组建和领导团队的艺术都很关键。有人曾针对那些业绩最好的团队进行研究，结果发现，团队中大部分核心成员都愿意在这个群体里工作。他们有一种团队成就感，大家共同进取，有稳固的亲密关系，也对彼此能力给予充分信任，所以才会有这种团队成就感。斯宾塞把具有上述特征的团队描述为“迅速、集中、友善、自信、充满乐趣的团队”。[34]

在这类团队中工作的人往往有相同的动机。他们有很多相似处，比如，他们都很喜欢挑战，努力进行公平竞争，办事客观，尽量在团队里人尽其才。团队成员彼此之间有良好的合作，他们很喜欢与其他团队成员一起工作。尽管他们喜欢合作是出于自己的利益考虑，不管怎样，结果是大家和睦共处，更容易处理团队内的不和谐因素，大家彼此提供援助。他们不会为私利而争权，相反，他们为整个团队的最高利益而努力奋斗。

斯宾塞指出，这种类型的团队在高科技公司更常见，显现迅猛增长的趋势。在高科技公司里，竞争十分激烈，一条生产线的周期是以周、月等单位计算的，因此急需开发出新产品。

20 年前，团队合作技能不过是一种普通能力而已，当时，想成为优秀领导者并不一定需要团队合作能力。可是，到了 20 世纪 90 年代，团队合作能力已经成为优秀工作者必备的基本素质。在 IBM，高层管理者会根据一个人在团队中的表现进行预测，分析他能否成为优秀的管理者，还是只能做一名普通员工，预测的准确率高达 80%。合益–麦克伯公司的玛丽·方丹女士对我说：“优秀的团队管理者能提出令人信服的创意，能以激动人心的方式勾勒组织发展的设想，也能简明扼要而又重点突出地介绍自己对组织的设想，鼓励大家满腔热情共同完成工作。”

创造性领导中心对欧美高级管理人才进行过一项研究。结果表明，研究中的高级管理人员职业道路受挫的最常见原因之一是不能建立一个高效团队并领导团队高效运作。[35] 20 世纪 80 年代初曾有人进行过类似研究，当时，团队工作相关技能还不太重要，不会造成什么后果。可是 10 年后，团队合作能力已经是领导才能的主要标志。有人曾针对世界各地企业进行研究，结果发现，在 20 世纪 90 年代，团队合作能力已成为最受重视的管理能力。[36]

有一家美国公司是《财富》500强公司，公司的一位主管告诉我："管理者的首要任务是协调各部门齐心协力，通力合作。"其实，公司内各层员工、各个部门的人都觉得团队能力不容易培养。我们常常与同事为某个共同目标在一起工作，无论是三个人临时组成的小团队，还是在公司某一部门工作，团队合作能力都会影响工作结果。今后，团队合作能力的作用越来越大，因为将来的工作中将更需要以专门工作小组形式出现的团队。有很多团队是非正式的，有很多团队的存在是临时的，满足某时特定需要后就会解散。此外，工作越来越复杂，任何人单枪匹马都无法完成。

优秀团队的价值

对每个人而言，情商是成为优秀人才的关键。对于一个团队和群体而言，也是如此。当然，智商和技术专长也十分重要，可是要想打造一个优秀团队，团队成员的情商就至关重要。研究人员曾对美国的通用电气公司、雅培公司、德国的赫斯特-塞拉尼斯公司进行调查，想弄清到底优秀团队与业绩平平的一般团队有什么区别。[37]

为了找到上述问题的答案，凯斯西储大学魏德海管理学院的教授瓦妮莎·德鲁卡（Vanessa Drukat）针对美国一家大型涤纶厂的150个工作团队进行分析。该厂是赫斯特-塞拉尼斯公司的下属工厂。德鲁卡以客观的工作业绩数据为基础，并将10个业绩最优秀的工作团队与做同样工作却表现一般的工作团队进行比较。

研究结果表明，这些优秀团队情感能力非常强，具体的情感能力如下：[38]

- 有同理心，彼此互相理解。
- 齐心协力，团结合一。
- 沟通顺畅，制定明确的行为准则和要求，敢于向表现欠佳的团队成员提出纠正意见。
- 有努力改进的动力，团队内部注重给出对工作业绩的信息反馈，努力学习，争取把工作做得更好。
- 有自知之明，了解整个团队的优势和劣势。
- 主动积极，难题发生前就察觉到并消除隐患。
- 团队自信心。
- 以弹性化的方式完成团队的工作任务。
- 具有组织观念，考虑到公司其他主要部门的需要，也善于利用公司提供的支持。
- 与其他团队建立联系。

有人曾针对遍及全美国的各食品加工企业的共 48 个一流团队的战略决策进行研究，借此可以看出上述情感能力怎样促进团队有更优秀的工作表现。为了更全面地了解细节，研究人员请这些公司的首席执行官谈谈公司最近的决策情况。然后，再找参与决策的团队成员了解情况。[39]

这些团队做出决策时表现出一种相对矛盾的情况：一方面，在理智方面，人们认为争论越自由越激烈，最终决策越好；另一方面，激烈讨论中大家针锋相对却削弱了团队共同工作的能力。

对管理层决策的研究表明，如果人们具有很强的认知能力，也有不同的看法观点和技术专长，那么最终决策的质量更高。可是，仅靠智力和技术专长还不够，大家措辞严厉，公开辩论，甚至可能有时对别人的观点公然提出异议，这时就需要团队成员彼此有恰当良好的互动反应。

要想把团队内的讨论变得平衡，很不容易。如果大家轻易达成一致，可能决策效果并不理想；如果大家的争论过于激烈，就会影响团队的团结，反倒很难解决问题。到底怎样才能让管理层既能深入讨论问题，又能取得一致意见呢？这就需要高情商发挥作用。

到底大家讨论时为什么会情绪失控，以致平常的讨论变成了一场口水仗？假如讨论问题过程中发表不同意见的人说话时带有人身攻击，或利用讨论的机会玩弄权术，或是在争论中说尖酸刻薄的话伤害他人，那么讨论最终就变成了一场战争。

这项研究的主要结果是：如果讨论问题时人们变得情绪化，就会影响最终决策的效果。一位咨询专家告诉我："在团队开会时，如果人脑杏仁核失控，那么冲突和其他难以解决的情感纠葛就会在讨论中出现，甚至影响团队一起制订计划、决策和认知能力。这时，希望团队能同心协力工作，绝对是痴心妄想。"反之，如果大家开会讨论时心平气和，以积极态度探讨问题；不带偏见，开诚布公，都把注意力放在公司利益上，而不是狭隘地只考虑个人或小圈子利益，那么就能做出很好的决策。

总而言之，平衡合理的办法就是团队讨论时避免情绪化，大家都理智进行讨论，提高决策质量。如果大家讨论时带着情绪，团队中部分成员就会觉得受排斥，参与决策的责任心也会受到打击。在这期间，自我意识、同理心和社交能力等情感能力发挥重大作用。换句话说，团队内怎样进行会议讨论是关键。

有凝聚力的人

能让一个团队共同努力工作，这本身就已经是非常重要的能力了。在每个运作良好的团队当中，至少有一位成员具备这种能力。团队进行的工作越复杂，团队成员的作用就越大。这一点在科研方面体现得更突出，因为在科研领域中，人们的工作就是开发创新。哲罗姆·英格尔博士（Dr. Jerome Engel）是美国加州大学洛杉矶分校神经障碍研究中心主管、神经物理学家兼神经学教授。他说："现在生物医学研究已经是一门交叉学科，也是高技术学科，没有哪个人能通晓一切。要想做研究就要依靠项目团队。一个人如果能激发大家努力的精神，能协调工作，善于推动医学项目运作，那么他就能在项目团队中发挥凝聚力。而研究课题的前景如何，也要看研究小组中有没有这样的人。"

可是很遗憾，这种能力并没有受到应有的重视，至少在学术界，人们不重视这种团结力量。英格尔说："现实情况是，人们讨论团队成员资历时完全不考虑他们对整个团队的贡献。能很好配合他人工作的人发表成果时，往往署名是其他人，通常是他们上级的名字。结果，资格评审委员会就误以为有学术成果的是他们的上级，而实情并非如此。这样危害极大。我认为应该努力让资格评审委员会认识到能配合他人工作也是一种技能，对于生物医学研究来说，这种技能特别重要。有这种能力的人应该把他们留在团队里，数学、历史等学科的学者看来并不理解这点，他们做研究时总是各自为政。”

英格尔博士也说，导致的结果是年轻的研究人员常常在与人合作时抱有担心、疑虑的态度，以为进行这种合作就必须做一些琐碎或者无关紧要的研究工作，所以产生抵触心理。这种心理最终会导致偏执情绪，不愿共享信息数据，也不愿一起工作，进而削弱了合作科研该发挥的力量。

虽然学术界迟迟没意识到合作配合、团队合作的重要性，但是商界很快意识到了这点。理查德·普赖斯（Richard Price）是密歇根大学社会研究所的心理学家，他把这些善于组织和协调、进行团队合作的人称为“健康传播者”（HEP）。他们是团队中的关键角色，普赖斯认为：“这些人十分重要。这不是说团队里每个人都需要成为交际和情感方面的领导者，但是团队里只要有一个这样的人，整个团队的工作效率就会提高10倍。”

美国通用数据公司的工程组就是一个富于传奇色彩的团队。畅销书《新机器的灵魂》（*The Soul of a New Machine*）对该团队进行过相关描述，结果该团队享誉全国。该工程组有两位“健康传播者”，[40] 卡尔·阿尔辛（Carl Alsing）就是其中一位。他是团队中的二把手，大家都信任他，他也是大家的情感支柱。在学习电子工程专业之前，他曾想做个心理学家。现在，他是团队里的咨询师，大家也乐意和他谈心。

团队中另一位“健康传播者”是秘书露丝玛丽·瑟尔（Rosemarie Seale），她的角色有点儿像房东大妈。她知道每个人需要怎样的照料，她帮大家解决诸如丢了工资支票等日常生活中的麻烦，也负责帮助新来的团队成员熟悉环境。[41] 虽然这类琐碎工作看来不起眼，却十分重要，团队成员因此感到有人爱护、支持和关心。所以，尽管技术发展到了一定程度，本来不需要秘书了，却仍有人认为秘书不可或缺，就是这个原因。

能力高强的团队领导者

美国一家药品制造公司遇到了一个涉及很高成本的问题，该公司的一种新药需要进行鉴定，申请专利，进行检测和生产，总投资大约 1 亿美元，在美国食品和药物局批准该药物投放市场之前，这种药品已经申请专利 13 年了。由于新药基本化合物的专利保护期只有 17 年。所以在该药物成为非专利保护药之前，公司只有 4 年时间收回投资并盈利。

研究解决这一难题的团队提出了一项新方案：项目部主要研发具体药物，项目部直接由项目经理领导，而项目经理直接向研发中心的负责人汇报沟通，而在这之前对各部门的负责人要进行团队领导能力的培训。这样，相关团队的负责人不仅负责研发，而且负责调动大家工作的热情、干劲，鼓励大家团结合作，完成任务。

三年后，将这些项目小组与小组领导者没受过培训的项目小组相比，结果发现，前者不仅士气高昂，团队成员团结一致，而且开发产品的时间也缩短了30%，为公司药品投放市场赢得了双倍时间。[42]

受任命的领导者有些像家里的家长。将负责人比作家长，因为他要让团队中每个人都承认自己处事公正，真正关心团队成员，保护大家在公司里的利益。比如，员工受到公司里流言蜚语的攻击、名誉受损时，优秀的管理者就会挺身而出，保护员工，甚至为他们提供经费、配备所需的人力资源，或者在时间等方面给予具体支持。

优秀的团队领导者能让每位成员都有集体使命感，让大家都接受团队的工作目标，并认同工作进度安排。一个团队领导者最重要的素质也许就是说服力，这样的领导者能把团队的发展前景和努力目标清晰阐述给大家，借此给团队的前进提供推力。一个有魅力的领导者在团队遭受挫折时，能让大家振作精神。

团队领导者除了影响团队的主要气氛之外，还起到协调的作用，协调大家合作，达成共识。假如大家聚集起来时没有人带头，却要一起解决棘手的难题，就需要有人主动站出来协调大家的工作，把大家变成一个团队，这样才能共同完成工作，取得成效。如果团队中群龙无首，彼此间交流杂乱无章，工作效果自然无法令人满意。[43]

能力强的团队领导者不一定就扮演团队中“智囊”或最终决策者的角色，他主要负责的是推动大家达成共识。如果，在讨论中领导者过早下结论，大家即使有自己的想法也不会说出来，可能做出的最终决策不是最佳的。如果领导者虚心，不把自己的观点强加于人，反而鼓励大家畅所欲言，直到讨论结束时才谈谈自己的意见，那么最终决策会好得多。[44]

在这个意义上，团队领导者干预越少，领导效果越好。有些团队的领导者不常在团队当中，在这样的团队中大家反而取得不错的结果，团队可以自行运作顺畅。

有人曾对美国一家大型电话公司自我管理的客户服务团队进行研究。结果表明，如果领导者对员工指示过度频繁，即使是提出鼓励性的建议，也会让团队成员工作时感到畏首畏尾。[45]团队成员似乎对上级所谓的建议有两种感受：一是认为自己做得不好，所以上级领导者才来提出帮助，结果大家士气受到影响；二是认为自己干得很好，领导者来插手随意指挥。

然而，如果一个团队进行自我管理却在团队内有直接的负责人，情况又另当别论。这种情况更为传统，团队内负责人所给的信息反馈对工作起着积极作用。这与团队外别的领导者的插手所产生的结果不同。如果团队内自我管理，那么上级领导者插手，无论出于什么动机，都会影响这个团队的运作。[46]因此，对于完全自我管理的团队，团队外的上级领导者不插手为妙。

团队和组织策略

一位咨询顾问曾受聘于一家美国大型食品公司，他告诉我：“公司里，各部门的人都有自己的权限，能积极发挥创造力。但是，谁也不敢干涉其他部门权限内的事情。生产这种品牌的人不愿与生产那种品牌的人合作，更不用提共同开发新产品或是共同开辟新市场了。要想提高公司竞争力，就必须打破各部门界限分明的小圈子才行。”

如今，各行各业的公司逐步意识到，要想组织取得成功就要打破传统的部门限制，并且让各部门学会协调部门间的合作关系。项目小组、计划小组、工程改进组、产品开发组以及纠纷解决组等专门小组也学会合作。各个小组团队都是围绕某个人物组建起来的，其中成员来自公司的不同部门。

上面谈到的临时团队是一种特殊现象，这些团队具有多重功能，其中成员一方面属于这个新团队，同时也属于自己原本所在的部门。因为这些团队的成员本身代表原本所属部门。那么，在临时组建的团队中，他们的影响和协调能力比纯粹单一的团队更强。这些临时团队的成员为组织更高利益而共同工作，而各成员也对原属部门负责。

不过，如果这些跨部门团队的成员过分偏袒原属部门，就会给团队的合作带来灾难性影响。比如，美国一家汽车生产商就组建了一个跨部门的管理委员会，专门开发一种新车型。为了解决汽车系统的电力需求，委员会特别开了一次会。汽车的电力要满足 20 个不同的子系统需求，包括立体音响装置、仪表板和发动机等。这些子系统分别由各个独立的小组研制开发。管理委员会成员发现各子系统设计的总电力消耗超过每辆车可供电力的 25%。但是，由于在会议召开前，许多部门的老板已经指示管理委员会中自己部门的代表，绝不能在设计方面做任何让步，结果会议不欢而散。[47]

这类团队怎样才能有效运作呢？对一家跨国汽车制造公司的 43 个该类团队进行研究后，研究人员建议，应该注意几个问题的解决：首先，组织应该给这个临时团队提供足够的人力、物力支持，让该团队有实权，并且把该团队成员的报酬与小组的工作业绩联系在一起。

其次，提高团队的集体情商。这包括授权某人做临时领导者。这位临时领导者可以跟踪检验，看看小组成员是否在工作中合作、互相尊重，能否公开表达不同意见，能否倾听他人，能否设身处地为他人考虑，也会看看团队是否体现出高素质团队应有的其他特质。如果团队运作正常，每位成员工作中都会充满干劲。在运行不畅的跨部门小组工作的一个成员说，如果团队缺乏情感能力，那么就难以运作，结果彻底失败了。

英雄团队

1997 年有好几周时间，全世界都在关注索杰纳火星探测器的火星漫步。这位勇敢的“太空旅行者”在到处都是岩石的火星上漫步，仿佛表演一般。

电视画面清晰播放着索杰纳小心翼翼地在火星凹凸不平的表面上试探着前行，场景极富戏剧性。在索杰纳火星漫游的背后，那个功不可没的合作团队才是真正的奇迹。

美国国家航空航天局最初设想的项目是对火星进行全面的探索。1992 年，这个项目受到重大打击，差一点儿彻底失败。那年，美国国会冻结了研究经费，余下的钱只够勉强研制一个小比例的飞船模型，可是在原计划中，这个小模型只是整个计划的第一步而已。

结果，项目组成员要做的就是把这个小模型改造成一个完全自动的小型探测器。

项目名称叫作“探路者”，而索杰纳正是由探路者登陆器发射出去的。项目负责人安东尼·斯皮尔（Anthony Spear）让项目经理唐娜·雪莉（Donna Shirley）参照“特别行动组”组建了一个项目组。“特别行动组”是洛克希德公司一个著名的研发小组，该小组不与公司任何部门产生任何关联，它最先研制出一系列的航空器，包括美国第一架超音速战斗机、隐形轰炸机等。

雪莉组建了一个精明能干的研究小组，小组的所有工作都是为了这项任务。在美国航空航天局过去的项目中，总是会受到当权者的干扰，而斯皮尔则尽己所能地让这个小组免受一切负面的外界干扰，进而提高项目组的工作成效。在“探路者”项目中，项目组成员从设计到制作都未依靠团队外的任何援助。

这个项目团队负责该项目的全部工作，要解决一个接一个的难题，常常工作到深夜，项目团队讨论时畅所欲言，不管职务高低，都平等参与讨论，认真倾听。

尽管任务艰巨，但是大家精神抖擞。负责数据系统的管理者阿尔·萨克斯（Al Sacks）回忆说，还记得有个组内同事一再提出要申请更多经费，于是他就开了个玩笑，从桌下掏出一把发射橡皮子弹的手枪，朝那个同事打了一枪。阿尔说：“我们共同面对艰难任务，却能从中找到乐趣。”

项目小组的成员必须机智灵活，因为不断出现新的挑战和意想不到的困难，比如，工作人员把索杰纳探测器安装到探路者上时。工程师突然从电视新闻发布会的画面上注意到，保护这个探测器的庞大金属折叠片没有完全关闭，顿时吓坏了。

新闻发布会后，研究人员赶紧全都行动起来，拼命找出原因并解决问题。他们之前没有把索杰纳组装在一起，所以没考虑到在各部分重量的压力下，关闭金属片的锁栓向下弯曲了。

所以团队成员从模型上把各部分拆下来，参照原型改制成更轻便的部件。然后，他们亲自把这些部件从加州的研究基地运送到卡纳维拉尔角发射场，换下原来的部件。最终一举成功。

在发射前，工作人员夜以继日，工作了 6 个月，尽管他们要赶时间，疲于奔命，还是努力工作，为什么可以做到这一点呢？他们受到什么推动力的影响呢？就是他们具有远大的目标。负责上行系统的代理工程师布里奇特·兰德里（Bridget Landry）说："一想到我们制作、测试的东西能用在登陆火星的探测器上，就激动不已。我们在最后一个小时要进行第四次修改，那时虽然累，可是我想到了成功的激动时刻，就充满力量。"她继续说，"我们的工作免不了吃苦，也没有其他工作那样的光环。我们辛劳苦干这么久，能看到那激动人心的辉煌的成功就心满意足了。"

枯燥的工作创造出了大奇迹。这个安装着 6 个轮子的探测器由计算机控制，而控制计算机又极其简单，出人意料。最好的奔腾电脑当时有 500 万个晶体管，而漫游者用了不到 7 000 个。

索杰纳发射后，这个项目取得了巨大成功。此外，也节省出了7 000美元的预算，项目团队至少发明了25个新装置，而且用了平时1/4的研发时间就研制出了这个航天器。1991年发射的火星探测者花费了10亿美元，而且，在未到达火星就失败了。而索杰纳却成功了，所耗经费仅为前者的1/4。

这个团队一个成员说："我们全心投入，热情好似烈火在燃烧，什么也无法阻止我们。"索杰纳项目团队的成员就是在这种涌流状态下忘我工作的。

集体精神的涌流状态

我曾向阅历丰富的主管和管理者请教，问他们所属或管理的团队一般在什么情况下热情高涨、超水平发挥、进入涌流状态，他们多次提到以下的这些特征。[48]

- **一个看起来让人望而生畏的挑战也可能是一项具有崇高价值的使命。**洛克希德·马丁公司空间发射系统的一位副总裁告诉我："团队目标经常失败的原因之一就是太功利化。我追求的项目都不同寻常，要实现目标，就需要整个团队的努力。"这样的工作有重大的意义和推动力。努力完成一件具有重要意义的任务，这让团队中的每个人都乐意全力以赴。

已故的诺贝尔物理学奖获得者理查德·费曼（Richard Feynman）曾回忆，从事曼哈顿计划的研究人员在获知真相前后的工作态度截然不同。最初，保密措施很严格，所以进行整个计划的研究人员都蒙在鼓里，不知道自己究竟在干什么。结果，工作进展缓慢，总是令人不满意。

于是，费曼说服罗伯特·奥本海默（Robert Oppenheimer）告诉技术人员这个项目的目的和其他真相，使他们了解到自己正研制的东西是能够阻止轴心国敌人推进的武器。那时正是第二次世界大战最艰难的时期，轴心国占了上风。费曼回忆说，自从告诉团队成员研发目的之后，"情况完全改变了。技术人员开始想方设法把工作做得更好，不分昼夜地工作"。[49] 费曼估计，在技术人员知道工作目标之后，工作进度比过去快了 10 倍。

• **强烈的团队忠诚度也是一个重要的因素。**丹尼尔·金（Daniel Kim）是美国麻省理工学院组织认知学习中心的创始人之一，目前在帕格索斯传播机构工作。他说："那些业绩优秀的团队成员谈到自己取得成功的原因时，都强调对自己所在团队的真诚热爱和关心。如果人们公正地评价是什么造就了这些优秀团队，他们都会承认，部分原因就在于成员间的情感纽带。这种情感联系使团队成员能坦诚相待、互相关心。"

• **团队成员特长需要多样化。**一个团队越能在工作中充分发挥各种不同的能力优势，就越能灵活地满足不断变化的任务要求。团队成员能力的多样化不仅体现在员工的技术能力，如今也要求员工具有情感能力，包括凝聚力。

• **相互信任、无私合作是另一个成功的秘诀。**在成功的团队里，各成员都觉得彼此可以互相依靠。鲍勃·泰勒（Bob Taylor）曾在施乐公司组织过一个团队，该团队后来成功研制了使用方便的计算机样机。这台样机实际上为第一台苹果机奠定了基础，遗憾的是施乐公司没有进一步发展下去。泰勒组建团队时就注意挑选那些擅长与他人合作的人，并鼓励大家互相帮助。艾伦·凯（Alan Kay）是当时第一批被邀请加入研发团队的科学家之一，凯回忆说："工作中有40%的时间，你可能是在协助其他团队成员。"

- **全力以赴、满腔热情——要实现一个宏伟的目标就必须全力以赴。**对于团队中专注工作的人来说，生活的其他方面与任务相比就是平常的小事，为目标奋斗期间，他们会暂时把这些小事搁置一边，全力以赴地工作。这样整个团队好像是单独划分出来的一块专有工作空间，大家不受外界干扰，都认真工作。曼哈顿计划就是在一个高度保密的地点开展工作的，只有从事该计划的研究人员才能进入。洛克希德公司的"特别行动组"项目也是在一幢无窗户、无标志的建筑里进行的，公司其他人员、不相关的人都严禁入内。

- **工作本身具有趣味性和丰富的回报。**这种需要人全力以赴、高度投入的工作本身就具有强烈的吸引力，能吸引团队成员努力工作，不是为了升官发财、追名逐利，而是任务自身让人感到满足。无论这种工作激情是来自成就驱动力，还是想扩大自身的影响，都有一种强烈的情感驱动自己。这种情感让我们作为团队的一员想比组织内其他员工做得更好。通用数据公司软件小组的一名成员说："我工作时有一种莫名的亢奋，我也说不清楚，就是想成功。"[50]

团队犹如学习实验室——成功团队五大秘诀

1995年5月，我给《纽约时报》写了一篇文章，那篇文章引起了伯特·斯维尔塞（Burt Swersey）的注意，由此引发了他的灵感。那篇文章是关于贝尔实验室的研究报告，文章提到了该实验室某个工程部的优秀员工把其成功更多地归因于情商而非技术。结果，这激发了斯维尔塞与他的学生一起在伦斯勒理工学院进行某些新的尝试。

在给他的学生上课时，斯维尔塞讲述了有关贝尔实验室的研究。他归纳了"成功的5个简单秘诀"，即建立友好关系、同理心、说服、寻求合作、赢得舆论支持。在上课第一天，他不是复习工程学的基础知识，而是宣布他们将尝试学习成功的5个秘诀。

斯维尔塞问学生们："你们一般怎样与陌生人建立友好关系？"

起初，学生们颇为困惑，迟疑不决。随后，学生们提出了一些方法。斯维尔塞把这些方法都写到黑板上，他们的方法是："主动自我介绍，谈话时与对方有目光接触，询问对方的个人信息，与对方握手，把自己的情况告诉对方，认真倾听对方讲话……"

斯维尔塞告诉学生们："这些建议听起来都不错。现在，找一个你不认识的人，用三分钟时间和他熟悉一下。"

学生们一下子热情高涨，教室里充满了欢声笑语，斯维尔塞费了好大劲才让大家安静下来。然后，大家把注意力放在第二个秘诀上，即怎样运用同理心，设身处地为他人着想。

他一边问学生同理心是什么意思，一边把“关心他人、倾听对方意见、支持鼓励他人……”写在黑板上。一个头戴棒球帽，帽檐朝后，脚翘在课桌上的小伙子嘟囔道：“你要举个例子才好啊……”

斯维尔塞说：“这可说到点子上了。现在，我要你们想想自己生活中可能遇到的、觉得需要得到他人支持的情况，并把它告诉你的同伴。作为同伴，任务就是运用同理心，设身处地为对方着想。”教室里再次热闹起来，这项学习进展顺利。

斯维尔塞进一步说：“如果谈论的某件事会直接对同伴产生消极影响，作为同伴，无论这件事有多么难以接受，都不能与对方发生矛盾冲突，而是要站在对方的立场，替他想想。”角色扮演开始了，学生们想方设法地编造出一些令人反感、难以接受的事情，例如“我把你的车涂得一塌糊涂”、“我弄死了你的金鱼”、“我与你的女朋友上床”。

对进行同理心训练的学生，斯维尔塞不仅坚持要他们“忍气吞声”，还要求他们将自己换到对方的处境来考虑，说出像“我真为你的事感到难过，你一定很难受”之类的话。接着，全班学生再讨论更现实的问题：项目团队某个成员未能如期完成负责的那部分工作，团队里其他人应采取什么态度。通过讨论，学生们逐渐懂得给予支持、鼓励比愤怒更重要。

学生们继续练习怎样进行说服和赢得舆论支持的方法，练习用三分钟时间做出小组决定，指出哪种冰激凌是世界上最好吃的并说出理由。（有一个小组意见统一，结论是三色冰激凌最美味，因为它具有三种美味冰激凌的味道。)

这个小型社交能力练习试验结果如何?

斯维尔塞说:“后来我发现,我讲授的工程设计入门课程中,学得最好的班就是训练过社交能力的这个班。他们不仅比我所教过的其他学生学得更好,而且做出了好几个不错的创意设计。我认为,他们成功的一个重要原因就是练习过那 5 个诀窍。”

斯维尔塞的实验虽然简单,但是反映了组织目前存在的严重问题,有些公司员工主要是技术人员,在这样的公司中人们常常缺乏良好的社交能力。曾在麻省理工学院任教的丹尼尔·金对我说:“在有些公司,怎样管理好技术人员的问题是难以回避的。我在这些公司工作时,发现团队建设中遇到的一个主要问题就是,大家都是同事,可是技术人员竟然认为别人的技术与自己的毫不相关。现在,这些公司正在醒悟、逐渐认识到情感能力缺乏的代价。”

哈佛商学院、麻省理工学院斯隆管理学院等专业学院已注意到这种情况。金补充说:“现在,更多的课程是以小组为基本单位进行的,这是根据很多公司的意见反馈做出的调整。因为公司常抱怨,学校培养出来的工商管理硕士,个个都出类拔萃,但他们需要学会怎样在团队中好好工作。”

许多热心倡导团队合作的人都看出,每个团队本身很可能就是学习某些能力的实验室,作为团队成员,人们要想有优异的表现,就必须具备这些情感能力。波士顿大学管理学院工商管理硕士课程项目主管凯茜·卡拉姆说:“团队中每个成员都具有独特的专长或技能,能为团队做出相应贡献。有些专长是技术性的，有些专长则是情感能力或是社交能力。如果在团队中大家有意互相学习，或者让互相学习成为工作的一部分，这就是大家互相学习的绝好机会了。”

凯茜接着说，人们常常错失良机。“因为很多时候，人们以为留意处理好与团队成员的关系就会分心，会分散完成团队任务的精力，所以很多人不认为这是推动大家工作进步的好方法。其实，把团队作为学习团队合作技能的场所，这一点意义深远，以团队为基本工作单位的公司更应该重视团队中的相互学习。”

下面我们会谈谈其他问题——如果我们知道该从哪里努力，那么我们每个人无论通过团队还是依靠个人，都可以强化并开发所需的情感能力。

Part

- 4 -

第四部分

提高情商：如何学，如何做

第十章

为什么情商培训如此低效：最佳指导原则

美国运通公司人寿保险分公司已经是美国发展最快的主要的人寿保险公司，公司总裁吉姆·米切尔（Jim Mitchell）还说："我们看到了一个可以让公司发展得更好的机会。"他发现了一个让公司发展的大好机遇。通过对客户财务计划的了解，可以看出，人们有财力和需要购买人寿保险，但仍有 2/3 的人没有买，而且这种情况已经持续多年。

米切尔认定此现象背后隐藏着巨大的商机。为此，他自己建立了一个"特别行动小组"，想一举找到"突破点，让人寿保险更具吸引力"。[1]

小组首先调查了保险业务员及客户对销售和购买人寿保险的真实看法。调查显示的结果只能用一个词来形容：糟糕透顶！

调查发现很多客户以及潜在客户都对人寿保险持消极态度，而且其程度令人震惊。小组原以为是公司在人寿保险类型及内容方面存在某些重大问题，结果却发现原来是由于保险业务员在销售过程中缺乏情感。

客户说，他们不信任保险业务员，购买保险反而让他们觉得自己"很无助：不了解保险细节，没有保障，增添了几分担心"。这类消极的感受甚至在已经买了保险的客户中也十分普遍。他们担心的不是死亡、开支或政策改变。事实上，客户说，他们对保险品种和内容都非常满意，但是他们在和保险业务员互动时感觉很恼火。奇怪的是，许多保险业务员自己也说，在向客户推销人寿保险时，也感到自己“不能胜任，能力不够，不能赢得信任，只考虑自己利益”。一些保险业务员说，“一定要做成这单生意”的压力使他们在推销保险时采取了一些有违自己道德和价值观的做法。其实，他们也希望自己在推销保险时信心更足、更讲道德。许多业务员说，保险业务员声名狼藉，又总得打推销电话，久而久之，就觉得自己孤独无助、心情抑郁。

客户在面对保险销售时，表示出忧虑或不安，这时很多保险业务员通常认为，最好的办法是据理力争，而不是用同理心或站在对方的角度来考虑问题。其实，保险业务员如果能换位思考，就容易消除客户以及他们自己的疑虑和不安。凯特·卡农（Kate Cannon）曾是特别行动小组的一员，现在是运通公司财务顾问分公司情感能力项目组的负责人。对此，她说：“过去在培训中，通常这样教导业务员：如果客户流露出不安等情绪，那就是一种抵触的信号，遇到这种情况时，业务员就应举出更多的数据，进行合理的解释，而不必理会他们的不安情绪。”

简而言之，客户及保险业务员的情绪特征，已经在一开始就为他们的沟通奠定了痛苦的情感基调。一份总结报告说：“排山倒海的负面情绪，是横亘于销售与业绩之间的难以突破的巨大障碍。”

其实，业务员完全可以以一种更积极的情绪开展工作，但他们首先必须处理好自己不稳定的情绪状态。一位研发人员说：“我们花费数百万美元用于产品的研制开发，却因为我们自身的缺陷而阻碍了把产品推向市场，那我们算成功了吗？”

消除负面因素的秘诀

我们在第四章谈过，想纠正上述难题，应从增强业务员的情感自我意识着手，找出负面因素。卡农对我说：“我们分析了做生意中‘令人厌烦的因素’，它们实际上就是我们每天都经历着的情感挣扎，让人感到难受、痛苦。”

负面的因素很多，通常有以下几种：

推销被拒绝，令人工作情绪低落。遭到一连串的拒绝后，业务员往往会产生诸如“我干不了这行，我的饭碗要丢了，我这辈子生计都成问题”等悲观绝望的想法。

产品信息猛增，使一些业务员不知所措。

业务员的收入与销售金额相关。这种工作性质让许多业务员提心吊胆，老是担心不能靠这份工作养家糊口。

摸不清投保对象的需求，导致一些业务员苦恼不堪。

为了在工作中站稳脚跟，必须花费大量时间。因此，许多业务员不能平衡工作与家庭生活的关系，所以感到痛苦和烦恼。

然而，任何情感病都有解决秘方。要想掌握补救方法或改变对这些问题的态度，根本的办法就是增强业务员的情感能力。

一家公司分析报告指出，具有情感能力的业务员“能保持信心，在逆境中能振作起来，做生意不违背基本原则和价值观念”。根本原因就是业务员会按照基本的行为准则推销，而不是迫于销售压力强行推销。所以，他们就会以一种赢得客户信任的方式与之交往。由于他们全情投入工作中，他们也就更能说服客户。另一方面，他们能战胜自己恐惧和灰心丧气的情绪，也就不怕失败和挫折，能坚持工作，自然也能较好地满足客户的需求。

业务员自己也赞同上述观点。许多人说，他们工作的成败其实都与工作所需的情感能力有关。

于是有些公司的评估小组决定，集中研究几种情感技能。他们知道，业务员只有先调控好自己的情绪，才能采取正确的工作态度，应对客户的各种情绪。

培养情感能力与销售能力

莎梅妮·威廉斯（Sharmayne Williams）是美国运通公司芝加哥办事处的财务顾问。她坦率地说："我是个急性子。以前，我极端情绪化，有一点儿事情就耿耿于怀、反应强烈，这严重影响了我与同事的关系。假如他们对事情的看法与我不同，我就气急败坏。要么照我的意见做，要么就不做。我完全不从他们的角度来考虑问题，不愿做任何让步。"

因为她不能控制自己的情绪，工作受到了影响。她告诉我："这影响了我的晋职提升，妨碍我做决定。假如我对某件事感到不安，就无法进行下一步的工作，这也影响了我的收入。"

在进入美国运通公司工作之前，莎梅妮曾当过 8 年的股票经纪人。到美国运通公司工作一年后，她首次参加了情感能力培训班。那时，她才明白，说道："我以前从未接触过这类学习，这是我过去没学过的内容。"

她说，培训的确改变了她的生活。"我现在明白了，自己过去一直被情绪控制。现在，如果有什么事情使我感到烦恼，我就与同事谈谈，或记在日记上，或立刻跟负责我部门的副总裁谈谈，让他们知道，我很苦恼。总之，我不会让这种情绪进一步加剧。现在，我的承受能力更强。人总会有各种各样的情绪，但不能让这些情绪控制你。"

她已经找到了应付紧张情绪的办法。她说："现在，如果我觉得紧张，我就去跳跳舞。放松身体可以使我冷静下来，好几天都能保持好心情。"

现在，莎梅妮是个非常出色的业务员，干得比过去任何时候都好。在美国运通公司工作的第一年，她就做成了 170 万美元的生意；第二年，她做成了 240 万美元的生意。在事业上，她正在走向成功。

培训明显可以提高公司业绩。从最初的情感项目培训来看，经过培训的业务员销售额比上一年增加 8%—20%，明显高于未经培训的其他业务员，也高于公司平均水平。

美国运通公司财务顾问分公司的常务副总裁道格·莱尼克曾对我说："我们把情感能力作为新业务员、管理者及其他领导人培训的基本内容，对此，我们感到非常满意。"这也是莱尼克个人的胜利，因为他就是情感能力培训项目的积极拥护者。

莱尼克成为美国运通公司财务顾问分公司的销售负责人时，增加了情感能力培训项目的种类，扩展了培训对象的范围。现在，他们培训时，先用两天时间集中训练自我意识、人际交往能力以及处理问题的技巧。几周或几个月之后，再针对这些能力进行为期三天的培训。所有新进公司的业务员、新上任的主管、销售管理团队的成员、其他团队负责人以及他们所管理的团队成员都要接受情感能力的培训。

莱尼克情感能力培训项目的成功，刚好印证了长期以来他所持的一个观点：今日的业务员不同于以往的业务员，今日的业务员应该与客户保持长期友好关系。

莱尼克说："我从来就不相信客户会同时与五六个业务员保持良好关系或联系，客户大多是与某一个业务员保持长期联系。业务员与客户保持友好关系，不仅有助于客户合理分配金钱，也能帮助客户制订具体生活计划。业务员的角色和任务发生了根本的变化，业务员正以顾问的身份帮助客户保持收支平衡，而且也帮助客户实现他们的生活目标。"

莱尼克说："我们的实践表明，如果帮助业务员处理好他们的情感问题，他们在事业上就更容易成功，而且销售时也不用违背个人的价值观念。"

莎梅妮的建议是："做一个值得信任的、能自我控制的人，这有助于处理好与客户的关系。"培养高情商，与客户有良好的相互关系，确实让人获益良多。

情商比智商更容易提高

普洛麦格是坐落在美国威斯康星州麦迪逊城的一家生物技术公

司。这家公司的一些科学家每天都聚集在一起，做专注力的练习。他们参加了一项为期 8 周的培训项目，学习集中注意力和使自己放松的方法。这些科学家说，通过培训，他们觉得自己更沉着，做事更专注，同时也更富有创造性。

不过，更具说服力的是研究人员的记录。研究人员发现，参加专注力训练的科学家，其大脑功能产生了积极改变。他们大脑的左前额叶，即抑制大脑杏仁核冲动、产生积极情绪的大脑区域，明显比参加培训前更活跃。[2]“感觉更敏锐、更能放松自己”对他们来说已不再是梦想，而是大脑悄悄发生变化的结果。

这种脑功能的变化也出现在那些身处压力之中但恢复能力极强、应变能力也最强的人身上（参见第五章）。这个研究发现说明，随着自控等能力的进一步增强，大脑相应的神经系统也会出现类似的变化。所有的情感技能都可以通过适当的训练而得以发展。在第二章，我们讲到一些人在同理心测验中的表现很不理想。在测验中，有些人要识别录像中的男女以非言语方式所表达出的情绪是快乐还是生气等，那时，他们错误百出。但是，当研究人员把录像中男女的真实感受反馈给这些人后，他们同理心、识别情绪的能力就大大提高了。[3]这说明，准确的情感信息反馈也可以极大地激发一个人对不同情感的同理心和感受能力。[4]

关于情商有个好消息，那就是情商与智商不同。在人的一生中，情商可以不断提高。我们可能以一种不经意的方式，将生活中一次又一次的机会当作锻炼情感能力的机会。在人生旅途中，我们不断加深对自己情绪的认识，就能更好地处理痛苦情绪，更善于倾听他人意见，更善于设身处地为他人考虑。总之，我们不断成熟，情感能力也逐渐增强。在很大程度上，成熟本身就是情感和人际关系增强的过程。

新罕布什尔大学的心理学家约翰 · D. 梅耶（John D. Mayer）与耶鲁大学的彼得 · 萨洛维（Peter Salovey）率先提出了“情商”。梅耶通过对几百名成年人与青少年进行比较研究后发现，就总体来讲，成年人的情商比青少年高。[5] 鲁文 · 巴昂（Reuven Bar-On）主持过一项研究，该研究针对 3 000 多名男女的情商进行了评估，评估对象从十多岁的青少年到 50 多岁的中年人不等。结果发现，情商随着人们年龄增长会有稳步增长，这种增长虽不明显，却意义重大。并且，在一个人 40 多岁时达到顶峰。[6] 梅耶认为：“在童年到成年这段时期内，人们的情商会随着年龄增长和人生阅历的丰富而不断提高。”

就情感能力的培养和增强而言，成年人仍然占据优势，不过对成年人的情感能力的培养和增强要比“教小狗学新戏法”稍难一点。研究人员曾对攻读工商管理硕士学位的研究生学习掌握新型情感能力的情况进行研究。研究对象的年龄从 20 多岁到 50 多岁。结果表明，情感能力增强最明显的是 29 岁和 29 岁以上的年龄组，相比之下，25 岁以下的年龄组表现就差多了。[7]

不管该研究结果是否具有普遍意义，是否适用于其他人群，它的确说明了在动机相同的情况下，如果要学习和增强情感能力，年纪更大的人要强于更年轻的人。

看来，在提高情商方面，男女没有什么差异。女性在增强同理心能力和社交技能方面通常要强些，而男性在增强自我调控能力等方面则要强些。在上面提到的对工商管理硕士研究生的研究中也发现，男女两性无论培养什么情感能力，都能得到增强。

人的智商一辈子不会有太大的变化，而情商却可以得到发展和提高。就这点来讲，情商与智商是截然不同的。相对而言，纯认知能力是固定不变的，而情感能力在人生的任何时候都可以通过学习得到增强。一个人无论多么麻木不仁、腼腆害羞、脾气暴躁、不善于与人打交道、注意力不集中，只要他学习目的明确且方法得当，就可以增强情感能力。

怎样开始培养好呢？

仅是“知道”还不够

考虑一下亨利与莱伊的例子。他俩同时进入贝尔实验室当电子工程师。履历几乎一致：都毕业于一流的大学，在校学习的各科成绩平均高达 3.8 分，教授在给他们写的推荐信里对他们赞不绝口；而正式参加工作前，两人都趁暑期到电脑公司实习过。

然而，自从进入贝尔实验室后，他俩的人生路开始不同了。亨利的工作状态，就像还没从研究生院毕业的学生。从早到晚，他都坐在电脑屏幕前，一门心思地看材料文件、学习新电脑软件。除了开会，公司同事很少见到他，他一直闭门造车。他的想法是：“精通技术对我来讲最重要。”

莱伊的表现却完全不同。她确保在工作上投入足够的时间，而其他时间她就用以了解和接触同事，看看他们有什么兴趣爱好，他们手里的项目进行得怎样，有什么值得关心和注意的地方。如果人们需要帮助，她就主动帮忙。例如，有人要安装一个新软件，但遇到了困难，她就主动给予帮助。她的想法是："我要想融入这个团队，就需要帮助他人。"

他们在这里工作6个月后，亨利在技术上取得一些成绩；而大家却认为莱伊能与同事合作，并能主动承担工作，更容易成功。亨利没有意识到与同事建立联系是自己成功的必需因素，他对单枪匹马工作感到心安理得。同事认为他技术确实还不错，但在团队工作中未必是好的合作伙伴。

莱伊的情商技能表现极佳，而亨利的技术才能要想得到充分发挥，必须学习掌握所需的情感能力。怎样才能帮助像亨利这类人增强情感能力呢？

亨利与莱伊的例子是卡内基–梅隆大学的罗伯特·凯利总结出来的。他指出，莱伊已经学会了优秀员工所应具有的处事方法。比如，她学会了建立与同事间的联系，主动承担工作任务等。[8]她不单知道成功的方法，还付诸实践。一个人必须具备某些情感能力才能在工作中建立人际关系网络，与同事合作愉快。像亨利这类人要改变自己的行为方式，仅是在理智上知道这些情感能力对自己有益还不够。仅知道自己应该建立良好的人际关系还不足以让他摆脱自我封闭的状态。如果他努力尝试，多多改进，才可能把这些能力运用自如。

知道某些概念和技能的知识与实践概念和技能之间有着巨大差别。知道并不等于实践，无论是弹钢琴、管理团队或是在适当的时候实施某些重要的建议，都是如此，不能仅是知道而不行动。

有一项研究，是针对一家连锁超市的管理培训进行的。结果发现，在管理者回到超市后，他们并没有把在培训中学习到的有关能力的知识运用于实际。许多培训学员在培训结束时，对在工作中应该做什么知道得非常清楚，但他们回到超市后并没有那样做。他们在理智上知道情感能力的重要性，但仅仅知道这点还不足以推动他们做出行为上的改变。[9]

在认知方面意识到应该怎样做，并不等于某人就准备开始那样做，也不等于他就有了那样做的推动力或能力，也不等于他能更深层次地体会某种能力的运用方法。要想帮助人们掌握情感能力，就需要重新认识我们学习的方式。

一份被人们引用得最多的培训与开发的材料说，参加培训的人们往往认为“所有的培训都是一回事，他们全然不考虑培训的目的，对不同类型的学习也没什么特别反应”。[10]就认知能力和技术知识来讲，培训知识或许就足够了。但对情感能力来讲，则完全不行。我们不应再把所有的培训都混为一谈，我们必须运用我们对大脑运作方式的新认识来对学习进行有意义的、具体的分门别类，以推动真正的情感能力学习。

终极考验

只让员工知道一些与情感能力有关的知识和概念，大概是最简便的培训方法。但与接下来我们要简单讨论的其他方法相比，其在改变人们行为方面效果最差。掌握理论知识是基本的一步，对学习掌握好一种能力来讲是必需的。但要使其能力不断增强，这还远远不够。要想彻底改变自己，就需要彻底改变根深蒂固的固有思维习惯、感受及行为方式。

就拿亨利来说，在贝尔实验室当工程师，沉默寡言，甚至寸步不离办公室，不与同事接触、交流。他为何会这样呢？

亨利的孤僻也许是因为害羞，很难适应社会或仅是不善于团队合作等。但无论是什么原因，他本人都是后天习惯的牺牲品。假以时日，并通过努力，我们已有的某些习惯，也是可以被更有效的习惯替代的。改掉旧习惯，培养新习惯不过是脑神经连接的改变而已。

当我们形成习惯性的思维、知觉和行为方式时，支持这些习惯的神经连接得到了强化，成为相关神经冲动的主要通道。那些不再使用的神经连接会逐渐退化甚至消失，而我们持续使用的神经连接却日益增强。[11]

假如面对一件事，当事人有两种反应，只取其一，那么有较丰富、较健全神经网络的那种反应肯定会占上风。一种反应发生的次数越多，神经连接对它的支持也就越强。在经过无数次重复，养成一种习惯后，内在的神经系统就会本能般地为我们选择，即我们会不由自主地马上做出自发的行动反应。

我们可以把情感能力看作一组协调的习惯，即我们为完成某项工作所想、所感受以及所做的事情，当这种旧习惯成为一种障碍时，要想取代它，新的好习惯就必须更强有力。这就需要针对新的好习惯进行大量的实践，这样才能阻止旧习惯再度发生，即旧习惯的神经通道最终萎缩（心理学家称之为“压制”）。此时，支持新习惯的神经系统则进一步发展健全。最后，在关键时，新的好习惯作为自发的反应，取代旧习惯。

如果针对一个人重新培养情感能力的情况进行测评，主要就是看他在关键时候的自发反应如何。要想知道像亨利那样的人是否已经掌握了建立人际关系的基本技能，就要看他在需要做出重要选择时，他的决定是什么，是仍然待在他那狭小的办公室里，还是向同事请教、商量，并寻求有益的信息及专业技术方法。如果遇到问题，他马上走出办公室，找同事帮助，这说明他已经养成了新的行为习惯。

不同的学习模式

美国人事管理局的一位政府研究人员给我简单介绍了一项调查结果，是从针对政府各种工作所需能力的调查中分析得出的。他说：“工作中的技术培训很容易，而要培训人们灵活应变、刚正不阿、做事认真勤奋、善于处理人际关系等特质，就很难了。”

相对于开发人们的情商，技术培训是容易的。我们整个教育制度就着眼于培养认知技能。而在培养情感能力方面，教育制度就暴露出许多缺陷。同理心、灵活应变等能力是完全不同类型的能力，它们由不同的大脑区域负责。

纯粹的认知能力建立在大脑新皮质的基础上，即思维大脑上。而想要处理人际关系并开发社交能力，还需要大脑其他区域起作用才行。这时主要是大脑的情感中枢起作用，尤其是杏仁核，它是从大脑中心连接到大脑执行中枢前额的神经系统。学习情感能力时需要重新调整这个系统。

知识学习的基本方法与行为改变的方法不同，所以这两者的教育模式也迥然不同。就知识的学习来讲，教室是最适合的场所，通过简单的阅读或听讲就能掌握。用这种方式能有效地传授主要的概念、见解及计算机编程等知识。而相互交流工作中的经验和体会却完全是另一回事。

要想学会在行为方面改变，生活本身才是学习的真正课堂，而且还需要相当一段时间来进行行为训练。学校的学习实质上是把刚学会并理解的知识补充到新皮质的记忆库里，新皮质负责的则是接收新信息数据，深入领悟，并且把新旧知识融会贯通，扩充相应的神经系统。

可是，学习情感能力既涉及上面提到的新皮质活动，还涉及大脑情感系统的活动。我们的社会行为习惯和情感习惯都发生在大脑的情感系统，要改变这些行为习惯——即学会以积极态度与人接触（而非避免与人打交道），学会更善于倾听他人意见，以及学会适当地进行信息反馈——是比单纯补充新知识和新信息更加艰巨的任务。情感能力学习会对神经系统产生更深刻的变化，既要弱化现存的行为习惯，又要用更好的行为习惯来取代现存的。

理解大脑内在功能的这种差异对制订传授情感能力的课程十分重要。组织机构常犯的一个错误，就是试图用讲解理论知识的方式传授情感能力。很多组织想把服务倾向性或领导能力之类的情感能力灌输给员工。其实，这是完全不行的，要想改变以情商为基础的行为习惯需要采取与过去截然不同的新学习方法。现在，一些学校、公司及政府机构已认识到这点。

现在许多组织培训与开发员工情感能力的方法与大学生学习的方式基本一样，就是采取死记硬背一串串词句等简单的认知学习。[12] 提高情感能力的学习更复杂，这些方法远远不够。培养情感能力需要理解和掌握改变行为的基本原理，否则，就会徒然浪费庞大的训练时间和经费。正如上文指出的那样，数十万、数百万的保费因为业务员情感能力的缺乏而浪费了，真的可以说是价值 10 亿的失误。

只问耕耘，不问收获

美国一家有名的药业公司的首席执行官看到公司培训支出大幅度增长后，有点担忧。他想知道花了那么一大笔钱究竟有什么收获。

这位首席执行官的要求合情合理，所以，他立即就收到了回复，一份匆忙写成的报告被呈送到他面前。

但报告里所讲的东西有些似是而非。这位首席执行官是医学博士，还是生物医学统计博士，做科学研究出身。看到这种报告，他当然不满意，他要的是实实在在的数据。于是有关人员又回去找报告撰写小组，写了一份更详尽的报告，以具体金额和长期策略效益去评估训练成果。另外，他们还从外面聘请专家，从联创咨询公司邀请了查理·莫罗，从杜兰大学找来了梅尔文·鲁宾斯基等人。就组织方面来说，这份惊人的评估报告可算是一大创举了。报告写得十分严谨，分析了 4 年来公司项目的运作情况，并运用了科学的量化方法，评估公司的培训费用是否花得真正有价值。[13]

说这报告是一个创举有些讽刺。尽管全世界各公司在培训项目上投入了几十亿美元，但花钱进行培训的公司很少评估培训的效果。有人曾评估过培训中员工所学习的技能在工作中表现如何，结果令人沮丧，只有 10%的所学技能运用到了工作中。由于收集到的数据寥寥无几。所以，没人能确切地知道培训究竟提高了多少工作业绩。[14]

1997 年 10 月，美国培训与发展学会挑选了 35 家公认的有代表性的公司进行调查。其中有 27 家公司说，它们努力通过培训来增强员工的情感能力。[15] 但在这 27 家公司中，超过 2/3 的公司从来就没有对培训效果进行过评估。那些进行过评估的公司，评估标准也不可靠。他们评估时主要看员工对培训的反应，调查内容也涉及员工对培训的意见等。

美国培训与发展学会的另一项大规模调查发现，只有 13%的公司根据员工的工作表现来评估培训效果。[16] 有一家金融服务公司是全球最大的金融服务公司之一，该公司人力资源部的负责人说："我们评估培训效果的标准就是有多少人参加了培训。我们知道的就是员工参加了培训，至于他们学到了什么，只有上帝才知道。" 有时，我们把这种现象称为“只问耕耘，不问收获”——只要让所有的人都参加培训，其中有些人能有所获益就行了。

成效评估标准

某大型药厂的高层主管齐聚在一个偏远山区的旅游胜地，进行为期一周的人际交往能力培训，他们想研究如何在竞争日益激烈的商业环境中改进领导能力。

他们探讨的主题包含多项情感能力，包括如何建立有效的人事管理模式；如何激励下属，并对下属优缺点进行评估；如何对工作表现给予反馈，如何进行团队管理；如何处理冲突并激发创意。讨论后还留有时间，这些主管就可以反思自己的行为，想想自己行为对周围人会产生怎样的影响。

这是整整 5 天的拓展培训，是全世界各组织中数以千计的主管和管理者培训的典型模式。但是这种培训是否像很多首席执行官想的那样物有所值呢?

未必。

这些受训主管的管理技巧不仅没有改善，甚至在老板进行评估时，发现技巧退步了。其中一位进行评估的老板对我说:“把这些主管培训前后的行为进行比较，结果发现，主管们有轻微的退步。”

这家公司对该公司举办过的十几个管理培训进行了效果评估，这个培训是比较令人失望的一个。总的来说，培训效果不一，有的物有所值，有的则不尽然。

培训项目内容、对象、结果各不相同。培训的目标是促进员工情感能力的增强，内容包括训练高层主管激励员工，训练管理者更有效地与员工交流、解决矛盾冲突、改善管理方式、帮助主管提高信息反馈能力、与员工建立积极关系等。

公司评估这些项目时，依据的是参与培训者在工作中的表现，老板、同事和下属都参与到对他的评估中。然后，公司用可靠的统计数据，用公式计算评估结果，再计算成本与收益。到目前为止这种方法是比较成熟的评估方法，值得推广。[17]

这种评估方法很认真，也很少见，却能清楚看出培训的效果，企业经营者更需要知道培训的效果如何。在上述的公司调查中发现，针对增强管理层人际关系能力所进行的培训，总共有 11 项，其中有三个完全无效。这三个培训项目分别是之前提到的旅游胜地的 5 天培训、个人业绩管理培训和团队建设培训。

这三个培训项目基本上投入资金大于收益。投入团队建设培训的资金，即使能持续产生收益，也要等 7 年才能收回，但是不可能 7 年间一直有收益。至于其他两个项目，不提也罢。对培训者工作业绩根本没有丝毫帮助，实在看不出钱花得有什么价值。

该公司评估结果显示，在这 11 个培训中，有 5 个培训在一年后能收回投资。当然，前提是受训者培训后持续应用所学并产生效益。现在看来，这 5 个培训也不尽如人意。参与培训并受评估的总人数是 147 人，这 5 个培训在他们身上总共耗资近 70 万美元。

另外 5 个领导和管理方面的培训项目效果要好些。[18] 这 5 个项目的投资回报率在16%—492%之间。另外一个培训项目是时间管理，内容包括控制压力和冲动，并且培养自制等能力。这个项目的投资回报周期很短，只需约三周就能收回投资，第一年该培训项目产生的相应收益为投资的19.89倍。从投资回报的角度来说，公司的时间管理培训项目运作得不错，因为投入只有3 000美元，而全国重点培训项目一般来说平均费用是6.8万美元。

简单来说，如果培训项目有成效，那么一般一年左右的时间就能收回投入在该项培训上的钱；受训者的工作业绩也能说明培训的价值。如果培训失败，真可谓得不偿失。

上面提到的药业公司花了4年时间评估培训成果，需时甚长，又耗资不菲，真的值得这样做吗？值得。不妨考虑一点，就能看出这样做多么值得：评估培训结果的费用是50万美元，而公司花费在培训上的却是2.4亿美元。换句话说，评估费用仅占公司培训预算的0.2%。[19]

公司对培训和发展项目进行了评估，随后把赔钱的培训项目一律取消。这个例子本身就是很优秀的模范，让我们看出公司应该怎样开展培训项目。

强势公司软下来

很多公司开始对组织情感能力的培训进行深入评估，评估标准是公正的，即以业绩效果作为评判标准，并设立评判小组（这是评估的秘密武器）。卡里·彻内斯（Cary Cherniss）是罗格斯大学的心理学家

（和我同是情商研究组织联合会的负责人），他惊讶地说：“很多公司在培训上花了很多钱，可是却很少对培训结果进行评估。一涉及人际关系，很多强势的公司就软了下来，不能把情商培训进行到底。很多主管看来不知道，其实，他们可以设计一些课题，以评估花钱培训的结果。”

有时公司不评估培训结果是因为想当然地以为培训一定有好结果，或者是由于公司内部领导官僚主义在作怪。彻内斯谈到有一家高科技公司投入了超过 100 万美元，帮助员工组建更好的团队。可是，他们从不试着评估一下培训效果。为什么呢？“因为这次培训是一位执行副总裁弄出来充门面的而已。没有人想知道培训是否奏效，人们只是喜欢培训本身而已。公司一般也不计算成本收益之比，也不关心培训对实际工作是否有帮助。”

其实评估结果令人苦恼。一位《财富》500 强公司的主管哀叹说：“我们花在培训项目上的钱有数百万美元，耗时数年。我们试着评估培训的收益，结果发现无论从哪个角度评估，都收益甚微。”

通常来说，无论是什么形式的培训，都只是让人们短时间内热情高涨、三分钟热血，但是这只会持续几天或几周的时间，之后人们又回到了培训前行为模式。培训课程无论是什么内容，最常见的效果不过是提高人们的自信心，而且也维持不了多久。[20]

如果培训的效果只是能培养人的自信心，那么这些昂贵的培训课程就有些像老式迪士尼动画片里的魔力羽毛。小飞象非常害羞，它从导师（精明的田鼠）那里获得了一片魔力羽毛，它用象鼻子拿起羽毛，扇动耳朵，就会飞了。

当然，在动画片里，有一天小飞象弄丢了羽毛，但是它仍然会飞。对于情感能力来说，情形就没那么简单了。满腔热忱和“我一定能做到”的精神是很有帮助的，可是这种帮助有限度。如果情感能力还没开发，你也没有学会发挥情感能力的方式，帮助的确有限。如果你没有同理心，或社交能力有限，或还没学会处理冲突，或是不会从客户角度看问题，那么仅是满腔热忱是没什么用的，虽然心怀良好动机，却总是把事搞砸。

培训界很多内容都是异想天开，跟风赶时髦，所以目前的培训与发展项目让人痛心，值得反思。有很多公司之所以参加某培训项目是“受到推销培训课的业务员花言巧语的影响，或是看到了华而不实的培训课宣传册子，又或者是看到之前参加过此课程的人状态看似不错，才最终报名参加培训”。[21]

一提到培训效果评估，很多公司更注重培训带来的表面印象。像上文提到的那家药业公司那样进行硬性评估，是极罕见的。很多公司都不会客观评估培训成果，典型评估方式是发放满意度调查问卷，问问参与者是否喜欢培训项目、最喜欢哪些培训内容。这种满意度打分制度侧重人们的喜好和趣味，与实际的培训效果没什么关系。评估培训效果的标尺成了“培训时是否过得愉快”，这种评估注重培训的娱乐成分而非教育成分。

评估时缺少具体的数据也是一个问题，所以没完没了的“热门”培训项目才能风靡商界。在 20 世纪 60 年代以及 70 年代初，很多公司把成千上万的员工送去参加“交心小组”和“敏感性训练”。这些杂乱无序的培训只不过是人们发泄情绪的地方，却没有提供提高情商的帮助。尽管没有证据显示这些培训对员工工作有何帮助，这些培训仍在进行。其实，不断有证据显示，这些培训项目有时候不但无益，反而有害。

情感能力训练指导原则

有人曾问过《财富》500强公司发展部的负责人们，到底为什么很难对培训项目进行评估。结果，通常这些负责人抱怨的是，对于像情感能力一样的所谓“软技能”，我们缺少有效可行的标尺去衡量。[22]

为了改变这种无法衡量培训效果的现状，我与他人一起创办了情商研究组织联合会，这个组织的成员来自美国各大学的商学院、联邦政府、咨询公司和各大企业。[23] 我们查考了与行为改变有关的研究资料，也对典型的培训项目进行了研究，制定出了以情感能力为核心的、教导人们改善各种能力的实用的基本指导原则。[24]

这些指导原则概述在专栏中。这个专栏有两个关键点：

- 每一项都是有效情感能力学习所必需的，但是单独一项作用有限。
- 各项相辅相成才能达到最大效果。

专栏　情感能力训练指导原则

评估工作：应该把培训重点放在能促进优秀工作业绩的所需能力之上。

注意：没有必要训练不相干的能力。

最佳操作方法：设计培训课程时应该考虑到系统化评估的需要。

评估个人能力：应先评估个人优缺点，再决定具体改进之处。

注意：个人已具备或工作中不需要的能力不用培训。

最佳操作方法：根据个人需求调整课程内容。

谨慎告知评估结果：指出个人优缺点会影响当事人情绪，要注意告知的方法。

注意：不当的告知方法可能引起不安等负面情绪，方法得当可以发挥激励作用。

最佳操作方法：告知过程中要发挥高情商。

评估学习的准备状态：每个人的接受程度可能不同。

注意：受训者接受能力太差，徒然浪费了培训投入。

最佳操作方法：评估后若发现员工接受程度有限，应先培养员工的接受能力。

激发学习推动力：学习推动力决定学习效果，如果一个人认识到某种能力对他自己做好工作很重要，他自身就有了强烈的学习推动力。

注意：缺乏推动力，成效有限。

最佳操作方法：一定要让受训者明白培训对他的事业或其他方面有何帮助。

自主导向改变：根据受训者的个人需求与推动力调整培训内容，效果通常更好。

注意：缺乏针对性的“一刀切”培训课程无益。

最佳操作方法：让受训者自己制定目标，自己设计培训计划书。

设立明确可行的目标：人们需要别人指出自己要学习的能力及所需步骤。

注意：目标不明或不切合实际容易失败。

最佳操作方法：详细说明培训内容，提出可行的计划书。

预防重蹈覆辙：旧习惯的改变非一朝一夕，稍微退步不等于失败。

注意：进步太慢或旧习惯太顽强都可能让受训者沮丧。

最佳实践方法：预先演练退步时会有的情形，提前“打预防针”。

成果反馈：持续的意见反馈有助于加速进步。

注意：模棱两可的意见反而会造成误导。

最佳实践方法：让受训者的主管、同事、朋友提供反馈，凡是能提供建设性意见的人都可列入考虑。

不断实践：维持学习效果需要在平时工作中对相应能力进行练习。

注意：参加培训课只是起点，不是终点。

最佳实践方法：利用在办公室或家里的机会自然地练习，最好坚持练习几个月。

安排支持：寻找志同道合的人彼此支持。

注意：孤军奋战较难有成效。

最佳实践方法：建立彼此扶持的人际网，即使只能找到一个人扶持，也会很有帮助。

提供榜样：能力强、拥有培训目标特质的高级主管是最佳模范。

注意：说一套做一套的主管是最糟糕的反面教材。

最佳实践方法：鼓励主管在培训时重视并展现出培训所教的能力和特质。确保受训者也如此。

多鼓励：如果组织内部环境支持改变，重视培训能力，为大家提供安全稳定的氛围实践所学能力，那么受训者的改变会更明显。

注意：受训者如果感受不到鼓励（尤其是来自老板的鼓励），就容易产生无力感，甚至不安全感。

最佳实践方法：对符合组织价值观的改变应该给予鼓励。例如，让员工知道某项能力确实有助于晋升和绩效考核等。

强化改变：员工需要认可，需要别人承认他们为改变而付出的努力。

注意：缺乏激励让人气馁。

最佳实践方法：以实际行动认可员工的努力，比如，表扬、加薪、授权负责更多工作等。

成效评估：建立一套方法来评估学习成效。

注意：如果有很多培训课程没经过评估，也许无效或负面的课程仍将继续存在。

最佳实践方法：设计一套标准来检验所学技能在职场上的运用效果，最好是在训练前后各做一次评估，几个月后再做一次，可能的话，一两年后再评估一次。

真正实用的技能

她在医疗机构担任会计。她有一个大问题，就是不能接受批评。她感到自己受冒犯或是别人不同意自己观点时，就火冒三丈，事后就追悔莫及。

她决心改掉缺点。于是她参加了一个工商管理硕士主管培训班，刚好那时正专注于培养情绪的自控力，所以她正好需要这个培训课程。

她为自己写了多项能力培养的计划书：

• 逐步学习自制。比如，预先觉察可能发怒的情况，在心里预先演练怎样应对，避免到时情绪失控。提醒自己，所谓的批评攻击有时只是别人提的一种建议而已。

• 抓紧机会练习。每个月在心里演练两次。

• 请同学与自己进行角色扮演，演练自己容易情绪失控的情景，试试用不同方法自制。

• 让同学们协助自己，碰到自己出现顽固态度或是反应过激时，及时提醒自己自制。

她所写的这些看来与工商管理硕士课程没什么关系，却是凯斯西储大学魏德海管理学院的课程的一部分。该校对学生情感能力的训练可算是在培训界独树一帜的。

魏德海管理学院认真看待人们对工商管理硕士课程提出的批评意见。很多人批评这些课程太注重分析，不注重培养学生人际交往能力、交流和合作的技能等。魏德海管理学院于是着手制订了一项计划，彻底改革工商管理专业的教学，开设了“管理评估与发展”这门新课。这门课包含了情商研究组织联合会提出的大部分指导原则。[25]

学院的副院长博亚特兹带头负责这门课。他为学生们提供了受用一生的培训，就是针对从事管理工作的人，评估和拓展所需的个人能力的方法。自 1990 年以来，该学院已经给好几组不同背景的学生开设了这门课。大部分学生年龄从 20 多岁到 30 多岁不等。他们都是在工作几年后，决定回到商学院继续攻读工商管理硕士的。另外，魏德海学院也给医生、律师以及其他专业人员开设这门课，那些人的年龄在 40 岁到 50 岁不等，他们在学校学习为期一年的专业课程。

课程开始时，学生用一段时间进行自我审查，反思自己的价值观、志向抱负以及目标等。然后，他们对自己的能力进行一系列的评估，了解自己的长处和短处。

在课程中，学生可以看到一幅情感能力图，内容有些类似第二章中专栏 1 的内容。[26] 根据这张图，每个学生参照自我评估结果和自身工作需要，选择自己需要增强的情感能力。学院课程不是采用组织培训中常见的缺乏针对性的培训方式，而是让学生针对自身特点，量身制订符合自身特色的学习计划。

在最开始的两周，学生每次一起上课三个小时，主要进行的是自我评估。随后的 7 周，大家对评估的结果进行反思。学生充分理解评估结果之后，再用 5 周时间制订自己的学习计划，上文提到的那位脾气火暴的会计就制订出了自己需要培养自制力的计划。

这种培训方式有效果吗？为了找到答案，专家们采用公司通常采用的客观标准，对魏德海管理学院研究生班的学生进行了严格评估。[27] 结果显示，他们的情感能力水平与刚入学时的水平相比，提高了 86%。课程结束后，研究人员对学生进行了三年的跟踪调查，结果表明，在工作中，他们一直在运用所学的东西。[28]

商学院的教学让我们看到，如果学生掌握了正确方法，就能掌握在公司里所需的情感能力。

专为失业者设计的训练

有一种培训很特别，十分有创意。它是专为失业者重返职场而设计的培训。迄今为止，没有哪家公司曾对员工进行过类似培训。这个培训的目的是帮助失业者培养美好特质和能力，并找到新工作。

人们失业后往往容易动摇信心，对前途疑惑不定，感到有经济压力，自我怀疑。因此，如果培养他们的情感能力，就更容易让他们找到新工作。这就是密歇根的JOBS项目的初衷。该项目是由密歇根大学的一些研究人员发起的，因为密歇根州汽车行业失业率上升，所以研究人员才发起该项目，并一举成功。

该项目取得巨大成功，再次说明了情商研究组织联合会提出的指导原则具有实用价值。相比较而言，参加过该培训的失业者，找到新工作所花时间比没受过该培训的人缩短了20%，而且找到的工作也更好。

罗伯特·卡普兰（Robert Caplan）是乔治·华盛顿大学组织行为项目组的负责人，他与密歇根大学的心理学家理查德·普赖斯一起开创了JOBS项目。他说："这个项目对任何人都有帮助，无论是失业的副总裁，还是给副总裁倒烟灰缸的清洁工，都需要。"

这个项目的基本理念很简单：许多能让人工作业绩突出的情感能力也同样有利于人们重新找工作。帮助失业者增强情感能力，也就能帮助他们更快地重新就业。他们在新工作中，也会有不错的表现。

卡普兰说："如果你很害羞内向，在失业后又陷入悲观沮丧之中，那就更危险了。人在那时候容易垮掉。"

对JOBS项目调查发现，原先抑郁最深的失业者，在受训后获益最大，也更能找到好工作。所以，卡普兰说："该培训项目甚至对患有抑郁症的人同样有帮助，因为很多人是在失去工作后患上抑郁症的。”

JOBS 项目侧重培养求职者的两种特质，一类是具体技能，比如，发现就业市场需求动向的能力，或建立信息网络的能力；另一类是发挥个人适应市场的内在韧性。

培训课程一共分为 5 个部分，每个培训小组配有两名培训师，学员有 15 到 20 人。大部分学员都是某些公司介绍来的失业人士。[29] 培训内容主要是角色扮演、自我表达、心理训练以及行为学习等主要求职技巧。

有一项培训是保持积极乐观。假如求职者对前途迷茫，屡屡遭遇挫折，他们就需要在绝望情绪到来前采取预防措施。学员要知道，求职被拒绝是常见的情况，但是如果因遭拒绝就失去信心，就可能心灰意冷，感到绝望。谁都不喜欢绝望。

持续找不到工作时，人们会心情抑郁、酗酒、夫妻不和。但是若找到一份合适工作，上述问题就会慢慢消失。[30] 培训中，培训师教学员对求职=遭拒要有心理准备。学员在课上也会学到在求职中遭遇挫折可以怎样自我安慰。他们要在事发前做好准备，才能在情感受打击时抵抗得住，也能迅速恢复。

该项目也培训其他能力：

- **变换观点**：帮助求助者了解雇主的观点。
- **自信**：相信自己能够成功，这是求职成功的首要因素。

- **拓展人际网**：很多工作都是通过人际关系找到的。
- **规划职业生涯**：不要认为随便找份工作就好，要根据自己的价值取向和职业目标选择。
- **情绪自制**：过度沮丧、难过的人很难付出努力。

即使求职者已经找到工作，在上述培训项目中所学到的能力仍然会发挥重要作用。JOBS项目统计过，找到工作的学员在工作后第二年，比那些同年找到工作却没接受过这个培训的员工多赚约 6 420 美元。据此估算，他们在整个职业生涯中将多赚约 48 000 美元。[31]

JOBS 项目与魏德海管理学院和美国运通公司所提供的培训类似，它们都提供了增强人们情感能力的典型培训模式。

第十一章

如何真正提高你的情商：最佳实践方法

自 1995 年我撰写的《情商》一书出版以来，情感能力培训班在世界各地风靡一时，其实无非是将我原本的课程略加改动，重新包装后推出。

那些课程如果能遵循本书列出的指导原则，当然很让人欣慰，否则购买课程的人可要当心了。

通常情况下，大多数情感能力开发课程在设计、执行和评估方面都不理想，受训者回到职场后并没有什么提高。所以，在这一章我要详细讨论这类课程的指导原则。

虽然市面上开设的几乎每门课程都至少包含了这些最佳实践方法中的一两个，但是要想发挥最大作用，还需要综合运用各种能力。

想要参加情感能力培训课程的人最好在阅读本章时在心中列出一张检查表，然后照着这张表逐条检查。如果能找出课程忽略的部分，或是找出组织工作中缺乏的部分，效果就更好了。

很少有情感能力课程能够完全遵循这些指导原则。基本上，越彻底遵循这些原则，培训的效果就越好。

我们希望从全新角度探讨情感能力培训的实践策略，以更健全、更科学的方式来提高情感能力等软技能。下面提到的指导原则对情感能力的教学与学习意义重大。

评估工作

在开始培训之前，总要弄清楚一个问题：怎样做好这类培训？很明显，这个问题不容易回答。

以战略企划人员为例。理论上，理论知识水平、智商越高的人，企划工作应该会做得越好，毕竟企划是纯粹凭智商的工作，至少一般人是这么以为的。企划人员及公司主管也大多认为，想做好工作，就要依靠“分析与抽象思考的能力”。[1]

的确，缺少敏锐的认知能力不能胜任企划工作。但是，还有比智商更重要的因素，那就是情感能力，这也是成功必备的因素。

研究显示，优秀的企划人员分析能力不见得有多高明。相反，他们是因为具有多项情感能力和特质，才有优越的表现。他们大多政治敏感度高，讲话时情理并重，具有极强的人际影响力。[2]

企划“专才”往往忽视了一项关于组织生活的基本事实：一切都与公司政策有关。我们发现企划工作成功与否与主要负责人在决策中的参与度关系密切。要让这些关键人物参与到企划中来，对企划内容表示认同，企划才有可能成功。

一份企划书可能十分出色，但是如果企划人员缺少组织内的同盟和支持者，就注定要失败，因为组织生活很政治化。一个企划人员即使再聪明，他也可能忽视情感能力对成功的重要性。

永道会计师事务所是美国六大会计顾问公司之一。他们给合伙人提供针对关键能力的培训，好让合伙人可以胜任工作。他们态度开明，没有预先限制培训内容的方向。他们本着一贯作风，先了解与事实相关的数据，再有针对性地提供培训。

玛格丽特·埃科尔斯（Margaret Echols）曾是永道会计师事务所负责能力开发的高管，她指导设定培训计划。她说："我们首先要做的是确认受训者成功所需的能力。因此，我们为合伙人设计了一个能力模型。"

培训设计小组先让合伙人从自己公司的员工中选出业绩表现出色的人，再将挑选出的人与业绩一般的人进行对比。设计小组对调查对象进行预先设计好的访谈，请他们描述记忆中的关键事件，就是请他们谈谈曾经做得很出色的任务，也谈谈失望的经历。

公司设计小组对这些访谈资料进行分类分析，找出对成功起关键作用的因素，再从分析结果中找出对优秀业绩影响最大的能力，然后对这些举足轻重的能力进行测试，看看优秀员工与一般员工在这些能力上是否有差异，进一步确认这些能力的价值。总而言之，永道会计师事务所运用规范的方法建立了能力模型。[3]

系统客观的方法有助于发掘起关键作用的能力，所以评估某人在某行业中能否取得突出成绩，已经成为一种小型产业。行业内的评估者会采用有效方法对取得优异成绩所需的能力进行评估。[4]

制定培训策略时也要考虑各能力相互的配合，很少有员工只需要提高一种能力。情感能力相互关联，而不是割裂开来的独立个体。正如前文提到的，很多高级情感能力，比如推动变革的能力、领导能力等，都是在基本情感能力的基础上发展形成的。

有些情感能力是最基本的，我们甚至可以将它们称为“核心基础能力”，是其他情感能力的根基。这些基本能力包括自我意识、自制力、动机、同理心和社交能力。其他能力源自这些能力，这些能力可以促进其他情感能力的发展。比如，一位管理者想改变自己的领导风格，首先要有自我意识，才能做出其他改进。

对一家欧洲航空公司的研究发现，优秀机组乘务员与一般机组乘务员相比，拥有两组情感能力。一组属于自我控制类能力，包括情绪自控、成就驱动力和适应性；另一组属于人际关系类能力，包括影响力、服务态度、团队合作等。[5] 一家美国航空公司请我和我同事特蕾萨·雅各布–斯图尔特（Thérèse Jacobs-Stewart）帮他们制订培训计划，当时，我们把重点放在自我控制能力和处理人际关系的能力上。

我们还增加了两项辅助情感能力，有助于受训者更好发展所需的能力。这两项能力分别是自我意识和同理心。人们大脑杏仁核失控时，需要自我意识到自己的情感状态，这样才能在情绪失控前控制住情绪。同理心能让人发现快要情绪失控的人所流露出的前兆，比如愤怒、失望、焦虑等情绪，这样能及时帮助别人控制情绪。道理很简单：要想避免灾祸，就要在灾祸发生前进行制止。

飞机乘务员运用同理心时还要考虑不同的文化背景。每种文化的人都有独特的情感表达方式。如果我们不熟悉某一群体的文化，就可能错误解读他们的情绪，所以，开发同理心时，要考虑不同文化背景。[6]

评估个人能力

我们能准确判断自己的优缺点吗？不一定。刚才我们提到同理心，如果你问别人，觉察到别人情绪时会有什么反应，他们回答的是一种答案，可是实际发生时，他们的反应却是另一个样子。[7] 如果让很了解他们的人评价其优缺点，结果往往更准确。简单来说，当局者迷，旁观者清。我们与他人交往时，就更是如此。

通常情况下，要想评估结果准确就不能只依靠某方面的信息，而是要综合多方面的观点和资料，这就需要来自当事人和同事、上级或下属等多方面的信息反馈。360 度全方位评估法有助于搜集各方面的信息反馈，提供权威的信息供评测，能反映出人们的哪些情感能力需要改进。有好几种 360 度全方位评估法能帮助我们至少对某些情感能力进行评估。[8]

理想情况下，评估时应使用更客观的评测工作业绩的标准。比如，核心评估法（assessment center methods），该方法模拟工作场景，借此评估人们的工作情况。单一的测评方法未必可靠，多种方法结合使用才能更全面、更准确地了解当事人情感能力的全貌。

苏姗·恩尼斯是波士顿银行发展部主管，她说："从多角度看自己，更能帮助你培养自我意识，你也会因此想采取行动改进。"

在魏德海管理学院，学生从三种不同途径了解自己：首先，他们对自己的优缺点和价值观进行自我评估；其次，他们从他人那里获得对自己的评价，他人包括与他们一同上课的学生、同事和公司老板、家庭成员以及朋友；最后，他们进行一组评估测验和模拟练习。

可是，他们事先也知道，这些评估方法的准确度和优越性都差不多。只不过，每种方法提供了了解自我的一个不同角度。学生自己在培训师的引导下对这些评估数据进行解读，借此进行自我提高。

JOBS项目挑选培训师的时候，借鉴了娱乐行业挑选和聘请演员时评估他们能力的方法，即让应聘者进行表演。卡普兰说："我们想借此机会观察，看看应聘者在模拟场景下怎样运用社交和情感能力，是否能够胜任培训师的职位。我们请应聘者试着花15分钟教给我们一些东西（比如怎样制定预算、怎样进行访谈等）。从他们一开始的表现就能看出他们能力如何。"

卡普兰回忆说，这些模拟表演很能说明问题。"有的面试者一开始就如进行例行公事一般，分发预算表格，播放幻灯片，然后说：'请把你的开支填写在表格A里。'没有交流互动和个人关注，这可不行。有一个面试者成功了，他一开始就很真诚地说：'很高兴认识各位，我知道大家也很不容易。我在开始前很想听听大家的看法。'你马上感觉到他十分体贴，随即喜欢他，并且乐意信任他。"

谨慎告知评估结果

美国西南部一家健康规划公司决定用360度全方位评估法对员工进行评估，然后针对每个人的需要，主管给他们相应的培训指导。[9]有人决定干脆把评估结果一并发给主管和员工，不加任何解读或说明，结果麻烦来了。

后果是灾难性的。员工自己还没机会自我分析评估结果，就马上被几位主管找去。他们感觉自己是去挨骂，而不是在接受帮助。有些员工很是愤慨，因为有些主管对他们的评价甚至比同事给的评价还低，所以强烈想要讨个说法，甚至要求主管赔礼道歉。

人们经常以不当的方式给予信息反馈，后果可想而知。但是，如果处理得当，对能力的信息反馈就大大有助于个人的自我反省和改进，能帮助当事人成长。[10]

一家公司的管理者告诉我："关于 360 度全方位评估法，我从接受评估者那里没听到过好的评价。提供信息反馈的人从不替别人考虑，缺少自我意识，也不善于察言观色。结果，收到评估结果的当事人很受伤。"

不过，一家大型电脑软件公司做得很好。该公司一位高级主管告诉我，他提供信息反馈时十分注重保密性，一对一当面通知。"非当事人绝对不能看见评估结果，大家也不用让其他人知晓自己的评估结果。评估完成后，我甚至不留副本。我们希望能力评估能成为促进人们进步的工具，而不是抓把柄、攻击人的工具。"

人们常犯的错误就是，舍不得花时间给予反馈。一位咨询人员告诉我："人们愿意在评估中心花上两三天时间，进行复杂的模拟测试，评估一个又一个能力。评估结束后，却只花一两个小时简单看看评估结果。结果反而困惑更多，没能够达到自我反省的目的。"

其实，告知评估结果时需要情商，告诉别人评估结果时要具有体恤之心和敏感度，也要有同理心。人们常犯的一个错误是把焦点放在缺点上，对个人优点却视而不见，这样就起不到激励的作用，反而让人气馁。

博亚特兹说：“要称赞一个人的长处，但也要指出他的局限在哪儿。人们常常只看缺点和不足，但是，你要帮助这个人知道自己的核心优势在哪儿，让当事人重视自己的优势。另外，人们一旦知道哪些能力有待改进或增强，就会下定决心努力改进。”

以工商管理硕士生的评估为例，为了协助学生解读评估结果，培训师要进行共 4 次，每次三小时的课程，也要安排额外的个人咨询。最后再进行 4 次，每次三小时的课程，运用这些评估信息制订个人学习计划。

评估学习的准备状态

一位跨国银行的培训经理告诉我：“我们这里有很多参加培训班的学员感觉自己是人力资源部的囚犯。他们不想参加培训。大家的抵触情绪互相影响。”

人们是否乐意参加培训，这点非常重要，可是，很多组织从不在意受训者是否愿意受训或做出改变。一家《财富》100 强公司的发展部总监告诉我，接受培训的学员有三类：一类热衷于受训成长，想改变；一类是很高兴离开工作岗位一两天，感觉和度假差不多；另一类是被管理者逼着去参加培训，感觉像囚犯。

一般而言，只有 20%的人在任何时候都愿意参加培训，而大多数能力发展项目在制定课程时，都是以受训者 100%愿意学习为前提的。[11] 但是，我们可以提高愿意参加培训的人的比例。我们可以对一个人的兴趣、动机和是否做好准备受训改进（培训受益的先决条件）进行评估。如果一个人不愿参加培训，那么首先要解决的问题就是怎样让他乐意参加培训，否则就是浪费时间。如果人们还没准备好受训，就强迫他们参加，结果将非常糟糕：他们参加培训可能只为了让领导满意，他们心怀怨恨，最终半途而废。

要想避免这种浪费财力、时间的情况，第一步就是要看看即将参与培训的人是否在心理上准备好了。心理准备程度也有 4 个等级：1. 莫名其妙或是明显抵触；2. 考虑在未来某个时间改变自己；3. 已有成熟的改进计划；4. 准备采取行动。[12]

在美国运通公司财务顾问分公司，每次情感能力训练之前，培训师都会与个别学员见面，一起讨论有关培训课程内容的事情，看看学员内心准备得怎样。此外，培训师在开始第一次培训前，会尽量和每个学员谈一谈，看看学员是否会存在某些担忧。

那些还没做好准备的学员可能需要审视一下自己的价值观和期待，看看自己是否想改变，这样也许获益更多。这就需要研究下一节的内容。

动机

卡普兰说，“我能行”的感觉可以大大推动人们做出改变。在 JOBS 项目中这点再次被证实。“谈到找工作，如果你不主动打电话约定见面，就不容易找到工作。要鼓励人们付出努力，提高当事人对成功的期望值，帮助他们鼓起勇气来。”

这个原则普遍适用：人们动机越强，学习效果越好。受训者的整个学习效果大大受到动机影响，动机强烈就学得好，也能更好地将所学内容应用在工作中。[13] 我们希望自身发生的改变符合我们自身的价值观和期待。魏德海学院的博亚特兹说：“人一定会受到价值取向、目标和梦想的影响。如果人们接受培训时，训练内容与他们的价值观、期望或是想做的事相符，那么学员受训时就不是为了公司，而是为了自身发展。”

职业生涯中的机遇从来都乐意眷顾有准备的人，往往在我们动机最强烈，很想进行能力升级的时候，机会就来了。[14] 我们想做出改进，也许是因为以下原因：

- **责任增加**：一个人晋升后，如果在情感能力方面存在弱点，就很容易表现出来。
- **人生危机**：比如家庭纠纷、职业不稳定，或是人到中年开始迷茫，这时人们会产生改变现状的强烈动机。
- **工作烦恼**：人际关系方面出了问题，对职业灰心失望，或是感到工作缺乏挑战，这些因素都可能促使人们想要增强能力。

我们当中很多人只要意识到培养某种特定能力将有助于改善工作效果，就会乐意积极参与相应能力的培训。卡农对我说：“一旦受训者知道课程所训练的这些能力有助于业绩提升，他们的学习动机就会更强。”人们一旦明白培训能提高工作质量或其在组织内的竞争力

（如果他们把培训看作进步机会的话），就会有更强的动机。一个人学习时动机越强，培训对他们就越有成效。[15]

自我导向的改变

如果想对公司任何职位的人都进行相同的培训，只有一种可能，那就是培训内容可能是纯粹认知性的。可是情感能力的培训需要量身打造，有针对性，否则效果就很差。情感能力的培训必须因材施教才能发挥最大作用。

我们的学习计划只有与我们的生活、兴趣、资源与目标相匹配才能最大限度推动我们的改进。[16] 在美国运通公司，每个人都为自己设计行动改进计划。比如，一位财务企划人员很想变得更积极主动，他给自己设立的目标就是每周打 20 个访问电话，而且每次打电话之前都模拟打电话的过程。卡农说："这个方法对他很有帮助，可是我不会轻易推荐给其他人，因为未必适合他们。"

不同的人在不同阶段所需要的改进计划也不相同。卡农说："我们努力帮助每个人成长，无论他们起点在哪。比如，有些人不怎么了解自己（不知道自己在干什么），这影响他做事的效果。可是，其他人却可能对自己了解得比较充分。"

理想情况应该是，受训者所参加的课程应该能够提供针对不同技巧的培训，而课程当中可以加入切合当事人特定需要的部分。很多培训课都存在一大弊端，那就是一开始课程的内容就都设计好了，学员很难根据自己的需要选择最合适的培训部分。

联创咨询公司的查理 · 马龙（Charley Morrow）告诉我："很多培训课程往往缺乏针对性，很多培训项目中的课程内容已经预先设定好，生搬硬套，毫无调整的余地，培训效果也往往很差，花钱参加这样的培训很不值。"根据对《财富》500 强公司评估研究的结果，马龙认为："如果学员被迫参加培训，就会出现很多问题。有些人参加培训学的是已经具备的技能，另一些学的是根本不需要的技能，还有些人对参与培训很反感，或是根本没有想接受培训的意愿。结果，这些人去了也是敷衍了事。"

让员工制订出符合自己需要的学习计划，培训就会很有针对性，也能避免上述难题。关于自我导向学习背后的指导原则，魏德海管理学院的博亚特兹说："你要让学生根据自己的需求调整培训内容，毕竟，他们才是培训的主角。如此可避免培训师喧宾夺主。"[17]

设立清晰明确的可控目标

有一个人从美国东海岸到俄亥俄州参加魏德海管理学院开办的工商管理硕士课程。他要一边学习，一边兼职工作。可是，他有些自卑，也不知道怎样与人打交道。在魏德海管理学院，培训师示范怎样逐步增强求职自信心，并讲解了具体步骤。第一步很简单，就是递上自己的工作简历。第二步看来有些困难，就是要与人面谈。于是，他暗下决心："下个月，我一定要给学校的财务处打电话，要求面谈，看看那里有没有工作机会。如果没有，我就去问其他人。"他的辅导员是该校的一位主管，他也打算和辅导员谈谈这件事。另外，他着手搜索招聘广告，打电话要求面试。他下定决心："我一定要在面试中充满信心。"他的努力奏效了：在第二学期开始之前，他就找到了一份兼职工作。

这件事看来没什么。每天有成千上万个人都有着类似想法，做着类似的事。可是，这位魏德海管理学院的学生却不同，他进行的这些步骤都是他学习计划的一部分。学校将他置于一种挑战自我的环境当中去增强自信，每完成一步都能增强他做下一步的信心。

千里之行，始于足下，先从做得到的部分开始行动。想一口气吃成胖子的人往往容易失败。把大目标化作小步骤，遇到挑战也容易对付，也能逐步成功。[18]

在连续的小成就之后，我们信心日益增强，更具有动力。目标越大，要做出的改变、要取得的进步也越大。日本人在制订行动计划时一般考虑两个原则：第一，开始行动时，要实现的目标不能太难；第二，在行动中，逐步提高任务难度。我们逐渐完成各步骤，就感觉离最终目标越来越近。因而，我们能够保持高昂的斗志和对成功的渴望。[19]

没有明确目标，就容易偏离正轨。美国运通公司在进行培训时，会安排经验丰富的心理学家与每位学员一同制定个人成长的目标和计划。在培训中，一个常见的训练目标是让学员学会处理痛苦的情绪。可是这个目标太大、太含糊，很难实现。卡农告诉我："一开始，人们知道要对情绪加以留意。但是，他们发现难题是怎样才能控制住情绪，这时，他们开始明白，自己可能是由于太紧张才情绪不稳。经过这个分析过程，人们逐渐学会采取具体有效的步骤改进个人能力，达成学习目标，然后，他们会朝下一个学习目标前进，内容可能是‘更好地进行时间管理’。”

可是“更好地进行时间管理”也是个模糊的目标。要想实现这个目标就需要采取具体步骤：每天花20分钟与下属见面，委派工作；不再浪费时间看肥皂剧，每周只拿出三小时进行消遣娱乐。

目标设立得要具体，同时也要制定具体的行动措施。比如，你的目标是让自己更乐观，遇到挫折或吃闭门羹时能泰然自若（这对销售人员极其重要），那么之前就要进行缜密分析。卡农说：“一开始就要留意自己在哪里容易出问题，找出容易引发负面习惯的因素，想想难题发生时自己的想法、感受和行为。你可能有以下负面想法：‘我不行’，‘我干不了这个’；或者你可能有这样的习惯：先是生气，然后是压抑怒气，最后是爆发。清楚写出你的负面习惯是什么，并写出你下一次面对类似情形时想怎样改变，会好得多。每次要重蹈覆辙时，都要及时提醒自己，不要回到旧习惯。越克服负面的旧习惯，越容易成功改变。”

从某种意义上来说，设立目标有助于塑造更好的自我，等于提前看到改变后的自我。[20]不妨憧憬一下未来的自我，这样就更有改进的动力。看到未来的自我有能力做出改进，我们就更有动力采取下一步的行动以实现目标。

避免重蹈覆辙

培养新技能不会一蹴而就，倒要循序渐进。有时一个人可能进步缓慢，甚至不时重蹈覆辙。在刚开始培养新技能时尤其是这样，新习惯我们不容易熟悉，旧习惯却总是不断重现。

有时候，一个人在面对严峻的考验时，所受的训练也许会失灵，至少可能是暂时性的失灵。一时的不成功是意料中的事，意识到这点才能避免故态复萌。[21]

偶尔失误也许是有益的，关键是要明白，暂时倒退不等于全盘皆输。因此，一开始就要提醒受训者，故态复萌是在所难免的。但是，只要能从失败中获得教训，就能对将来的失误起到免疫作用。缺乏心理准备的人可能一时难以接受故态复萌的打击，甚至因此一蹶不振。预防受训者退步的方法就是提前给他们做好心理准备，使他们遇到挫折时也能积极进取，以理智的态度对待自己的缺点。

比如，有一个主管在压力变大时，逐渐回到以往独裁者一般的管理方式。所以，他应该事先就得到提醒：如果压力很大时，很可能由于焦虑又回到旧习惯。一旦他认识到自己即将发作时有什么征兆，就更容易事先留意先兆，防患于未然。假如他寻求别人帮助，让别人在他脾气发作时提醒他，就能渐渐学会在压力下调整脾气，进而有更恰当的表现。

当然，要想在内心设置这样一套预警系统，就需要强大的自我意识，也需要解读事件的能力（或者至少能做到事后检讨）。最好是能具体知道导致退步的具体事件以及自己当时的感受，这样面对类似情况时就能提高警觉。

仔细想想每次失误带来的损失，比如错失一笔生意，破坏与同事或客户的关系，这样就有更强的动机想要改变自己。

成果反馈

有一位高尔夫球手脾气很暴躁，因此几乎毁了自己的婚姻和事业。于是他决定参加情感能力课程，教师请他记下发脾气的次数和程度，并对每次发怒程度进行评级。

可是参加这个课程几个月后，他仍然无法自制。他很灰心沮丧，怀疑自己的努力是否值得。可是，他仔细检查记录后发现，自己发怒的次数确实减少了很多，过去一周数次发怒，现在两个月仅发怒一次。

信息反馈是改进的关键。知道自己做得怎样，我们才能继续朝目标努力。基本来说，信息反馈能让当事人了解自己新学习的能力运用得如何，以及运用效果如何。

我们做得好，就能增强我们的自信心，努力继续使用正在学习的情感能力，而这种增强的自信心反过来能激励我们取得更好的学习成果。[22]

如果信息反馈的内容显示我们做得还不够好，做得匆忙或片面，就可能削弱我们的信心和斗志（参看第八章）。如果提供信息反馈的人知道怎样让反馈内容更具鼓励作用，并且对方也喜欢他们给予反馈，那么就能提高反馈的质量，也能促进受训者的提高。

在美国运通公司财务顾问分公司，在工作中给予情感能力相关的信息反馈是很常见的。卡农说：“我们不仅留意员工工作完成得怎样，也留意他们怎样工作。如果一个员工定期和领导见面沟通，这很好。

工作中人际关系很重要，不仅是和客户，也要和同事或公司领导建立良好的人际关系。而在与上司的沟通中也可以及时得到对自己能力的信息反馈，也许这就是团队合作或团队沟通吧。”

鼓励实践

有一家跨国连锁酒店总是得到顾客的差评，说服务质量不好。于是酒店给直接与客户打交道的员工进行培训，想提高他们的情商。培训内容包括更好地察觉自己的情绪，怎样运用洞察力，察觉情绪问题并避免情绪失控。培训还教员工怎样对顾客进行察言观色，了解并改善顾客的情绪。

可是培训发展部门的主管抱怨说，培训根本没效果，甚至情况更糟糕。

这个培训项目进行了多久呢？

只有一天。

问题就在这里。情感能力不能一蹴而就。因为情感大脑改变反应习惯需要数周、数月的时间，仅有几小时或几天根本不够。传统观点认为培训后就有立竿见影的效果，以为只要把员工送去参加为期两天的培训班，他们就会大有长进，这种误解导致员工参加培训时间短、没有成效。此外，人们发觉，员工培训后若没有满足领导预期，领导就可能责怪员工缺乏意志力和决心。一次短期培训仅是一个开始，并不足够。

人们在较长时间内反复练习新学会的技能，要比集中在某次短期强化培训班中花同样时间练习的效果好得多。[23] 可是，很少有人重视这个道理。

培训中另一个常见错误是花大量时间空谈理论。在一项研究管理者和销售人员的项目中，小莱尔·斯宾塞和查理·马龙一起分析了在培训中怎样分配学习能力、知识讲解和实践练习的时间。在培训中，实践部分比口头讲解的实用价值高出 7 倍（根据成本与收益回报分析得出）。[24]

斯宾塞指出："如果你采用模拟演练的方式讲解怎样进行信息反馈，比空谈信息反馈的五大要领等理论知识而不实践的效果好得多。"

只有通过大量实践才能用新习惯代替旧习惯。一家政府机构的管理人员说："送去培训的人，培训后马上回来工作，根本没机会实践所学的技能。结果，在工作中他们还是老样子。没有把所学的技能运用到工作当中。"如果人们已能熟练运用某些技能，并且工作时仍继续练习这些技能，在工作中遇到压力时就不那么容易又回到老样子。[25]医学研究显示，改变旧习惯、培养新习惯所花费的时间越长，新习惯持续的时间就越久。几周时间比几天好，几个月比几周好。比如说，一个人想要培养与情感能力相关的习惯，要想取得最佳效果，也许至少需要 3—6 个月，甚至更长时间。[26]

相关经验表明：进一步增强正在进步中的能力（比如，学习倾听他人意见等）所需的时间比刚刚开始改变某个习惯所花费的时间要少。爱发脾气、求全责备等坏习惯可能在脑中已深深扎根，这时，我们不仅需要改掉这些老毛病，更需要以新习惯来取而代之。

培养新的情感能力需要多久呢？这取决于不同因素。所学的能力越复杂，需要的时间就越长。培养时间管理能力，只需要具备几种技能就够了，自我控制和成就驱动力是其中最基本的两种：要想抵制诱惑，不浪费时间，我们必须有自控力；成就驱动力越大，一个人越愿意增强自身能力。因此，培养时间管理能力比培养高级领导能力更快，因为领导能力建立在七八种其他能力的基础之上。

一个有效的培训课程会鼓励人们在私人时间里也实践所学内容。虽然培训内容主要与工作场所的需求相关，但是大多数能力也与人们的个人生活有关。下面这组数据虽有争议，但是不妨参考一下：一般而言，读工商管理硕士的两年全日制学生在教室里学习和做作业的时间为 2 500 个小时，假定他们每天平均睡眠 7 小时，那么，两年中，他们的非睡眠时间为 10 500 小时。这时，我们不禁要问："在这剩余的 8 000 小时里，他们在学什么呢？"

上述问题是魏德海管理学院的博亚特兹和其他课程设计者提出的。有鉴于此，有人建议，无论何时何地，只要有机会，学生就可以进行自我定向学习。当然，我们不必在所有不睡觉的时候都工作。情感能力的培养方式很特别，整个人生就是改变自己的大舞台，生活本身就是最好的课堂。

有一种现象称为"扩散效应"，即人们为工作而学习的技能也能扩大应用到自己的生活中。比如，一位主管学会更好地聆听员工意见，回到家中与子女交谈时，他也能留意倾听他们的话。在某些公司中，扩散效应效果明显。比如，在 3M 公司，有一个培训项目的培训重点是降低对身体健康的损耗，这项培训能培养员工在工作场所和家中更快地恢复精力。

彼此帮助，共同提高

美国某一大型食品公司的副总裁是工程学士和工商管理硕士，智商高达 125。公司总裁有意提拔他。可是，这位副总裁的弱点是暴躁易怒。如果他不改掉自己的坏脾气，就不可能获得晋升。

这位副总裁不善社交，性格内向，喜欢通过电子邮件等方式给下属下达指示，却不喜欢和同事面对面沟通。一到开会的时候，他极具攻击性，常与人争论，专横傲慢。于是公司请了一位咨询顾问帮助这位副总裁。这位顾问回忆道："如果他不改掉自己的恶习，就不可能晋升。"

顾问为这位副总裁提供一对一针对性的帮助。他说："我要帮助他意识到自己哪些时候容易发怒，这样他才知道怎样避免情绪失控。我教他像教练训练运动员一样，采用自我暗示的方法，也预先对可能发脾气的情况做好心理准备，提醒自己：'我不能再发火了。'当他火气上升时，我就给他示范控制怒火的技巧：我请他先绷紧全身肌肉，随后放松肌肉。这种方法叫作'快速肌肉松弛法'。"

这一课程持续了几个月。最后，那位副总裁学会了控制脾气。这种一对一形式的情感能力培养课程在美国企业界日益普及，对才华横溢的员工，企业更愿意培训他们。公司有多种方法对员工持续性地提供培训支持，一对一帮助就是其中一种。培训期间，咨询顾问起到了非常重要的作用。

一般而言，一对一的指导有助于受训者改进，不过，有人督导的讨论也是开发情感能力的一种好方法。波士顿大学管理学院工商管理硕士课程项目主管凯茜·卡拉姆在研究中发现，有顾问指导的导师制培训有两大益处：一是促进事业发展，二是提供辅导和咨询。[27]

很多学习出自职场中的自然互动。哈佛大学心理学家朱迪丝·约旦（Judith Jordan）指出，任何人际互动都是练习情感能力以及促进彼此共同成长的机会。[28]

尤其同事之间可以彼此互助，共同提高。同事们的优缺点可以互补，可以相互促进，帮助彼此改进。凯茜·卡拉姆说："有些公司已经开始安排同事间互相进行指导。例如，在贝尔大西洋公司，中层女性主管分成若干组，每组配一名高级主管，然后一起讨论工作中常遇到的难题。她们互相交流体会，讨论怎样解决问题。结果很好，她们在面对类似问题时可以更好地解决，更好的结果是她们最终培养了社交能力和情感能力。"

一个人如果没有导师或顾问的指导，不妨找个临时顾问，即找到一个有一技之长又愿意花时间帮助自己的人。这种临时安排与正式的指导不同，但优点是可以针对当前任务所需得到合适的指导。卡拉姆发现，与经验丰富、能力强的人一起工作，或是与能力各异的同事建立互助关系，最终自己能力也会大幅增强。

美国运通公司财务顾问分公司的情感能力培训，要求学员选择一起学习的伙伴。这个伙伴在学员回到原部门工作后，还会继续与他一起工作几个月，提供鼓励。卡农说："大家都同意这种互相支持的安排。比如，在午餐时交流一番，或是定期电话交流。大家可以讨论哪些地方需要改进，也会讨论如果有些人忧心忡忡，过于武断，该怎么办等。通过这些安排，大家互相提供最新信息，提出建议和鼓励。”

上述的互助系统有助于学员把已掌握的情感能力运用到工作当中。[29] 现场指导是很有帮助的方法。卡农说：“假如你的搭档知道某个人惹你生气了，在你情绪失控之前，他会及时提醒你，让你做好心理准备，也会帮助你。如果像美国运通公司那样，让整个工作小组一起进行培训，大家回到工作场合时彼此互助就容易多了。”

在魏德海管理学院里，每 10—12 名学生分为一组，每组指配一名指导员和一名作为顾问的公司主管。此外，每个学生还配有一名辅导员。该辅导员是中层管理人员或高级专员。魏德海管理学院采取这种学生、顾问、辅导员三者结合的方法为学生提供了有力的后备支持。

角色楷模

学习一种新的能力时，如果有一个榜样可供效法是最理想的。观察学习是基本的途径，如果有人充分表现出某种能力，那么他就是我们的活榜样。[30]

因此，培训情感能力的教师本身就要具备很强的情感能力。身教胜于言传。有些教师说一套做一套，教导效果就不理想，反倒成了反面教材。如果教师是教电脑课的，这样没问题，可是如果培训师教授的课程是对人体贴、表现热忱，或是在办公室里控制脾气，那么，教师本身的修养就十分重要了。

卡普兰说，在JOBS项目中，“很明显我们需要具备社交能力和情感能力的培训师。这是我们选培训师的基本条件，他们要先培训好自己。此外，为了保持培训师的能力，我们经常对他们的能力进行评估并反馈意见。我们希望在整个训练团队中推行这种文化。”

通常我们倾向于仿效组织里地位较高的人的行为方式。所以，我们仿效他们的优点时，也不知不觉受到他们缺点的影响。[31] 如果员工总是与一个武断专横、动辄就训斥下属、骄傲蛮横的上司打交道，那么，员工也可能变得不容异己、刻薄粗暴。[32]

在伊士曼柯达公司，一位管理者说：“以往在罗切斯特，大家住得很近。每天你会看到某些人，知道他们的作风，受到他们的指点和帮助，或者受到他们好榜样的影响。这些好榜样知道怎样建立良好的人际关系，也善于倾听，能赢得信任，受人尊敬。如今，大家分散住在各地，把自己孤立在小单元里，再也没有了看榜样学习技能的机会了。”

那位管理者接着说，由于缺少情感能力方面的好榜样，人们就要更留意观察公司部门内的员工，看看彼此可以怎样促进情感能力的学习。“我们已经制订了一个发展计划，来确保员工的技能可以得到发展，帮助员工成功。这些技能不仅包括专业技术能力或单纯的分析能力，也包括自我意识、影响力、赢得信任等领导技巧。”

鼓励与强化

一家疗养院有两位护士。一位对患者态度冷漠，另一位对患者充满同情、关怀备至。[33]不过，待人冷漠的护士总是能按时完成任务、遵循章程办事。而那位热心肠的护士为了帮助患者有时不遵守规章制度，并且时常不能按时完成工作，主要是因为她花了很多时间与患者沟通。上级考评时，那位待人冷漠的护士受到好评，可是关心患者的护士却相反。如果疗养院的主要任务是照料患者，那么这种考评结果有何意义？

在组织内，人们的价值观和追求与现实总有差距。假如组织鼓励人开发情感能力，可在日常工作和生活中人们得不到相关的支持和帮助，就会出现员工“情感能力高于职位所需或组织所需”的怪现象。

如果一个组织想增强员工的情感能力，只是为员工提供相关的培训还不够，还要创造出奖励员工应用所学技能的环境，这样大家才愿意努力进步。不管怎样，我们身处安全和谐的氛围中，就容易取得更好的效果。[34]组织应该以某种形式让员工知道，他们正在培养的情感能力受到组织的高度重视。可行的方法包括，把这些情感能力列入工作安排、晋升、业绩考评等标准中。

新学到的技能必须运用到工作当中才能得到巩固。否则，学习归学习，工作归工作，久而久之，所学技能就会生疏。学习热度一旦消退，人们就不会想更上一层楼。很多受过培训的人表示，能否学以致用与组织是否鼓励学以致用并创造相应环境有关。[35]

整个团队一起受训更容易制造良好的工作气氛，促进学以致用。美国运通公司财务顾问分公司正是这样做的。该公司安排管理团队全体参加培训，在平时的会议中强调信息反馈，并提供相关支持，大家也一起讨论各自的情感能力进步得如何。

此外，该公司还设有层级式的评估制度，卡农说："高层主管评估组员的表现，副总裁评估高级主管的表现，讨论还不尽如人意的地方，并且把最终结果呈交给总裁。公司经过一整套的评估发现，大家更重视的能力是人际互动、激发个人与他人能力、自我管理等。"

法兰克·纽曼（Frank Newman）执掌纽约银行信托公司后不久，就请顾问公司来制订培训计划，帮助公司高层管理者进一步了解哪些人际技巧对提升竞争力最有帮助。[36]公司指出，只符合基本的工作要求已经不能满足企业竞争的需要了。要想晋升、加薪也要有管理技巧。

纽曼怎样帮助同人与客户重视这些能力呢？每次举办培训班，他本人都至少参与学习中的某部分，而银行管理委员会成员会亲自担任培训师。该信托公司发展培训部的负责人说："这样一来，再也没人说：'管理者告诉我，培训毫无意义。'"

需要有效的跟踪评估

我们的建议是：先针对培训内容建立考核标准，并且将员工的工作表现列入考核标准。最好是在培训前和培训后设立不同的考核标准，也要在培训后进行长达数月的跟踪评估，同时在评估期间可以对随机安排的各工作组进行适当的限制。当然，理想情况不容易实现，也可以选用一些备用评估方案，也可以比较一个人在受训领域和非受训领域的进步情况。不论采用何种评估方法，都可以根据评估结果调整培训课程。

可惜的是，这些简单的原则却很少有人去遵守，理论与现实之间有着很大差距。有一项针对《财富》500强公司的调查发现，人事主管大多认为评估培训成效就是为了考虑培训是否划算。可是，事实上，他们很少甚至根本不进行任何成效评估。[37]

人们最常使用的培训效果考评方法是请受训者填写学员评估表，通过表格看看他们是否有继续培训的必要。这更像是一般的民意调查，而不是对培训效果的评估。研究表明，学员评估报告的满意度与学员学到的能力或工作业绩的提高之间不存在联系。正如一篇评论指出的："喜欢不等于就要学习。"[38]

评估的最佳方法是，客观测评培训前后学员的能力对工作业绩的影响。但是没有一家公司在日常的评估中采用这样的方法。只有10%的公司在报告中说，偶尔采用了这种评估方式，其他许多对培训效果的评估都只关注人们的态度变化，而不是看他们实际业绩是否提高。

这种现象正在逐渐改变。最具前景的培训评估方案要数魏德海管理学院采用的方法了[39]。在该学院中，接受过管理技能培训的学员毕业后，学院仍对他们做进一步调查研究，以便了解他们受训后的能力能否对工作业绩产生积极的影响。这个安排预计在今后的50年内仍会持续。

Part

- 5 -

第五部分

提升团队情商

第十二章

如何打造高情商团队

我最近参加了一次国际商务会议。会中，主持人问："你们的组织有目标吗？"有 2/3 的人举手表示有。

主持人又问："组织内每日活动是否与这一目标一致呢？"绝大多数人把手放下了。

组织目标与现实情况有太大落差时，难免会出现各样负面情绪，比如本位主义[①]、猜忌、愤怒，甚至绝望。一家公司即使获利良多，但是如果违背员工共同的价值观，在情绪方面就要付出昂贵代价，比如员工会充满罪恶感，感觉自己获利不当等。

高情商组织在树立的目标和组织实际运作方面要缩小误差。组织要有明确的价值观、文化、目标，才能发展果断自信的决策风格。

组织目标情感上的功能，是让员工知道大家都在为一个值得追求的目标努力。组织如果能提出有意义的衡量成功的标准（而不是只用利润衡量一切），对提高员工的士气大有帮助。

要想了解组织内共同的价值观，组织本身就要有自我意识。组织与个人一样，在情感能力方面也有优缺点，也对自己的优缺点有

---

① 本位主义（departmentalism），就是为自己或所在的小团体利益打算而不顾整体利益的思想作风或行为。——译者注

一定认识。在组织内各阶层，组织情感能力的优缺点通过各级员工表现出来。

可是，很少有组织对自己情感能力进行认真评估。比如，组织是否知道愚蠢的管理者有时让员工敢怒不敢言，或者是否知道销售人员把公司的钱中饱私囊？许多组织也许认为自己正通过工作满意度、观察员工是否尽责等内部标准来考评。可实际上，这些常规指标无法衡量组织情感能力。

目前组织内广泛采用的评估标准起源是这样的：在玛丽莲·高英（Marilyn Gowing）的指导下，美国人事管理局人力资源与发展中心制定了这套标准。[1] 问题在于，依据这套标准进行的调查评估真的能够反映这个组织的情商吗？

高英指出："事实与想象有巨大的落差。"我们因此丧失了许多提升组织效率的方法。高英指出了以下落差较大的地方：[2]

- **自我意识**：解读公司情绪气氛怎样影响业绩。
- **成就取向**：在大环境中为组织搜寻关键信息和机会。
- **适应能力**：面对挑战或阻碍时的弹性。
- **自制力**：在压力下不会恐慌、愤怒、惊慌失措而影响工作效果。
- **诚信**：展现值得信赖的特质。
- **乐观**：不畏挫折，继续前进。
- **同理心**：面对客户或员工都能设身处地为对方着想。

- **对多元化态度合理**：把多元化差异看作机会。
- **政治敏感度**：掌握经济、政治和社会趋势。
- **影响力**：具有说服力，讲求说服策略。
- **建立人际关系**：包括人与人的关系，也包括部门间的关系。

上述能力的重要性不言自明。我写到这点的时候，微软公司的高层管理者就感叹他们缺乏政治敏感度，所以才遭到美国司法部指控该公司垄断，结果卷入了一场无休止的官司中。

不过，这些情感能力对组织绩效有多大影响，尚待观察。问题是：似乎也没人在意。

试想象，具备上述情感能力的组织优势为何，缺乏这些能力的公司又会遇到哪些问题。我会谈谈这个内容，也会谈到以下三种能力：自我意识、良好的情绪控制力和成就驱动力。

盲点

这是一个炎热的8月天，海边来了一家四口人，拿着毛巾、玩具、游泳圈走在热得发烫的沙滩上。5岁的小女儿边走边喃喃地说："我渴了……我想喝水！"父亲听得直恼火，向孩子母亲抱怨："她从哪学来的这种腔调？"

接着，父亲转头对小女儿说："你这样说话没有人会听的。"然后转身不再理会，继续往前走。

每个人都通过无数次类似的谈话，从家庭交往中学会了注意力和情绪的一套原则。

- 规则 1：我们注意到某件事。
- 规则 2：我们给这件事命名。
- 规则 3：某些事我们未曾注意到。
- 规则 4：有些事既然没注意到，我们就不给予任何命名。

上述原则也适用于组织。组织内部有一些集体经验（大家共同的感觉和经验）并未明说，好像潜规则，或只能在私底下说，而这就会成为组织的盲点。

这种盲点实际上隐藏着巨大危机。比如说，在巴林银行新加坡分行，一位交易员违规操作，一手遮天，无人监管，结果造成公司上亿美元的财产损失，最终导致公司破产。阿彻丹尼尔斯米德兰公司是农业界的巨头，该公司高管串通一气，联合起来限价。事情败露后，好几位公司高管遭到起诉。

组织如同家庭

职场上总有些可以讲或是不可讲的事，就像组织订下的隐形契约一般，身为组织成员就必须遵守这套隐形契约。比如说，你的管理者因为爱喝酒，几年前被降级，从此与晋升无缘。你只得和其他人一样，很自然地凡事都去找实际负责的副经理。

人们往往出于担心和恐惧才会缄口不言。想想看，组织内那些坦白指出问题所在的英雄们下场如何。研究人员曾针对这些组织内的英雄们进行调查，发现他们指出问题所在不是出于报复或是私心，而是出于崇高动机：恪守职业道德，忠于组织的大目标。可是这些人常常最终得不到雇主的感激。

通常这些人反而会沦为牺牲者，不是被“炒鱿鱼”，就是被迫害或遭到控告。因为他们触犯了公司不可言传的禁忌，其悲惨结果仿佛在告诉他人：要么同流合污，苟活下去；要么仗义执言，然后被赶走。可是，有时候连公司内部都对组织问题缄口不言，那么组织的存亡就受到威胁了。

这种组织盲点会产生许多令人沮丧的沟通障碍，一项研究观察到高层决策会议中的怪现象：下属们一致同意，为了取悦老板而聆听冗长的报告，太浪费时间。老板也觉得这些枯燥的报告没什么意思，而且有些事已经看过了。但是为了表示对问题的重视，又不得不装作感兴趣，结果大家都闷闷不乐。[3]

坦诚建言

20 世纪 90 年代初，美国组织顾问卡尔·弗洛斯特（Carl Frost）应邀到瑞典，与沃尔沃汽车公司的一些生产小组讨论当年度的超长假期。[4] 弗洛斯特留意到一个严重的问题：延长假期是因为公司销量下降。该公司库存很多，市场需求不畅，导致生产线闲置。

弗洛斯特发现，沃尔沃汽车公司的管理者对假期延长一事丝毫不以为然，甚至有点高兴。他认为还是应该提醒他们问题的严重性。事实上，沃尔沃汽车公司在全球汽车市场上正在逐渐退步：生产成本超过其他大厂家，每制造一部车的时间是日本厂家的两倍，海外销售业绩近年来更是萎缩减半。

公司面临严重危机，员工也前景堪忧，可是大家似乎看不出假期延长与公司未来有什么关系。

弗洛斯特认为，这种漠然的态度显示内部沟通不良，所以大家忽视了自身面对的情形与公司命运有什么紧密联系，他们也忽视了每个人对提升公司竞争力都负有一分责任。

要想避免这类问题，最重要的是塑造坦诚沟通的环境，营造一种追求真相、愿意倾听各方声音的氛围。当然，要想达到坦诚建言的效果，首先要让员工消除担心受罚、被报复或被嘲笑的恐惧感。

根据永道会计师事务所对《财富》500 强公司的调查，只有 11% 的首席执行官认为“坦率直言的员工会有危险”。中层主管中有 1/3 认为坦率直言很可能带来危险，基层员工则有半数以上认为有危险。[5]

主管和员工之间存在如此巨大差异，这说明，上层决策者误以为自己掌握所有信息，而实际上，掌握了这些信息的人不敢冒险指出问题所在（尤其是掌握了不利信息的人更不敢指出）。主持上述调查的威廉·詹宁斯（William Jennings）说：“员工往往认为内部管理措施有碍生产经营，所以不得不错误地‘编造一些数字’出来应付。”

据说百事公司前总裁韦恩·卡洛韦（Wayne Calloway）面试新人时都会告诉他们：“在百事公司有两个原因（导致你）可能被开除：一是没什么业绩，二是说谎。但是最容易被开除的原因是为了业绩而说谎。”[6]

卡洛韦以前的一个同事告诉我："他绝不原谅下属隐瞒消息不上报，尤其是生意上的坏消息。如果有人及时通报消息，他会很感激那个人。因此，百事公司的员工都很坦白真诚。"

当然不是每家公司都如此，一家高科技公司的主管告诉我："在这里，说真话无异于自毁前程。"

善于调控情绪

从员工日常的情绪状态，我们可以看出该组织的前途如何。可是，实际上员工情绪常被忽视。从系统理论中我们知道，资料中任何一个重要部分被忽略，都会限制我们对整个信息的理解和反应。了解组织内员工的情绪状态能为组织带来实惠。

以加拿大石油公司的天然气厂为例。该公司是加拿大最大的石油和天然气精炼公司。该公司聘请的一位咨询专家告诉我："天然气厂的员工总是出事故，有些还是重大事故。我发现，这家公司的企业文化很男性化，员工从不流露自己的情绪感受。假如某个员工身体不舒服、孩子生病或是与妻子吵架，他来上班时，其他同事对他的工作状态或是他能否集中精力工作从来都不过问，结果往往那个员工因心不在焉而酿成事故。"

了解到这点以后，公司为员工安排了一系列的专题课程，让员工知道情绪状态关系重大，让他们知道不佳的情绪状态为何会产生严重后果。公司发现员工应互相关心，这样对自己和别人都有好处。看到公司同事表现有些反常，就应该坦白说："我觉得你今天不在状态。"

公司开办这些课程后，情况果然改善了很多。

这当然不是说把公司当成相互吐露心声的地方，荒谬地把办公室当作情感沙龙或是交心治愈小组，只会适得其反，把工作与私生活混为一谈，这本身就是情感能力差的表现。

从工作角度说，情绪有助于完成工作任务，也可能对工作造成干扰。这种矛盾现象与我们在公司人际关系中有怎样的反应相关。在这种情绪与工作的相互作用中，我们的情绪发挥着巨大的影响作用。领导力专家沃伦·本尼斯（Warren Bennis）指出："人们往往因为遭受痛苦而备感孤独，所以干脆把所受的伤害、孤独感、情感挫折和心事等都藏在心底，不告诉任何人，从不与人讨论。"

很多组织根本不考虑员工的情绪，仿佛员工的情绪无关轻重，结果，公司上下死气沉沉。漠视员工情绪会产生无尽的难题，比如，公司决策不当会影响员工的士气，员工的创意无从发挥，员工潜能未被开发，管理者照本宣科、缺乏热情、因循怠惰而不能自拔，无法发挥团队精神等。

疲惫不堪？受害者反受责备

有一家发展速度极快的公司，最近人员流动率是40%。公司主管告诉我："公司高层从早忙到晚，婚姻濒临崩溃。我们的薪水很高，但是如果你的业绩不如前一年，就会被解雇。这里的工作很不稳定。"

这种抱怨让人心酸，这也说明竞争激烈的技术性公司在走下坡路。当前的大环境是技术日益复杂，竞争更加激烈，工作要求比从前更高。有位管理者在一家发展良好的大型公司任职。他说:“这种竞争简直是白热化的。企业内环境复杂，缺乏稳定性。从前你一回家就是休息时间，现在我到了跨国公司工作，一天 24 小时都是工作时间：早晨 4 点钟开始就要给欧洲的客户打电话；半夜了，又要给亚洲的客户打电话。”

这家公司能够让员工卖命当然有理由：报酬优厚，奖金诱人。这对公司而言是全赢的策略，可是员工个人却常遭受重大损失。这类公司加大压力想提高业绩，但是人们能承受的压力是有限度的。最卖命的员工收益的确很多，可是长期拼命苦干的结果必然是自己的生活质量、士气和健康大受损害。

很少有企业组织考虑员工承受压力的限度。相反，企业组织更多的是责备饱受压力之苦的受害者。某组织的首席执行官曾对研究人员说:“过分劳累完全属于个人问题，对公司没有实质性的影响。这是小问题，跟财务或经营策略无关。如果员工愿意休假最好，这本来就是休假制度的目的。除此之外，公司没什么可以为他们做的事了。”[7]

这位首席执行官简直大错特错，他只不过想当然地以为公司无须对员工的疲累负责，以为情感疲劳不影响组织的生产效率。可是，员工过度疲劳会直接导致工作效率降低，甚至难以胜任日常工作。如果这种现象不是发生在个别员工身上，而是发生在众多员工身上，组织的业绩势必大受损害。

有人曾针对一家大型医疗中心的护士进行研究。结果发现，患者对医院的不满程度与护士的过劳症状——猜忌、疲劳、对工作不满——有关。护士越是对工作感到满意，病人对医疗服务的总体满意度就越高。[8]既然患者也是一种消费者，他们有权选择在哪里消费，护理人员的情绪问题显然对医院的竞争力有很大影响。

再以出现事故的风险为例，有一项针对1.2万名医护人员的研究发现，员工对工作压力抱怨最多的部门和医院，收到的投诉也最多。[9]

业绩怎么会降低

其实，公司要想避免因员工疲劳而带来的损失，可以做很多事。这样既有利于组织，又保护了员工。有人曾进行过一项长达20年的疲劳原因的跟踪调查，调查对象是数百家公司的几千名男女员工，研究证明了上述观点。[10]多数类似研究都以个人为研究对象，可是这项研究却着眼于组织的风格和做法，结果发现了6种影响公司员工士气的原因：

- **超负荷工作**：工作量太大，指定的时间太少，公司又不给予支持和帮助。人员精简之后，护士要护理更多病人，教师要教更多学生，银行业务员要处理更多业务，主管要带领更多下属。工作节奏日益加快，工作内容日益复杂，对工作的要求越来越高，员工觉得要累垮。疲劳日积月累，工作效果自然受到影响。
- **缺乏自主权**：员工负责工作，却无权决定怎样开展工作。在事无巨细的管理方式下，员工虽然知道怎样把工作做得更好，却因为制度僵化，无从发挥自己的能力。这就限制了工作的创新、灵活性，也削弱了员工的责任心。在情感方面，员工仿佛感到：公司不尊重员工的判断和天赋才能。

- **报酬微薄**：报酬与工作量不成比例。现在的趋势是人员精简、工资冻结、工作外包、健康保健等福利缩水，如今人们不再指望薪水必然随年龄资历而增加了。员工另一方面的损失是情绪上的：工作过量加上工作中缺少自主权，工作又没有保障，自然丧失许多工作乐趣。

- **缺乏沟通联系**：如今在工作中人们越来越感到孤独，良好的人际关系却可以促进团队发挥最大优势。由于工作任务频繁改变，员工容易对所属部门缺乏责任感和归属感。由于人际关系支离破碎，同事间社交活动的乐趣也消失了。同事间缺少休戚与共的感受，团队合作的乐趣会减少很多。同事间的矛盾冲突往往因疏离感而恶化升级，而彼此缺乏共同的经历和情感联系就难以弥补嫌隙。

- **不公平待遇**：任何形式的不公都会让人抱怨连连。公司可能是在薪资或工作量方面表现出不公，也可能是漠视员工的抱怨或采取高压管理。有些组织让管理阶层待遇优厚，基层员工却薪资微薄，这当然严重影响员工的向心力。这种怨气也常因缺乏坦诚对话而日益膨胀，最终导致员工的疏远和猜忌，对公司的集体目标缺乏热忱。

- **价值观冲突**：工作要求与个人原则相抵触。例如，公司为达到业绩要员工说谎，为了准时交货而忽视安全检查，或只为求

> 生存明争暗斗，最后都要付出代价。除此之外，公司内强调公司目标而又不真心实施，员工不禁怀疑工作的价值何在。

这种组织管理上的失误最终会导致组织长期处于死气沉沉的状态，员工过度疲劳、自我怀疑、丧失动力和热忱、生产力下降。[11]

下面我们谈谈提高组织集体情商的益处。

成功精神

一家制造公司觉察到生意逐渐被竞争对手抢走了，一番检讨后才发现，问题出在报价时间上：公司报价花费的时间太长，对手报价需要 20 天，而该公司则用了 40 天。

于是他们重新设计了报价流程，增加控制环节，部分流程采用电脑控制，另外也做了其他结构性的调整，结果报价时间竟然从原来的 40 天增加到了 55 天。

于是他们外聘专家，请专业咨询专家调整报价程序，结果报价周期延长到了 70 天，而且误差率增加了 30%。

无奈之下，公司向组织学习法方面的专家请教，结果，报价时间缩短到了 5 天，误差率也下降到 2%。

专家是怎么做到的呢？专家把改进重点放在了员工之间的人际关系上，而不是技术或是公司的运作方式。尼克 · 赞纽克是互动反应学习实验室的负责人，也是帮助这家公司改进的专家。他说：“如果问题出在人的身上，那么，无论你怎样努力改进技术或调整工序结构，都无济于事。”

赞纽克在这方面确实是专业人士。他与弗雷德·西蒙（Fred Simon）一同成功运用组织学习法，使得95款林肯“大陆”汽车及早问世，因此两人名噪一时。而这个案例也被麻省理工学院学习中心的彼得·圣吉（Peter Senge）引用过，并且被列为成功的典范。[12]

毫无疑问，重新设计的95款林肯“大陆”是个极成功的案例。从产品质量和车主满意度等方面看，95款林肯“大陆”都是福特公司的高端车型，比美国同一档次的车更好，与奔驰、英菲尼迪不相上下。顾客满意度提高了9个百分点，达到85%，而得分最高的雷克萨斯汽车的顾客满意度也不过是86%。

同样令人印象深刻的是，尽管这款车重新开始设计的时间推迟了4个月。可是，这款车上市时间却提前了一个月。以任何成功的标准来看，95款林肯“大陆”都达到、甚至超过了成功的标准。这款新车涉及的工作人员总共只有1 000多人，核心队伍人数300人，预算仅10亿美元，这的确令人惊叹。

这项任务极具挑战性，结果却如此成功，人们往往以为这是纯技术性的成功，是高智能的体现。人们以为只有最专业、最有才华的人才能做出这种壮举。一般来说，设计汽车时必须将数百个细节完美结合，有所失误在所难免。从发动机力矩到刹车系统、加速系统、降低油耗等所有问题都需要统筹解决。设计新车最大的困难就是决定每部分的最终规格，情形就像你一方面要拼一幅极其复杂的拼图，一方面还要马上设计拼图每一部分的模型。在设计过程中，每设计一个零件都必须进行周密的计算。

我们完全可以理解，因为样车拼装好以后，设计组常常要推翻原有设计重新来过，一次又一次重新设计具体零部件的尺寸规格。因为样车出来后，最初没有预料到的问题会接踵而至，而一旦铁水浇铸到模具里，要返工重新设计，成本就增加了不少，因为这需要更换加工有关零部件的机床，其费用常常高达数百万美元。

可是 95 款林肯“大陆”的设计组在更换加工机床这块只花了 9 000 万美元，仅是预算的 1/3。这与一般情况完全相反：整个设计工作效率很高，设计各零部件的草图提前一个月就完成了，而不是像一般情况的要拖延三四个月；99% 的零部件一次定型，而不是通常情况下的只有 50% 能定型。

柔性管理，刚性效果

最初，95 款林肯“大陆”设计组的目标很具体，就是制造出更好的汽车。但这次他们使用的是业界斥之为过于软弱的策略——表现公开、诚实、信任、善于沟通等特质。[13] 这一策略的价值一直不为业界重视，传统汽车工业的文化并不会重视上述特质和策略。在汽车工业，等级森严，领导者权威至高无上，人们一直以为老板最为专业，只有他们才有权做最重要的决定。

人们在公司内对情感因素的认识也很模糊，所以上述组织文化内的难题越来越严重。在 95 款林肯“大陆”设计开始的最初 4 个月里，设计组的成员都很灰心丧气，有四处碰壁的感觉，大家互不信任，主要问题之一在于设计组的领导。赞纽克说，设计组领导本人与财务经理的关系很紧张，他与财务经理讨论问题时，总是控制不住自己，想要吼叫。这种紧张的关系是新样车负责制造的人员与控制成本的财务人员相互敌视、互不信任的综合表现。

为了解决这些问题，核心管理层采纳了组织学习法里的许多方法，包括帮助人们学会以良好态度进行沟通交流。[14] 其实方法很简单，就是不要一讨论问题就争吵不停，要学会双方都平心静气，一起讨论，提出合理证据支持自己的观点或立场。

有一个典型例子很有说服力：大家一看到某人开会时打呵欠，就很快下结论，认为他厌烦开会，也会进一步武断地以为他不关心会议内容，或是不想听某人讲话，甚至以为他不关心工程。这时，你很可能对他说："我对你很失望。"

但是，组织学习法是先列出"实际的言语和行为"，再列出"未明说的想法或感受"。例如，他对会议内容、别人的想法与整个议案都不关心，让人感到受伤和愤怒，这都是秘而不宣的。[15]

把这些没有说出来的内容拿出来讨论，很快可以检验我们猜测的真实性。比如，你会发现对方打呵欠并不是觉得无聊，而是因为前一晚照顾孩子，所以睡眠不足。

学会交流我们各自的想法和感受，而非动辄吵闹，这样我们能进一步认识和理解自己的内心世界，避免负面情感成为无端的怨恨和解决不了的麻烦。

自我意识有助于纠正内心想法和情绪，组织学习法也提倡其他情感能力的运用，比如同理心、善于倾听他人观点、社交技能、善于展开建设性的讨论、了解对方心里不同的想法等，把容易造成误会的感受都摆在明面上讨论。

某种程度上，真正的对话是内在感受的交流。只有发自内心的沟通才能揭示人们对所发生事件的真实看法和感受。这种互动沟通常常演变成一场争论。我们压力很大或是注意力不集中时，也许忽略了别人和自己所表现出来的负面情绪。最后可能导致，即使交谈一方已经透露出痛苦、怨恨、恐惧、疑虑或希望等重要信息，另一方却仍然视而不见。

赞纽克说，我们不知道怎样进行真正的交流，于是，“我们对交流对象内心中的情感信息视若无睹，把它当成有毒废物，不知是搁置一旁或是藏在心底。无论怎样处理这些‘有毒废物’，它们都会带来伤害，影响我们的谈话交流。如果我们与别人意见不一致，我们内在的情感就会触发自我保护的态度，引发争吵”。于是，我们在工作中的交谈仿佛从不涉及感情的交流和碰撞。即使我们需要感情上的交流，也还是对此不管不顾。其实，冲突的根源或是真正合作的开始都与这种深层次的情感交流有关。

95 款林肯“大陆”开始设计的时候，一开始沟通就出现了两大阵营敌对的严重情况：财务人员认为项目人员不注意控制成本，而项目经理认为财务人员对于设计和制作一辆高端车要花费多少钱简直是“一窍不通”。大家就内心的情感和想法沟通之后，都明白了工程受阻碍的关键在于大家彼此缺乏相互信任和坦诚沟通。关键问题在于：

员工因担心出错而隐瞒信息。

管理阶层控制严格，员工无法充分发挥作用。

公司内部弥漫怀疑气氛，员工互相猜忌。

面对这样的难题时，情商就显得尤为重要了。一个团队要想摆脱明枪暗箭和互不信任，就需要建立彼此信任和友好的关系。要想提高情商，就要首先学会彼此信任，学会坦诚沟通内心的想法和感受。弗雷德·西蒙说："如果我想提高汽车质量，最有效的方法就是帮助团队成员增进人际关系，让他们欣赏彼此的长处。"

由上而下

赞纽克回忆说："一开始，员工因无力按照自己的方法做事而深感不满，对上层怨气冲天。后来管理人员积极投入，用心倾听员工意见，员工的态度就改变了，开始要求独立自主，不受太多管束。然而，这是不可能的。身处职场复杂的人际关系网中，人们总会相互影响，公司员工学会积极沟通才能发挥集体最大优势。而老板的作用十分重大，他要成为工作的支持者，并提供适当的指导和帮助。领导者不仅是负责管理、分派工作，也要听听员工的看法，提供人力、物力的支持。"

为了改进工作质量，95 款林肯"大陆"设计组 300 人的团队，每 20 人分为一个小组。他们认真讨论在工作中遇到的问题，并且像改造林肯"大陆"一样提高自身的情商。他们讨论问题时，得到当时在麻省理工学院任职的丹尼尔·金等人的帮助，学习怎样合作。赞纽克说的没错，问题的关键是“情绪方面的自我意识、同理心、建立良好人际关系的能力的增强，可是提高情商不是我们直接的目标，但是我们努力接近目标时，情商也会相应提高”。

95 款林肯“大陆”的设计人员分成 15 个小组，每个小组负责林肯“大陆”某项功能的零部件，比如分别负责汽车的底盘、动力传动系统等不同部分的设计，并且独立工作。可是，设计到最后时，各小组的设计必须能融合成一个整体。在此之前，各小组人员没时间进行充分交流。用传统方法，各小组按照自己以为的最佳方案独自设计零部件，然后，竭力促使其他小组改动他们的设计方案以适应自己的要求，最后演变成了一场各小组的势力争夺战。

赞纽克说：“如果金属薄板的设计出了差错，返工，重新设计，改正错误。仅这一项就要花费 900 万美元。如果在开始加工金属薄板之前就发现设计错误，那就可以少花这 900 万。要想及时纠正错误，我就需要早一点知道问题出在哪里。”

一般在新车的设计过程中，零件规格需要小幅修正的地方会有数百处。所以，95 款林肯“大陆”设计组在一开始时的预算是 9 000 万美元。可是，在美国汽车工业中，修改零部件的花费通常都会超出预算。赞纽克了解到，在日本，零部件设计的修改是在未定型、未进行机器加工前进行的，因为一旦加工定型，再修改，费用就增加了。

赞纽克说：“我们发现，设计者担心丢面子或是受指责，所以往往事先隐瞒不报设计上需要修改的地方。他们往往心存侥幸，心想或许有人先承认自己设计的不对，替自己代过。他们以为：‘如果有人修改车厢板设计的错误，那时，我再修改自己挡泥板的设计差错，这样就没人注意到我出错了。’每个人都心存恐惧时，怎能期望他们说出真相呢？”

该公司开会的方式也有所改变，所以事情出现了转机。赞纽克说：“我们鼓励每个开会的人都谈谈自己内心的真实想法。管理层以前以为自己什么问题都能解决，遇到难处理的问题也不好意思承认。我们认为应该改变这种心态，鼓励大家把心里话说出来，提出解决方法，然后征询大家的意见。”

过去的会议是政治角力与争面子的比赛，采取更坦诚的沟通方式后，大家的团队意识大大增强。有人不同意某个决定时，可以直接提出来，使用已经学会的方法进行谨慎的交流。大家学会彼此尊重，谈谈自己内心的感受和想法。赞纽克说：“人们不同意某个观点，往往是有原因的，而这种异议往往可以改变整个决定。不过，我们需要一些时间才能进行十分默契和开诚布公的讨论。”[16]

以高情商的方式进行会议讨论具有实在的益处，“我们发现各小组不再格格不入，不再牺牲其他小组的利益来保证自己的成本和质量目标，大家开始齐心一意工作，不再各自为政。一旦各小组都顾全大局，知道怎样为他人考虑，就会不断互相协调。有些设计小组甚至放弃自己的预算，让给其他小组，这些事在传统的汽车设计领域可以说是天方夜谭一般。”

最终结果如何呢？赞纽克说：“我们在生产样车之前 18 个月就完

成了 700 次零部件的规格修正，而一般公司都是到最后一分钟还在不断修改设计，耗费大量财力。在 9 000 万美元的预算中，仅是在更换加工设备方面，我们就节省了 6 000 万美元。虽然我们开始设计的时间晚了 4 个月，但是，我们提前 1 个月完成了任务。”

第十三章

工作业绩与情商

美国通用公司电器用品部门的销售业绩严重下降，部门经理为此忧心忡忡。研究销售图表以后，他们发现销售额呈现出缓降的趋势，大家意识到销售部门在市场行销方面存在严重问题。于是，大家迅速想办法。他们应该把焦点放在价格或广告上面吗？还是应该在市场营销的其他方面做出改进呢？

这时，公司财务部主管拿出一张表格，并指出消费者的负债已经达到饱和。由此可见，不是公司市场份额在下降，而是客户没有消费能力购买大型电器。

一位与会者回忆："突然间，众人恍然大悟，大家开始从新的视角重新审视这个问题。"大家听到上述内容后，把讨论焦点从市场转移到了财务，于是开始讨论怎样帮助消费者减轻购买大型电器的压力。[1]

这一关键信息出现得很及时，大家看问题更全面，避免了公司由于错误决定而造成的损失。

这个例子说明组织也和个人一样具有某种智慧。[2] 所谓智慧，最简单的定义就是解决问题、应对挑战、制造有价值产品的能力。[3] 在这层意义来说，组织智慧与组织内部的人际互动、文化塑造和角色扮演等多种因素密切相关。

组织内的知识和专业技能分别掌握在不同员工手里，没有人能掌握组织所需的全部信息，财务人员掌握一种知识，销售人员掌握的是另一种知识，研发部门拥有的是第三种知识。在组织大环境中人们及时沟通互助，才能充分发挥组织优势。

组织就好像是一张连结信息的大网，环环相扣相叠。组织内信息顺畅流通，公司就可以根据所获得的信息调整决策。从系统理论中我们学到，在瞬息万变、竞争激烈的环境中，一个组织如果能广泛搜集信息，充分整理并加以灵活运用，就具有更强的生存能力，也更容易适应大环境。

上述理论适用于小公司，也适用于大企业。我们可以说，组织内部信息的流通方式决定着组织的竞争力。我们可以用另一种说法来描述信息流通，我们可称之为“智慧资源”，包括专利、制造技术、管理技能、技术以及客户、供应商和商业实践等有关信息的积累。每个公司成员的知识和经验的总和决定着组织的竞争力，不过，组织必须做好动员工作。

组织智慧最大化

负责为施乐公司维修复印机的技术代表总是浪费大量时间。或者，我们可以这样说，施乐公司观察这些技术代表的工作方式，认为他们浪费了很多时间。

表面看来这些技术代表花很多时间一起闲谈，而不是专心为客户提供帮助。他们习惯性地聚在某个零件仓库，一起喝咖啡，同时聊聊各自的经历、趣闻。

从工作效率的角度来说，他们明显是在浪费时间。可是，施乐公司的首席科学家约翰·西里·布朗却有不同看法。布朗派了一位经验丰富的人类学家去了解这些技术代表。结果这位研究人员发现，这种聊天并不是浪费时间，技术代表聚在一起交流，反而能增强工作能力和提高效率。

布朗说，现场外勤服务是“一种社会性的活动。与大多数工作一样，它涉及专业人员之间的沟通和互动。技术人员不只是在维修机器而已，他们也在探讨怎样才能更好完成工作”。[4]

这些技术人员掌握专业知识和技术，通过交流，把各自掌握的技术或知识进行分享和传播。布朗说：“组织员工在实践中交流，往往交流方式很随意，是即兴的，场合往往是非正式的，不过这也是智慧火花容易迸发的时候。某些人正好借着这个机会寻找工作中某些难题的解决方案，在正规渠道往往是找不到这种解决方案的。”

工作与学习都是社会行为。布朗指出，组织是“人人都要参与其中的人际网”。任何专业人才要想有出色的表现，关键是要与他人互相激发热情和责任心。这两种品质不是强迫的结果，而是逐渐培养的结果。布朗说：“只有员工主动去培养热情和责任心，心甘情愿对同事互相负责，整个公司才能在竞争中胜出。”

这就是情商发挥作用的地方。一个组织整体的情商决定了该组织知识资本能够发挥到什么程度，也决定着组织的总体业绩水平。要想充分运用知识资本，就要协调好组织内有知识和专长的员工彼此间的人际关系。

组织的竞争力与员工的技术专长和关键能力是成正比的。要想让自己的公司胜出，就要看自己公司内部员工间的人际关系如何。布朗说：“只有融入人际网，人们的能力才能得以充分发挥，你不能离开这个网络空谈能力。”

要想让一个团队的集体智商最大化，就要对团队内的成员进行合理安排。组织的情商也是如此。组织的整个情感状态、人际关系、整体政治气氛等因素既可增强也可削弱工作成果。如果员工不能好好合作，工作时缺乏主动性，各自为政，互不联系，或是团队成员情感能力脆弱，那么组织的集体智商也必然受到损害。

为了更好协调组织内知识和技能的分配，有些公司设立了一个新职位，称之为“首席学习官”，首席学习官主要负责管理组织内部的知识与信息。不过，组织智商不是数据库或专业知识技术那么简单而已。尽管有些组织对信息技术依赖很大，但也是通过人来运用这些信息技术的。设立首席学习官的组织不妨拓宽首席学习官的工作职能范围，把发展组织的整体情商也包含在内。

情商组织之案例分析

- 某公司一位副总裁说：“我们是一家年销售额上百亿美元的电子通信公司。可是，我们的前任领导非常专横，我们这些新领导面对的是他留下的棘手局面。现在我们正在医治组织的创伤，让组织情商高一些，这样，我们的销售额可以再增长 100 亿美元。”

• 欧洲一家航空公司的管理者说:“我们刚进行了一次大型改革,还要改革更多。我们很需要赢得员工的信任,希望我们做管理者的能够设身处地考虑问题,大家彼此理解。从整个公司的角度说,我们需要一个高情商的领导团队。”

• 一家高科技公司的管理者说:“我们的组织文化与组织的工程和生产活动息息相关,然而我们希望营造一种大家相互信任、坦诚相待、注重团队合作的气氛。这种气氛使大家能以一种直率、真诚的方式处理情感问题。我们发现,公司的许多管理者并不擅长处理情感问题。我们期望大家有更高的情商。”

如今,越来越多的公司想要提高组织整体的情商,无论这些公司是否提到“情商”这两个字,实际上,它们都已经在重视情商了。一个组织整体的情商绝不是一种评估指标而已,组织内的情商确实会对组织产生实际影响。

米切尔·卡普尔(Mitchell Kapor)是莲花发展公司的创建者和前首席执行官,现在他是高新技术公司的投资人。他告诉我,他们公司在投资一家公司之前,总是看看该公司的情商达到了什么程度。

他说:“我们要了解是否有人对公司的运作表示不满或感到气愤,人们是否心怀怨恨,与公司对着干。公司与人一样,都有各自的气质。如果公司对投资者、员工或客户颐指气使,那么这个公司迟早要承担相应后果。公司刚开业就弥漫着怒气,即使公司暂时成功了,也早晚会遇到麻烦,甚至遭人起诉。”

我们从数据资料能得到清晰论据，证明公司的情商决定着公司的竞争优势。萨拉托加研究院的杰克·菲茨–因兹（Jac Fitz-Enz）就提供了相关数据。这些数据来自于人力资源管理协会资助的一个项目。从 1986 年起，该研究院开始搜集 20 多个国家近 600 家公司的数据。这些数据详细描述了这些公司的政策和经营状况。该研究院以公司盈利状况、资金周转时间、产品生产及销售额以及其他经营指标为衡量根据，对一批一流公司进行了研究和分析。[5]

研究这些顶尖公司之后，他们发现，这些优秀公司在人力资源管理方面有如下共通之处：[6]

- 公司工作中人力资源与财务保持平衡。
- 公司专注于一项基本策略。
- 设定了一些促进成长的激励措施。
- 与所有股东保持坦诚沟通，建立互信基础。
- 无论公司内外都努力建立有利于竞争的关系。
- 互助合作，资源共享。
- 勇于创新、冒险，讲求共同学习。
- 具有不断改进和提升竞争力的热忱。

上面列出的各种特征与成功人士具备的情感能力特质相类似。比如，最后一条“具有不断提升竞争力的热忱”就与第六章所说的成就驱动力不谋而合。其他像勇于创新、冒险、互助合作、建立有利于竞争的关系、坦诚沟通、建立互信基础、主动、专注等，也都是成功人士的共同特点。

不过，这里我们谈的不是个人成功，而是成功组织必备的特质。[7] 组织和个人一样，同样要具备三种能力：认知能力（包括处理知识的能力）、技术专长、人力资源管理能力（涉及社交与情感能力）。

不过，高情商组织究竟是怎样的呢？我们可以把亿康先达国际咨询公司这家跨国高管猎头公司作为典型进行分析。[8]

国际团队需要的人才

维克多·洛文斯坦（Victor Loewenstein）正面临一项艰巨的国际性任务：世界银行请他物色一位新副总裁，并告诉他可以在世界范围内寻找合适人选。当然，这个人必须精通金融业务。世界银行努力使自己多元化，所以不想找美国人做副总裁，因为该银行的各级部门里美国人够多了。洛文斯坦是亿康先达纽约办事处的合伙人，该公司坐落于纽约曼哈顿商业街。

一接到生意，洛文斯坦就打电话指示公司在世界各地的办事处迅速行动，赶紧物色人选。他后来说："凡是有这类财经背景人才的国家，我都和当地的办事处联络，算起来大概有 20 个国家和地区，多数备选人才是在欧洲，不过也有在中国香港、日本、新加坡和澳大利亚的人才。"

通过世界各地的办事处，洛文斯坦收到了 20 位候选人的档案。在这些人当中，他看中了 8 位最有希望做副总裁的人，于是请当地办事处对他们面试，进一步了解他们的专业技能，结果淘汰了两位。

他说："除了专业方面的要求，候选人还需具备能融入世界银行这个特殊工作环境的特质。由于我是接受任务委托的人，所以公司里只有我才能决定最终人选。”为了面试最后的6个人，洛文斯坦亲自飞往世界各地，逐一面试。

他说：“世界银行特别强调团队合作。你必须能与同事协力合作，做决定时也要事先和大家保持意见的统一；那里也没有个人英雄。举例说，有一个候选人是个投资银行家，他被淘汰的原因是个人野心太大。他绝不能适应世界银行这种注重团队精神的环境。”

最终，候选人中只剩下两位，洛文斯坦认为他们在专业技能和个人特质方面都比较适合世界银行，最终选中的是一位来自荷兰著名会计公司的资深合伙人。洛文斯坦知道，如果单靠自己的能力，他不可能在世界范围内找到这么合适的人才，只有依靠覆盖世界的关系网络，自己才能顺利完成任务。

上述例子很能反映亿康先达的处事风格，它能够将分散在世界各地的办事处连接成缜密的国际网络，信息交流十分畅通。

再举个例子，日本一家汽车制造商想要找一位车型设计专家，亿康先达就动员美国、英国、法国、意大利的办事处行动起来，在这些国家的汽车行业内找寻合适人选。同时，公司在东京的办事处负责协调整个搜寻工作。

另外还有一个例子，一家总部设在欧洲的跨国公司请亿康先达找一位人力资源经理，结果公司的纽约办事处在亚洲找到了最佳人选，然后由公司的香港办事处面试。最后，再由公司的伦敦办事处推荐给客户。

我为人人——合作带来经济效益

亿康先达的基本信条就是紧密合作。该公司需要依赖分散在世界各地的办事处才能运作。公司之所以能顺利运作，主要是因为公司在发展过程中大胆创新，把分布在世界各地的办事处作为一个整体团队进行运作。各处负责人总共有100名左右，按照统一方式分配利润，也用统一的方法分配员工的工资。整个公司使用单一利润分配体系，利润分配统一化。

大多数猎头公司的分红标准都将公司总部、各地办事处和个人业绩等因素综合考虑在内，表现特别优异的个人可能因为业绩突出直接分得若干比例的分红。亿康先达的做法却完全不同，该公司的首席执行官丹尼尔·梅兰（Daniel Meiland）说："本公司最大的优势就是我们没有'优秀员工'的观念。"

这种收入与权力平等的做法促成了公司内"人人为我，我为人人"的精神，这在人力资源行业是与众不同的。其他猎头公司一般采用常规的奖金制度，哪个人找到的人才越多，奖金越丰厚。

另一家猎头公司的主管告诉我："我有很多信息和资源，但是我不会分享给其他人，因为我的薪金与我介绍人才的数目挂钩。如果我搜寻人才时发现其他方面的紧缺人才，就会记录下来，便于下次我工作需要时去找他。我不会把他的信息分享给同事。再说，我也不确定下一年自己是否还在这家公司工作。我为什么要献出储备好的人才资源呢？"

亿康先达共有48个办事处，员工来自39个国家以及8个地区，他们分散在39个国家工作，大家齐心协力统一行动。洛文斯坦说：“我们公司与其他公司最大的不同之处在于，我们同舟共济，从不各自为政，也不会为各自利益去单独招揽生意。我们越是紧密合作，工作成效就越大，就能越快完成任务。”

亿康先达的薪金分配模式在行业内十分独特，与其他公司的做法截然不同，直到今天，也只有少数几家同行采取这种模式。此外，亿康先达各办事处的合伙人是平等的。一般人力资源专家在工作6年后，才能成为该公司正式的合伙人。虽然公司创始人一开始拥有全部股份，可是现在他与大家一样，只有一份股份。

他说：“我认为把股份分散就能留住最好的合作伙伴，这样大家都是公司的股东。”

“我们怎样合作呢？我们分配利润时不考虑个人的工作成绩，我们也不用个人业绩评估任何人，这样在德国的同事花时间帮东京的同事寻找人才时，才会尽心尽力。这样一来，没有人只关注一笔生意自己能赚多少钱，因为大家获得的利润均等。有时一个办事处亏损，但它能和创利最多的办事处获得同样的报酬。”

布宜诺斯艾利斯办事处的费洛迪说：“我们共同组成一个大的网络，大家共享专业知识，彼此信任。我很愿意与世界各地的同事一同分享阿根廷的所有信息，他们也同样乐意帮助我，因为我们的收入取决于公司的总收入额。”

公司人人平等的报酬方式反映出公司创始人对团队合作的深刻认

识。他说:“我发现有些员工做的并不是分内之事,而是别的,比如找新客户或是组织德国的哈佛大学校友会等。其实在我看来,他们做的事与帮助别人找到职位同样有价值。我们不需要个人明星,我需要的是每个人都能帮助别人成为明星。”

集体成就

团队合作回报丰厚。亿康先达就整体而言业绩非常优秀。作为一家专门从事搜寻首席执行官和组织高管人才的猎头公司,亿康先达是世界上平均盈利最高的猎头公司。到 1997 年为止,近 6 年来公司利润年年增加。

从经济信息部门提供的数据来看,1995 年,世界顶尖的 20 家猎头公司每位人才搜寻专家平均获得净利润 57.7 万美元。[9] 而同年,亿康先达人均获利达 90.8 万美元,比该行业顶尖公司高出近 60%。在该行业,一位新员工要经过 3—5 年才能进入高效的工作状态。但 1997 年,亿康先达新增加了 27%的员工,平均而言,每个新人创利达到 110 万美元。

亿康先达的服务对很多公司至关重要。一般来说,公司替换掉一位不胜任的高级主管花费颇多,至少约 50 万美元。可是,找到合适人选胜任公司要职对公司整体的影响更非比寻常。

在第三章我们谈过,一个人所处职位越复杂,越是大权在握,对公司的盈利的影响越大,所以寻找高级人才时必须多花心思。费洛迪说:“很多公司都是因为业绩不佳,所以请我们寻找新的管理者人才。

找到合适人选之后，公司业绩通常有惊人的增长。”

更胜任的管理者所带来的改变不只是利润增加，还包括在生产率、销售量、成本等方面的改进。同时，员工精神面貌更好，工作更热情，合作更紧密，人员更替或人才流失也大大减少。费洛迪说："高级管理者对经济利益影响巨大，他们能创造财富，也能带来重大利益损失。一个人职位越高，所起的作用就越大，不过也可能产生越严重的后果。”

诚信原则

易仁达（Zehnder）是亿康先达的创始人，他把人才搜寻行业引进欧洲，在这方面他功不可没。在欧洲，他的公司至今仍是最出色的高管人才猎头公司。20 世纪 50 年代，易仁达刚获得哈佛大学工商管理硕士学位后不久，就到美国史宾沙-斯图尔特猎头公司工作，并先后为公司在苏黎世、伦敦、法兰克福、巴黎等地设立了办事处。

诚信一向是亿康先达的文化特色。这一价值观可以从 1964 年易仁达自立门户后采取的收费方式看出来。

他说："一般的收费方式是按所搜寻人才的年薪的比例索取佣金。此外，只有你为客户找到人才时才能得到佣金。这种付费方式导致一种结果，就是猎头公司总是找薪酬要求最高的候选人并将其推荐给相关公司，所以其所推荐的人才不一定适合该公司，一般猎头公司推荐人才时只考虑自身利益最大化。”

易仁达完全改变了行业内这种不合理的收费方式，他坚持找到合适的胜任工作的人才后才接受佣金。在接受任务时，亿康先达根据寻找人才的难易程度，收取相应的费用。

正是因为易仁达采取这种收费方式，所以亿康先达把搜寻最合适的人才作为终极目标，也就不会只看那些要价最高的候选人。他们选择的这种收费方式公开透明。有时，他们收取的佣金比其他猎头公司收取的费用要低。该公司首席执行官丹尼尔·梅兰说，虽然利润看来减少了，但是我们赢得了顾客的信任。他说："客户愿意支付佣金，实际上是对人才搜寻专家和公司的信任。作为一家专业公司，我们不能反复无常。我们不能今天收取 70% 的佣金，明天又收取另一比例的佣金。"

公司借此经营方式可以与客户建立长期的合作关系，争取到更多业务。纽约办事处的李·波默罗伊（Lee Pomeroy）讲述了一个案例：他们为美国一家大型银行寻找研发部主管。搜寻工作相对简单，于是他们收取的佣金只是 11 万美元。而那个职位第一年的年薪就是 100 多万美元，如果换作另一家猎头公司，就会收取 33 万多美元的佣金。

波默罗伊说："以行业标准来看，我们可以收取更多佣金，相比之下，我们的收费比例确实很低。但是，我们不断从那家银行得到更多生意。从那家银行随后又来了两笔生意，每笔生意我们收取了 150 万美元的佣金。当然，那两笔生意是在世界范围搜寻所需人才，难度也大得多。"

亿康先达追求利润，也不忘回馈社会。公司鼓励合伙人无偿为慈善机构、医院、大学和政府部门寻找人才。亿康先达的宗旨是："金钱不是公司唯一的动力或目标。"本书写作期间，该公司纽约办事处正在主动无偿为一些长期客户寻找高素质的特别人才。

这些无偿服务对于公司来说也不是没有回报的。易仁达指出，"在整个服务过程中，我们不仅展示了自己的能力、才干，也表明自己乐于为他人服务。这些无私的表现有助于我们吸引新的客户。"

亿康先达正是通过自然形成的人际关系网发展业务。以传统眼光来看，亿康先达似乎缺乏行销策略，公司从不打广告，公司合伙人也不爱在媒体上露面。其实，公司合伙人多是通过日常业务、参与社区活动，来建立人脉的，此外，公司每个员工都很擅长建立人际关系网。

凝聚情感

亿康先达的一大特色就是员工对公司忠心耿耿。同时，公司也与盈利少的办事处保持密切沟通。20 世纪 90 年代初，部分较小的办事处业绩欠佳，可是公司仍然继续保留这些办事处，不裁员。这与业内其他公司的做法截然不同。

梅兰说："如果市场萧条，其他猎头公司就会大裁员或流失很多员工。这些猎头公司就会来我们公司挖人才，可是我们公司从来不会去同行那里挖墙脚。我们是怎样留住人才的呢？这里的员工说，'这是我工作过的最好的公司，我在这儿感觉很舒服。'在这里人们有安全感。"

安全感一定伴随着一定的责任。薪金制度如果完全不考虑个人业绩的差异也会造成一些问题，在亿康先达，最不能宽恕的罪过就是懒惰。易仁达告诉我说：“只有大家各尽所能，我们整个制度才会有效。不劳而获是不可饶恕的，这与努力工作却暂时未成功完全是两回事。”

在这样一个联系紧密的团队中，“同辈压力和避免尴尬”是推动每个人努力的最大动力。有些人工作不太用心，梅兰就会提醒他：“你投入的时间和拜访的客户都不太多。”

如果受警告的人还没什么改进，那么，他的薪资等级就会降低。例如，由10年资历等级降到5年资历等级；如果该年度工作情况仍无改善，那就降到3年资历等级。不过，这种情况很少发生，因为同事对彼此和公司都有强烈的责任心和认同感。

人们加入公司并留了下来，就表明他们把这里当成个大家庭。一位合伙人说：“我们都知道，我们大家将会共事多年。因此，我们一开始就打算一起花时间和精力建立彼此间的友好关系。”

公司每半年会举行一次会议，目的是联络感情。会议中会介绍新人，还会有一个仪式：播放与新人有关的幻灯片，内容包括他从婴孩时期到现今的照片和成长经历。费洛迪说：“这是彼此认识的好机会。这很重要，因为人才就是本公司最大的资产。”

这一切都有助于凝聚情感。易仁达说：“我们能留住最优秀的人才。他们喜爱这里的气氛和文化。公司就像一个大家庭。我们理解、体谅同事生活中遇到的难题，理解他们的家庭危机、疾病、子女等难题。”

纽约办事处一个员工休产假时，几位同事主动承担她尚未做完的工作。他们其中一位说:“帮助同事和朋友是分内之事。”有一次，维克多·洛文斯坦患重病需要进行紧急手术，全公司每天都关注他的健康状况。有一位新入职的员工在试用期时经诊断患了癌症，尽管他还没成为公司的正式员工，可是毕竟公司已录用了他。所以，从他被诊断出癌症直至去世的这三年，公司一直给他支付工资。

费洛迪说:“我们大家彼此关注，互相关心。”公司也期望员工在家庭和工作间保持平衡。虽然公司在业界是一流的公司，可是公司却不希望员工变成工作狂，一天到晚沉迷工作而毁掉家庭生活。

易仁达说:“二三十年前，人们为了公司业绩，甘心放弃自己的家庭、婚姻以及个人时间等一切。现在，如果人们还那样做，可就大错特错了。”

亿康先达家庭般的气氛与其高度民主化的制度有关。公司一位合伙人指出:“公司高层所做的事与基层所做的差不多。”也就是说，无论资历多深或职位多高，每个人的工作性质都大致相同。伦敦办事处的菲利普·维维安（Philip Vivian）说:“这种分工方式能强烈地强化上下级之间的关系，而工作的稳定性和薪金制度则增强了同级员工之间的关系。”的确，公司内的结构是网状的人际关系，而非森严的等级制度。

需要帮助的时候

亿康先达的经营风格依靠多重因素的配合：密切合作，坦诚沟通，尊重彼此差异，讲求团队合作。庞大的关系网与集体追求进步的动机是公司成长的关键。

公司平等的薪资结构要能运作，就必须每个人都诚信、具有良知。公司的业务只有一种，就是为客户找寻最合适的人选，这就需要员工具有同理心、敏锐的洞察力和组织意识（organizational awareness），需要员工与客户建立长期关系，也要不断满足客户需求。丹尼尔·梅兰告诉我："在我们所做的工作中，情商是一切的基础。"事实也确实如此。

然而在实际工作中，公司怎样体现情感能力的重要性呢？以下是典型的例子：该公司替客户搜寻人才时，重点考量组织与候选人之间的关系和感情会是如何。在考评未来的人才猎头时，他们也注意观察这些猎头与客户公司之间的情感关系如何。

其他猎头公司很喜欢从别的猎头公司招聘人才，因为这些人一到公司就能为公司带来资源。但是，亿康先达不会这样做。他们从不招聘在其他猎头公司工作过的人。他们重视的是应聘者的个人特质，而不是他们能带多少客户过来。

智商和专业技能当然是招聘猎头的必要条件，从事这种高度复杂的工作，智力因素非常重要。被录用的猎头在其他行业都做得很成功，并且至少拥有两项高等学历（通常是毕业于高等学府的工商管理硕士和法律专业人才，约25%的人拥有博士学位）。缺乏这两个条件的人没有资格应聘该公司，这两个条件只是该公司候选人的基本条件而已。

人力雷达

亿康先达有100位左右的合伙人。一般来说，招聘一位猎头时，要有20位合伙人，有时甚至有40位合伙人去面试应聘者。易仁达本人一年要亲自面试约150位挑选过的应聘者。但是，他也没有最终决定权。他说，只有一两次，他曾强力反对看似条件绝佳的应聘者。

易仁达说："在这行业里工作，我们需要有雷达一样的敏锐度，不过只有经验丰富以后才能有这种敏感度。我们的员工需要在工作和做研究时十分努力。他们阅人越多，就越有雷达一样的直觉。"

应聘该公司的人要在4方面受到考评。第一是认知能力，即解决问题、逻辑推理和分析能力等。其他三方面则涉及与情商有关的素质。其内容如下：

- **工作中建立人际关系**：善于团队合作，有自信和个人风格，善于倾听，具有同情心，有说服力，成熟，值得信赖。
- **能完成任务**：自主自发工作，有足够动力和冲劲去完成任务，具备常识和判断力，独立且富有创意，具备领导潜能。
- **个人特质**：具备朋友、同事、合伙人所需的特质，诚实且忠于自己的价值观，擅长交际，有幽默感，谦虚，个人生活丰富多彩，兴趣广泛，了解公司的特质与价值观。

上述标准确实很高，不过理由很充分。费洛迪说："我们招聘员工好像接受一位新的家庭成员，所以要做长远考虑。我们不希望招一个人进来就是为了减轻别人的工作量，我们是在寻找未来的合作伙伴。”

易仁达直言不讳：“我们公司只给热忱的家庭成员留位置。”这绝不是空洞的口号。公司记录显示，被公司录用的人当中有大约 90% 成为公司的合伙人，离开公司的人只有 3% 左右。而其他公司员工流动率平均高达 30% 左右。这个行业的常见情况是，一个人只要累积了足够的实力，就自己出去开公司。

易仁达说：“在决定录用一个人之前，我们会和他谈两个小时，了解他的价值观，问问他看不看歌剧，喜欢看什么书，重视什么，也要了解他会不会迫于现实压力而放弃个人价值标准。”

除了组织目标之外，易仁达坦率地说：“我希望大家工作的时候心情愉快。我希望录用的人是那种可以在周末时坐下来一起吃饭的朋友。在我们这个行业里，你需要和同事建立信任感。我希望录用那些我发自内心喜欢的人，就是凌晨三点我精疲力竭时看到了他却仍然不感到厌烦的那种人。”

后　记

企业就像一个有机体，会经历诞生、成长、成熟、死亡等不同阶段。公司也有自己的寿命。回顾以往可知未来，我们能够推测如今《财富》500 强的公司 40 年后有 2/3 会消亡。[1]

企业存亡体现优胜劣汰法则。我们看出，企业要想生存，就必须具备高等的情感能力。

造成企业衰亡的因素很多，比如，市场巨变，公司短视、急功近利，企业互相吞并，竞争对手推出新技术等。情感能力过低会威胁企业的生存能力，企业缺乏情感能力，就好比人的免疫系统出毛病一样。

情感能力是维持企业健康和促进成长的营养激素。企业如果能培养自我意识、自我调节能力、成就驱动力、同理心、领导力、坦诚沟通等能力，那么无论将来发生什么事，都会比别人更具竞争力。

企业如此，个人亦如此。

传统的生意方式已经不起作用了，高度竞争的经济局势时刻考验着每个人的应变能力。在以往的经济体制下，员工往往与管理阶层对立，而且单纯以技术赚取薪水。现在企业内的规则正在快速改写。以往的上下级关系逐渐演变成了复杂的网络关系，员工与管理阶层的关系由对立转化为合作，单一的薪资制度被复杂的奖金、分红、股份拥有权等综合制度取代。人们仅凭一技之长不足以维持金饭碗，如今的工作需要我们终生学习。

经济环境改变，企业要生存所需的能力也发生改变，想超越同行更不容易。情感能力如今越来越具价值。竞争压力越来越大，企业员工必须积极进取，有首创精神，具有超越自我的动力，有越挫越勇的乐观态度。新的经济环境下，人们需要为客户提供更优质的服务，也要与更丰富多样的人建立和谐的人际关系，所以同理心显得更加重要。

与此同时，上下级关系已经演变成了环环相扣的网络，团队合作更加受到重视，这时，传统人际技巧——建立人际关系、发挥影响力、互助合作等再度受到重视。

领导者本质的改变也是不容忽视的趋势。下一世纪的领导者需要具备的能力与现今领导者的能力必定存在巨大差异。推动改变、适应能力、善用多元化资源、团队合作等能力在 10 年前还不受重视，如今却显得越来越重要。

下一代与未来职场

我们怎样帮助自己的孩子准备好适应未来的职场呢？对我们下一代进行教育时，情感能力的教育是必不可少的。如果孩子已经工作，那么就需要培养他们的情感能力了。当然，要想做到这点，就需要重新审视何谓教育的基本内容了。情商对于孩子的未来发展意义重大，所以这与学校规定学习的文化知识是同等重要的。

世界各地的父母意识到，除了学校讲授的传统知识之外，还要更好地装备孩子。伊利诺伊大学芝加哥分校的社会与情感学习合作项目（Collaborative for Social and Emotional Learning）在报告中写道，如今美国上千所学校共有150多种不同的情感能力课程。在亚洲、欧洲、美洲、大洋洲等地，类似的情感课程层出不穷。

也许最具远见的做法是，提倡政府、学校、企业共同合作，提高整个社区的整体情商。举个例子，在罗德岛，人们主动将情感能力教育种子撒遍各地，包括学校、监狱、医院、精神疾病康复中心以及再就业培训项目等。

有远见的企业深知学校教育的素质影响未来企业员工的素质。可以说，公司鼓励员工接受情感能力教育课程，既是信誉的展示，也是一项务实的投资。如果学生在校时没有学好做人的基本技能，等他们成为企业员工时，公司就要为他们提供补救式的教育。我们很高兴看到企业与学校合作，促进情感能力教育，因为这对社区的社会生活以及全社会的经济繁荣有积极作用。

未来公司：临时团队

企业必须做到用人唯才，尊重员工的自主性，才能提高整个公司的情商。现在美国有77%的知识型员工说他们拥有工作时的自主权，而不必事事听命于上级。[2]

这种趋势因电子通信的普及而日益流行。然而，具有自主性并非为所欲为，员工也必须表现出自制、信任感、自觉性等特质。由于人们如今大多主要考虑自己，很少为公司考虑，所以员工需要与公司保持良好的关系才行，这就需要员工具备高情商。

拥有自主权的员工是未来职场的中流砥柱。他们的作用有些像免疫系统，好比四处移动的细胞，一旦得知发生紧急状况，就立刻集结成紧密的团队前去救援，任务完成后立刻解散。同样，企业内部也会因任务需求，将相关人才组成团队，在任务完成后团队成员就会各自回到原部门。事实上，娱乐业目前已经在运用此模式运作。可以预想，未来其他行业也会如此。

这种任务团队的领导者通常由具备特定才能的人担任，而非因循传统的管理层级，所以这类小组特别灵活多变。这种类型的临时编组在企业内部越来越常见。有些公司平时员工一起聊天，共同交流信息，彼此联系紧密，这正是为临时组建团队创建基础。

值得我们忧虑的是，未来的职场是否会越来越严酷，是否会压力越来越大，让员工产生不安全感，甚至丧失生活中的乐趣。不知在未来的现实世界中，我们能否找到令人兴奋、充实又能丰富生活的工作方式。

无论怎样

令人欣慰的是，情商是可以通过学习提高的，就个人而言，在工作不稳定的现代社会里，提高情商可以增强个人的生存能力。

在各行各业，人们发现情感能力是可以评估和提高的，这说明增强情感能力也可以提高企业的业绩和竞争力。员工可以调整个人情感以满足公司的需求。

从个人角度来说，情商的各个方面都可以被定义、评估和提高。从群体角度来说，企业注重人际互动的调整，借此提高团队的情感能力。从企业角度来说，公司会把情商放在更重要的位置上，要改变传统的价值观念。具体来说，企业会在招聘、培训员工，对员工业绩评估、晋升、加薪时会优先考虑情商。

当然，情商不是万能药，无法保证企业市场占有率或盈利的增加。企业本身就是高度复杂的，不可能用单一处方就可以解决所有问题。不过，一切终究要回归到人身上，人的问题没有解决，其他问题免谈。在未来，员工能紧密合作的公司将更具有竞争力，因此，情商显得尤为重要。

除了在目前企业内要体现情商外，在各种工作场合，或是生活的其他方面，情商都是我们必备的素质。这样，我们就能保存人性美好的一面和健全的思想，不至于走极端。不论职场如何多变，培养高情商不仅能让你更有竞争力，更重要的是，你能充分享受工作与生活的乐趣。

附录 1
情商

情商指的是我们识别自己和他人情绪、激励我们进步，并且进行情绪控制、左右人际关系的能力。情商与学术能力和以智商为衡量标准的认知能力不同，却可以弥补学术能力与认知能力的缺陷。很多人在校读书时成绩优异，但是缺乏情商，结果只好为那些比他们智商低、情商高的老板打工。

智商和情商可说是两种不同的能力，一个属于智力层面，一个属于情感层面，这两种能力发挥作用时涉及大脑不同部分的运作。智力活动与大脑顶部的新皮层密切相关，而情感中枢则位于大脑较深层的部位，在更深的下皮层。情商与情感中枢活动密切相关，并且与智力活动彼此协调。

霍华德·加德纳是智力研究方面最具影响力的理论家之一，他指出了智力与情感能力之间存在的差别。霍华德·加德纳是哈佛大学的心理学家，1983 年，他提出了“多种智力”模式（multiple intelligence），引起广泛关注。[1] 他列举出了 7 种智力类型，当中不仅包括为人熟知的语言能力和数学能力，也包括两种个人能力：了解自己内心世界的能力和为人处世的能力。

1990 年，耶鲁大学心理学家彼得·萨洛维和现工作于新罕布什尔大学的约翰·梅耶对情商理论进行了全面阐述。[2] 另一位情商研究的先驱者是以色列心理学家鲁文·巴昂，他在 20 世纪 80 年代提出了另一种情商模式。[3] 近些年，其他心理学家纷纷针对情商提出了不同理论。

萨洛维和梅耶这样定义情商：能监测并调整自我和他人的情绪，善用情感能力引导思想和行动的能力。他们至今仍在不断完善情商理论，不过我对这套理论进行了改进，使之更容易理解、更实用。人们看过我改动后的理论模型，就能更清楚明白情感能力如何在工作场合发挥作用。我改写后的情商理论模型包含以下 5 种基本的情感和社交能力：

- **自我意识**：了解自己当前的感受，根据当前感受做出恰当选择；对自我能力有客观的评价，抱有根基牢固的自信心。
- **自我调节能力**：控制好自己的情绪，使情绪不至干扰手头工作，反而能促进工作的完成；有责任感，为实现目标可以把个人愿望搁置一旁；能够从低落情绪中振作起来。

- **成就驱动力**：善于运用自己内心深处的倾向或愿望推动并引导自我实现目标，采取主动，努力进步。强烈的成就驱动力也有助于我们面对挫折仍锲而不舍。

- **同理心**：能察觉他人感受，能够从他人角度看问题，能够与各种各样的人建立和谐的人际关系，和睦共处。

- **社交能力**：能很好处理人际关系中涉及的情感问题，能准确认清社交时的形势和人际网络关系；与人打交道时左右逢源；为公司和团队运用自己社交技能开展说服、领导、谈判、处理纠纷等事务。

附录 2
评估优秀员工的能力

工作能力有两种，因此显示工作能力的模式也有两种。一种是基本能力，就是人们完成工作时所需的那种能力，在特定工作岗位完成相应工作时就需要某些特定能力。我所见过的大多数组织在衡量能力时都着眼于这种能力。

另一种工作能力模式体现的是决定表现优秀与否的能力，这种能力是优秀员工所特有的，让他们从平庸的工作者中脱颖而出。这种类型的能力是工作中人们想表现卓越所必须具备的能力。

比如说，在信息技术领域工作的人需要很强的技术方面的专业技能，这些技能属于完成工作时所需的基本能力。可是要想在这个领域出类拔萃，还需要具备另外两种能力，就是进取心以及说服和影响他人的能力，而这些能力都是情感能力。

尽管能力列表本身是很好的衡量指标，但从能力列表本身我们无法看出个人的良好表现所需的两种能力各占多少比重。其中可靠的数据莫过于有些人曾做过的研究，这些研究具体分析了优秀员工和一般员工每一种能力所占的比重。决定一个人优异表现时，如果按照重要性的比例来衡量，某一种认知能力可能是某一种情感能力的三倍，但某一种情感能力也可能是某一种认知能力的三倍。

为了更确切了解情感能力在优异业绩中所起的作用，我向波士顿的合益–麦克伯咨询公司的露丝·雅各布斯（Ruth Jacobs）和韦辰（Wei Chen）这两位研究人员请教。他们对来自 40 家公司的有关能力研究的数据进行了重新分析，借此评估什么能力把优秀员工与一般工作者区别开来。

结果显示，在工作中，表现优异的优秀员工比一般员工的纯认知能力多运用了 27%，情感能力却多运用了 53%。换句话说，优秀员工在工作中多体现的情感能力是纯认知能力的两倍多。

这一结论与我的研究结果吻合（参看本书第二章），对于上述数据我感到很满意，这足以证明情商对于优秀业绩所起的作用。

以上关于情感能力重要性的研究结果与其他关于工作中优秀表现的实证研究所揭示的一般模式不谋而合。相关研究的数据来自多种渠道。所有研究结果都表明，总体来说，要想有优秀的工作表现，情感能力比认知能力和专业技能所起的作用大得多。

例如，凯斯西储大学魏德海管理学院的博亚特兹曾针对 12 个不同企业内两千多名管理人员、中层经理和主管进行了一次典型的研究。[1] 他列举出 16 种能力，这些能力使优秀员工在众多员工中脱颖而出，在这 16 种能力当中，除了两种能力，其他能力都是情感能力。

合益–麦克伯咨询公司全球研究与技术部负责人小莱尔·斯宾塞曾对优秀员工进行过一次更大规模的研究，所得结论与以上结论相同。斯宾塞针对 286 家企业、组织的员工能力进行研究。这 286 家企业、组织有 2/3 在美国，1/3 在另 20 个国家。他分析的对象包括出类拔萃的主管或首席执行官等管理人员。研究对象的工作领域涉及市场营销、科学技术、医疗保健、政府、教育组织，甚至宗教组织。

斯宾塞在研究中锁定了 21 项关键能力，除了其中三项能力之外，其他能力都与情商密切相关。这三项能力是纯认知能力，其中有两项与智力有关，包括分析能力和概括能力，第三项能力是专业技能。换句话说，区分优秀员工和一般员工的关键能力中有超过 80%的能力和情商密切相关，纯认知能力所起作用只占少部分。

美国人事管理局人力资源与发展中心主任玛丽莲·高英主持了一次研究，彻底分析哪些能力决定了联邦政府中优秀工作者与一般工作者之间的差别。在我的请求下，史密斯学院劳工经济学家罗伯特·巴切尔也对这些数据进行了分析，他具体分析了在各阶层工作的人当中，优秀员工所运用的专业技能和人际交往能力等各起到多大作用。

研究发现，对于采购员和秘书助理等处于较低职位的人来说，专业技能比人际关系更为重要。可是，对于专业人才或管理人才等处于较高职位的人，人际交往能力比专业技能更为重要，更能决定谁是优秀员工。在较高职位工作的人，职位升得越高，人际交往能力（不是专业技能）的重要性就越大；人际交往能力越强的人，越容易有出色表现。

在我的请求之下，合益–麦克伯咨询公司的小莱尔·斯宾塞和韦辰又进行了一项针对领导者情感能力的研究。他们针对15家跨国公司的300多名高级行政管理人员进行了研究，结果发现，优秀管理者和一般管理者的区别主要在于6种能力，分别是感召力、团队领导力、组织意识、自信心、成就驱动力和领导艺术。

戴维·麦克莱兰也对高层管理者中表现优异的人进行过研究（本书第三章有所论述），结论相同。这些能力说明了情商的重要性，证明了从自我意识和成就驱动力再到社会洞察力和社交能力等众多情感能力的价值。在他们的研究结果中，只有自我调节能力没有提及。但是有57%的优秀员工都具有与自我调节相关的能力（在其他研究中，自我调节能力也被视为杰出人士必备能力之一）。

虽然优秀领导者与一般领导者的差别不在于专业技能或是智力水平，可是优秀领导者却表现出了一套认知能力（模式识别①和全局观），与一般领导者相比，他们在这套能力方面比别人多运用了13%。不过，优秀领导者演绎和逻辑推理能力表现得并不突出，与一般领导者相比，他们在工作中运用演绎和逻辑推理能力的频率要少12%。有些研究人员在其他研究中也发现全局观思维至关重要。[2]

---

① 模式识别（Pattern Recognition）是人类的一项基本智能，在日常生活中，人们经常在进行模式识别。模式识别也指对表征事物或现象的各种形式的(数值的、文字的和逻辑关系的)信息进行处理和分析，以对事物或现象进行描述、辨认、分类和解释的过程，是信息科学和人工智能的重要组成部分。——译者注

附录 3
性别与同理心

一般而言，女人比男人有更多机会练习某些人际交往技巧，至少在美国文化里是这样的。父母更留意培养女孩以恰当方式表达情绪，培养她们分辨情感细微差异的能力。那么，这是不是说，女人的同理心一定比男人更强呢？

一般来说，情况确实如此，但亦非绝对。人们通常认为女人天生就比男人更善于体会他人的感受，这点是有科学根据的，但是在工作场合明显是例外，不存在男女差异。例如，人们试图隐藏自己的真实情感时，或是与人冲突想要弄清对方潜在想法的时候，男女的处境都一样。

在性别差异方面，一般可以留意的是：在任何时候，如果将男女两性分成两大组进行心理学方面的比较，就会发现两组的相同之处总是多于差异之处，男女的曲线图中绝大多数部分都是重合的，只是存在一些微小差异。这就是说，统计数据显示男女之间存在显著差别，可是，虽然平均而言女性在某些情感能力方面更强，但是仍有某些男性在情感能力方面强于大多数女性。

现在看看关于同理心的研究数据。针对同理心而做的许许多多研究所得出的结论错综复杂，但是总体来说还算清晰。[1] 有研究显示，女人是否比男人表现更出色取决于同理心。至少在西方文化中，女人更倾向于为他人着想，很乐意将心比心。当某人感到痛苦或高兴时，女性很容易也体会到同样的感受。研究数据证明女人确实比男人更容易体恤他人的情感。[2]

与男人相比，女人更善于察觉他人瞬间出现的情绪。有人使用非语言刺激感受性数据表（The Profile of Nonverbal Sensitivity，缩写为 PONS）进行测量得出了这一结论。该表是我在哈佛大学的教授罗伯特·罗森塔尔（Robert Rosenthal）和现任教于美国东北大学的朱迪思·霍尔（Judith Hall）一起制作的。在测试过程中，被试会看到很多简短的视频片段，视频中的人们流露出某种情绪反应（例如，某人得知自己中了彩票，或是心爱的宠物死了）。这些视频片段经过处理，所以被试听不清视频中人们的谈话，不过能听见语调，也能看见他们的面部表情。经过数百次的研究，罗森塔尔和霍尔发现，在猜测视频中人物的情绪时，女人整体而言在 80% 的时候比男人表现得更好。[3]

可是，当视频中人物所流露的情绪复杂而又难以控制，不像一般面部表情那么容易识别时，男女解读情绪的能力不存在差别。人们更容易控制基本的面部表情，却不容易控制自己讲话的音调、肢体语言或是瞬间掠过脸部的“微情绪”。对方情绪表露越多，男人越能准确识别对方的情绪。在许多场合，人们刻意掩饰自己的真实感情，在商业场合更是如此，这时能捕获对方情感信息并进行准确解读显得尤为重要。在每日的商务场合（比如销售或谈判）中，男女在同理心上几乎不存在什么差异，在这些商务场合中，大多数人根本不能控制自己情感信息的泄露。

如果考虑同理心的另一个层面——觉察他人具体想法的能力——根本不存在性别差异。越是复杂的工作，就越需要准确了解对方的情感和想法，这时就需要一起使用认知能力和情感能力。有些人研究同理心准确度时所采用的方法，不是让被试只看一个视频片段，然后在被试看到一个情绪反应后请他们去猜当事人的感受。相反，被试要看整个谈话的录像，并且推测当事人在整个谈话过程中内在的想法（也包括当事人的感受），然后研究人员把被试猜想的与视频中当事人的陈述进行对比。在这项研究的一系列的 7 个不同测验当中，女性和男性的表现差不多，也没有证据显示女性在同理心的直觉方面占有先天优势。[4] 可是，研究人员又做了一系列测试，并暗示，同理心是女性身份的明显标志，他们促使女性被试证明自己具备同理心，测试结果明显与之前的不同。结果是，女性被试在同理心方面的优势再次体现出来。换句话说，想要变得更具同理心的动机推动她们表现出更好的同理心（这或许是因为她们付出了更多的努力）。[5]

实际上，有文章曾分析过关于男女差异的研究数据，并声称男女在同理心方面具有相同潜力，只不过女人比男人更愿意运用同理心。该文章又说，某种程度上，男人更愿意让自己看起来有男子气概，而不愿意显得敏感，因为那是软弱的标志。[6] 同理心的主要研究人之一威廉·伊克斯（William Ickes）说："有时在社交场合男人看来感觉迟钝，这也许是他们为了表现心目中的良好形象而故意做出来的，与他们实际具有的同理心无关。"[7]

附录 4
利用多元化优势

早些时候，有些人晋升少数种族的员工，让他们担当要职，尽管这样安排的人动机良好，可是结果并不成功。很明显，正如我们在第七章提到的一样，这是偏见所造成的负面影响。不过，有几种方法可以帮助我们利用多种族员工的优势。

克劳迪·斯蒂勒是斯坦福大学的心理学家，专门研究偏见对人的影响。对于影响少数种族员工工作表现的情感因素，他有自己独到的见解。据此，他开发了一项称为"智慧策略"（wise strategies）的培训项目，这个项目足以改善情感因素对少数种族员工的负面影响，结果令人鼓舞。举个例子，密歇根大学的某些黑人学生参加了他为期10周的培训项目，结果在大学一年级时比其他黑人学生成绩更好。[1]以下是斯蒂勒培训项目的部分内容，很多公司也运用同样方法使各样员工在工作场合感到自在。

领导者态度积极乐观：公司内培训者或管理者要对可能受到偏见负面影响的人给予能力上的认可。

为员工安排富有挑战性的工作：给员工安排富有挑战性的工作，这说明领导者相信员工的潜力，也表明领导者看待员工时没有偏见。要根据员工的能力安排挑战度适中的工作，不能过于困难叫人灰心沮丧，也不能太简单，否则反而让员工以为领导者对他有偏见，认为他们没能力做好一般工作。

强调学习的重要性：应该让员工明白，技能和能力都可以在工作实践中学习，竞争能力也可以逐渐增强。这点很重要，因为传统的偏见会认为某个人的能力是与生俱来的，与他所属的种族或是性别等特质有关。

让员工有归属感：偏见会产生消极影响，受到偏见的员工会认为“我不属于这里”，也会怀疑自己能否胜任这份工作。不过，让员工有归属感的前提是，他真的具备做好这份工作的能力。

重视多样化的观点：在企业文化内明确表示承认多元化意见的重大价值，这样做等于给受到偏见威胁的员工吃了定心丸，等于告诉他们：在这个企业里，偏见毫无立足之地。

树立榜样：有些群体的人受偏见影响，可是这个群体内的某人如果做得很好，这就发出了强有力的暗示信息——在这里，传统的偏见不是通向成功的阻碍。

通过问答方式给予反馈并建立员工的自信心：领导者经常与员

工进行对话沟通，而不是对他的业绩轻率下定论，就很容易起到很好的引导和帮助作用，在与员工的对话过程中也尽量不强调他们做得好还是差。这种做法可以强化领导者与员工之间“指导者”和“被帮助者”的角色关系，同时也将员工因早期失败而遭受的感情打击降到最低限度。这种策略很有效，因为随着员工取得大大小小的成功，他会逐步建立自信，肯定自我价值。

附录5
培训中的其他因素

情感能力评估续篇

世界上并不存在完美的评估标准。人们往往喜欢美化自己，所以自我评估难免会出现明显的偏差。谈到评估情感能力，要考虑一个问题：一个人如果缺乏自知之明，没有自我意识，这样的人能否准确评估自己的优缺点。自我评估很有用（但也需要当事人态度坦诚），不过，前提是人们相信自我评估的结果会起到正面作用，否则，自我评估后的评价就显得缺乏可信度。

设计自我评估测试的人通常会列出一连串的问题或陈述句，每个问题都有测谎作用，如果一个人想刻意过分美化自己，通过这些问题就能看出来。比如说，问题或陈述中有一项可能是“我从不说谎”，参与测试的人可能认为这一论述符合自己的情况，这就暴露出他的问题了。不过值得留意的是，这些测谎问题通常能将刻意伪装自己的人暴露无遗，可是，如果一个人因为缺乏自知之明而不能对自我有良好认知，会造成无意的欺骗，通过这些测试问题是显示不出来的。

苏珊·恩尼斯是波士顿银行行政发展中心负责人，她告诉我："自我评估的用处多大要看目的何在。要考虑的一个关键问题是，'公司在这次评估中担当什么角色，相关评估数据怎样搜集并使用？'人人都想让别人高看一眼，这种心理影响人们评估时的答案。你也希望自己看来很棒，对吧？"

恩尼斯说："如果自我评估的内容和答案只有当事人和他的培训者知道，对外绝对保密，公司其他人看不到，公司也不保留，那么不管当事人怎样缺乏对自身的认识，都会更坦诚，或者说尽可能坦诚地回答自我评估问卷中的问题。"

另一方面，如果由公司内其他人对当事人进行评估，就容易走向另一个极端。公司员工彼此评估时如果牵涉办公室政治，结果就很不好。比如说，我们运用 360 度全方位评估反馈的方法让公司人员进行互相评估，可是评估结果却不一定能充分反映被评估者的真实状况，因为牵涉办公室拉帮结派而引发的各种隐形冲突，属于不同派系的员工可能借着评估的机会对他人进行人身攻击，又或者朋友之间可能互相给好评，借此增进友谊。

由于企业内政治氛围的影响，有些有权势的人可能插手其中，所以公司高层的行政管理人员可能很难获得关于员工的坦诚而公正的评价。在第四章我们谈过，有的人渴求成功，可是这样的人有时想把自己描绘成毫无缺点的人，甚至对自己有些崇拜。公司高层领导者一般很难看到员工的真实信息（包括负面信息），部分原因是他们身居高位，与下属缺乏密切来往；部分原因也是，下属不想把自己的负面信息透露给上司，以免引起不必要的麻烦。

某种程度上，任何的评估结果都能多少反映出被评估者的状况。因此，从多个渠道获取评估信息可以避免评估结果误差过大，因为一般来说，即使一个人受到个人情绪或是政治因素干扰而提供不切实际的评估结果，毕竟其他评估方式可以起到平衡作用，使最终评估结果更公正。

评估准备续篇

詹姆斯·普罗查斯卡（James Prochaska）是罗德岛大学的一位心理学家，他曾经展开大范围的调查研究（研究对象超过三万人）。他在研究中指出，人们要想成功改变自身行为，会在准备工作方面经历4个阶段。

1. 对问题视而不见。英国学者G. K. 切斯特顿（G. K. Chesterton）曾说："如果看不见问题的存在，就看不到解决方法，不是吗？"处于这一阶段的人根本没做任何准备去做出改变，他们甚至先否认改变的必要性。他们拒绝任何帮助自己改变的外在援助，也根本看不到问题的所在。

2. 思索并打算改变。这一阶段的人看出自己有改进的必要，开始思考怎样付诸行动，改善自我。他们愿意开诚布公地谈论改变的方法，但是没有做好准备去全身心投入以改变自我。处于这阶段的人时常举棋不定、犹豫不决。有些人看缘分，等候“最佳改变时机”的来临，也有些人没做好准备就贸然行动，结果以失败收场，原因是他们做事三心二意。在这一阶段，人们喜欢说他们将在“下个月”采取行动，不过他们也喜欢说将要在“下半年”做某件事。切斯特顿说，很多人经常“会花很多年的时间告诉自己将来某天要做出什么改变”。人们往往整日空想，不去行动。切斯特顿也举了一个例子，一个工程师花了5年时间分析自己做事被动、性格羞涩的原因，可是分析过后，他还是认为自己没有透彻理解问题所在，于是仍然不采取任何行动。

3. 准备行动。在这一阶段，人们开始留意怎样解决问题，把注意力放在具体的改进方式上。他们打算采取行动，迫切想要制订出行动计划。他们意识到自身存在的问题，也看出怎样做可以解决问题，很期待采取行动。有时候，人们经历了一些戏剧性的事情以后，就被推动进入这一准备阶段，他们经历的戏剧性事件往往包括：与管理者推心置腹的聊天、工作中遭遇巨大难题、个人生活出现危机等。有一位主管与大家吃过工作晚餐以后，在路上被警察拦住，警察因为这位主管酒后驾车而将他拘捕。这件事让他猛然醒悟，开始反思自己的自制力。往往在遇到类似事件时，人们才感觉是时候做出改变了，是时候制订具体详尽的行动计划了。

4. 开始行动。人们开始做出明显的改变，开始实施计划，预演怎样实施计划的每个步骤。实际上，他们的行事方式已经开始改变——他们的情感模式、对自己的看法等都在改变，为了戒除根深蒂固的不良习惯而牵涉的方方面面都在发生改变。大多数人通常认为这一阶段才是“做出改变”的阶段，其实这一阶段要以前面几个阶段的准备为基础。

练习续篇

从神经系统角度来说，培养能力就是去除与旧习惯相关的条件反射，并以与新习惯有关的条件反射取而代之。一旦一个人的旧习惯不再死灰复燃，反而被新习惯取代，那时这个人就掌握了一种新能力。一旦建立了新的习惯或行为模式，就不那么容易重蹈覆辙了。

一般来讲，改变工作习惯比较容易，改变内在的态度或价值标准却很难。比如说，一个人可能对某种族心怀偏见，这点不容易改变。可是这个人却可以很容易地对属于那个种族的员工隐藏自己的偏见，在表面的言行上看来友好。一个人要想变得更有进取心，想要改善自己的品格（比如想变得和蔼可亲），这是可以通过努力实现的，只是过程很漫长。[1] 同样的道理，培养自我意识、学习处理负面情绪、培养同理心和社交能力也不可能一蹴而就。

要培养的能力本身具有一定的复杂性。此外，人们原有的行为模式与新习惯之间存在多大差距也是要考虑的因素。有些人已经很善于运用同理心，所以，他们学习怎样技巧地给他人反馈信息或是学习怎样满足客户需求可能就很容易，因为他们所学内容是他们原有能力的具体应用。可是，有些人严重缺乏同理心，要想学会体贴他人就可能需要更大决心，也要付出更持久的努力才能达到学习效果。

培训课程是很好的安排，因为在课程中学员有机会练习使用自己想要培养的能力。课程中有很多环节经过精心设计，比如情景模拟、游戏、角色扮演或者其他类似安排，这些都是学员开始练习特定能力的好机会。可是，如今课程的设置看来更丰富，模拟的工作任务更为复杂，游戏也电脑化，有太多角色扮演、团队合作解决问题的练习和大型情景模拟可以反映出企业真实情况，因此，培训往往看似有多重收获，实则很混乱。

通常情况是课程中设置了情景模拟环节，可是学员不知道这个环节有助于培养哪种能力，人们往往参与其中，却无法准确明白正在培训什么能力。此外，只是参与游戏或是某种练习活动并不等于学习。因此，这类情景模拟和游戏最好事先经过精心策划，专门集中于培养某一特定能力，而且在学员参与某课堂环节前，培训师应该清晰说明为什么要做这个环节，要培训什么能力，练习结束时最好有相关体验的总结和报告。情景模拟和游戏也应该配合（而不是替代）培训师的指导、意见反馈、巩固强化和工作实践。[2]

电脑辅助教学是如今培训业的时尚，不过，在培训情感能力时所涉及的练习如果用电脑辅助教学就益处有限了。个人情感能力方面受训时，真人培训师提供的帮助更大，而且更有保障，因为学员可以根据个人的学习进度学习，空余时间随意预演和练习，在学习过程中，学员可以随时从培训师那里获得直接反馈和个别辅导。电脑辅助教学一般更适用于技术类的培训，却不适合个人情感和交际能力的培训。

凯斯西储大学的博亚特兹说:“人们会说，你可以坐在电脑前测试自己的能力，然后找出培养能力的方法。可是，没有人际互动就无法培训情感能力，你不可能在孤立自己的情况下增强情感能力。”

世界各地的人们热衷于把培训课程转化为高科技媒介授课，比如在培训中使用智能化电脑辅助培训系统、在虚拟世界中模拟现实场景、人机互动等。也许这些高科技设备可以节省培训成本，甚至暂时替代培训师，而且使用起来也很方便。可是，如果参与培训的人只是使用这些设备，却没有其他培训措施，就很容易忽略很多重要内容。一位心理学家说:“高科技设备也许有不少益处，可是在培养人的情商方面，高科技设备所起的作用却微不足道。”有时候，人们也许在规划情商培训课程的时候，把高科技辅助工具作为其中一部分。一个运用高科技教学工具的例子是，在个别训练阶段，请学员观看视频片段，并请学员给予评论和反馈，借此了解学员同理心的准确性。还在另一种可能情况下会使用高科技教学，就是“在线合作小组”，这种小组可以在虚拟世界里负责支持并指导学员。

如果过分强调高科技元素，却忽视了基本的人际互动就大错特错了，涉及情感能力的培养时就更是如此。一篇评论文章是这样讽刺目前的培训趋势的:“培训是否成功，常常要看人的因素和高科技因素的多少。科技成分越少，人为互动越多，培训就越成功，否则只是浪费企业资源而已。”在培训中减少高科技元素，就意味着要多重视培养与情商有关的基本能力。[3]

致谢

我写这本书基于很多理由。其中一个最重要的理由来自于我和妻子塔拉·贝内特·戈尔曼之间的一系列谈话。我们经常一起出席商务会议或董事会，并在开会期间饱受煎熬。我常常意识到，出于某种原因，会议进展总是不那么顺利。塔拉能够洞悉会议期间人们的情绪走向，她知道是哪些情绪分散了讨论小组的注意力和精力，影响了会议的正常进行。

《情商3》一书的完成，塔拉付出了很多，她也正在把自己的思想和工作成果编写成书。在本书写作过程中，塔拉一直伴我左右，直至成书。

本书中很多思想要归功于我的恩师戴维·麦克莱兰，他是我在哈佛大学求学期间的教授。戴维给予我很大启发，他深具远见卓识，也渴求真理，对各种能力的本质有着深刻理解。本书中提及的大部分案例都取自戴维的研究。

感谢合益–麦克伯公司波士顿办事处的很多朋友鼎力相助——该公司由戴维·麦克莱兰与另一位可靠的咨询师戴维·伯鲁创建。感谢合益集团副总裁詹姆斯·伯勒斯、麦克伯公司总裁玛丽·方丹、高级顾问露丝·雅各布斯以及调查研究员贾森·高德纳和韦辰。

理查德·博亚特兹是凯斯西储大学魏德海管理学院的教学副院长，负责高级经理培训课程，曾任合益–麦克伯公司总裁。我在哈佛大学读研究生时就与他交往密切，他一直对我帮助很大。他所著的《合格经理人与培训创新》（*The Competent Manager and Innovation in Education*）论述情感能力的重要性以及培养相关能力的最佳方法，其中有很多经典内容。理查德十分慷慨，乐于与我分享他多年来的研究成果，也乐意将他宝贵的知识和经验倾囊相授。我很高兴能在我的新公司——美国麻州情绪智能服务企管顾问公司与他共事。这家新公司是合益–麦克伯公司的兄弟公司。

小莱尔·斯宾塞曾在合益–麦克伯公司担任主管，负责世界各地的调研和技术问题，关于在工作中表现出色所需的能力，他有大量相关数据资料，他本人也对此论题有不少真知灼见。他曾与塞尼·斯宾塞合著《工作中的能力》（*Competence at Work*）一书，此书对职场中人有着举足轻重的作用。

玛丽莲·高英是美国人事管理办公室人力资源与发展中心主任，她在情感能力对个人和组织绩效的作用方面进行了开创性的研究，非常感谢她无私分享自己的研究成果，对我帮助极大。

我特别要感谢情商研究组织联合会的同事们。我要感谢：公司的联合主席卡里·彻内斯，他在罗格斯大学应用心理学研究生院任教；乔治·华盛顿大学的组织心理学教授罗伯特·卡普兰；波士顿大学管理学院负责高层管理人员工商管理硕士课程的凯茜·卡拉姆；美国密歇根大学社会研究学院主任里克·布莱斯；美国电话电报公司人力资源部的玛丽·安·莉。罗波·埃默林和科妮莉亚·罗氏是情商研究组织联合会的研究人员，他们整理了培训和发展方面的文献资料，给我提供了宝贵的支援。罗格斯大学的莫里斯·埃利亚教授所指导的研究生很早就在相关领域进行了一个相关背景的调研，在此一并感谢他们的贡献。

非常感谢费泽尔研究所对情商研究工作的鼎力支持，以及他们一直以来对情感能力研究表现出的极大兴趣。我要对很多同事表示谢意，感谢我的同事穆雷·丹泽、比尔·莱德威尔、肯·里和特蕾萨·雅各布·斯图尔特，他们亲自实践我在情商方面的建议，并提出改进意见，帮助我进一步完善情商理论。

承蒙亿康先达国际咨询公司布宜诺斯艾利斯办事处的费洛迪的帮助。他为人大方，才智过人，为丰富本书内容付出很大的努力。亿康先达的各位与我的谈话使我获益良多，感谢该公司的首席执行官丹尼尔·梅兰、总经理维克多·洛文斯坦，也要感谢创始人易仁达，因为他率先创办了一家高情商企业，我在本书中曾多次引用他的公司作为模范案例。

我还有很多人要感谢，因为他们无私地与我分享自己的想法。我要感谢的人包括：美国南加州大学著名工商管理教授沃伦·本尼斯，施乐公司首席科学家约翰·西里·布朗，摩托罗拉手机部门领导与组织发展主任里克·加纳达，美国运通公司财务顾问分公司领导力研发主任凯特·卡农，威斯康星州立大学情感神经科学实验室主任理查德·戴维森，永道会计师事务所的玛格丽特·埃科尔斯和梅格·奥利里，波士顿银行行政发展中心主任苏姗·恩尼斯，英国电信的乔安娜·福斯特，哈佛大学教授霍华德·加德纳，卡内基–梅隆大学的罗伯特·凯利，联创公司总裁菲尔·哈金，美国东北大学心理学家朱迪思·霍尔，沃尔特–克拉克联营公司的杰德·休斯，花旗银行行政发展中心副总裁琳达·基根，明尼阿波利斯韩元联营公司总裁弗雷德·基尔，美国运通公司财务顾问分公司执行副总裁道格·莱尼克，所罗门美邦公司总经理马克·勒尔，卢卡斯影业首席执行官乔治·卢卡斯，桑迪亚国家实验室主任保罗·罗宾逊，美国电话电报公司执行教育部迪帕克·塞西，俱生智慧出版社首席执行官埃里克·海恩·施密特，瑞典议会的比吉塔·维斯特兰德，互动学习实验室的尼克·赞纽克，伦敦塔维斯托克研究所的维加·扎伊尔博士，哈佛商学院的肖沙娜·朱伯夫，朗讯科技公司的吉姆·祖科。

我的首席助理研究员雷切尔·布罗德对我所需的相关研究进行了追踪调查，力求使本书的写作资料是最新的研究结果。米兰达·皮尔斯是我的首席数据分析师，她分析了数以百计的能力模型，以确知情商对出色的工作业绩的作用。史密斯学院的经济学教授罗伯特·巴切尔也对联邦政府雇员进行了分析，从另一个角度提供了经济学方面的有用研究。

大卫·伯曼是出类拔萃的电脑顾问，总是能及时提供危机管理和技术支持。我的助手罗文·福斯特在我写作期间尽心竭力地帮助我处理公司事务，在此一并感谢。

世界各地大大小小公司的数百名员工乐意与我分享他们的经历、故事和心得，在此深表谢意。至此，我已对一些人表示了谢意，可是还有更多人未能提及。本书能清楚解释情商在工作中的应用多亏了上述朋友提供生动案例，万分感谢。

读后感摘录

提高情商才能提高工作业绩

妮可·里维斯，莱恩·詹姆斯博士研究所

这本书的写作目的是解释何谓情商，并帮助人们学会提高情商的方法。这本书特别强调情商在工作场所的作用。现在的雇主在雇用员工时不是找一个技术过关、能干活的人就满意了。雇主还特别留意员工的“个人特质，比如进取心、同理心、适应力和说服力”，这些特质与专业技能大为不同，可是这些特质就是情商的关键特色。

戈尔曼指出：“情商是一种能力，这种能力让我们能够识别自己和他人的感受，也能够对我们起到激励作用，情商高的人能很好地进行自我情绪调节，与他人建立良好的人际关系。”在阅读这本书之前，我从没听说过“情商”这个词。当时我只知道社交技能在工作中越来越重要。阅读这本书之后，我开始明白所有的社交技能都是情商的一部分。

情感能力的框架

戈尔曼的以下陈述让我备感惊讶：“一个人情商高不能保证他就具备工作所需的情感能力，情商高只说明他具有极佳的潜质学习工作所需的情感能力。”换句话说，一个人可能情商很高，可是他要学习和经常运用情商有关的情感能力才能获益。在这本书的前半部分，戈尔曼列出了“情感能力框架”，论述了情商的5个层面以及25种情感能力。戈尔曼指出，一个人无须每种情感能力都很强才能取得卓越的工作业绩。我们只需要擅长6种情感能力就可以了，而这6种情感能力分布在情商所涉及的5个层面里。我会简要论述这5个层面以及一些重点的情感能力。一个人要想增强个人能力就需要特别留意培养自我意识、自我调节和激励。有自我意识的人能意识到自己正处于什么情绪状态，也知道这些情绪会产生怎样的影响，这样的人了解自己的优点和弱点。有自我调节能力的人适应力强，为人可靠，能很好地控制情绪和冲动。有强烈动机的人努力提高自己的工作表现，做事投入，即使面对挫折险阻也能一如既往地努力达成目标。一个人想要拥有更强的社交能力就需要特别留意同理心和社交技能。有同理心的人能够体恤他人的感受，了解别人的需求。社交技能包括与他人合作向共同目标努力、对个人或小组的领导力以及开诚布公的交流。上面论述的各种能力如果变得更强，那么一个人的情感能力也会增强。戈尔曼在这本书中从始至终地详细分析了这25种能力中的每一项，分析得非常好。在论述每种能力时，戈尔曼单独列出了相应的框架，其中仔细谈了怎样才能学会并增强某种特定能力。

雇主想要什么

我曾经说过，这本书让我们知道目前雇主对雇员抱有怎样的期待。特定的职业技能不再是胜任职务需要具备的最主要能力。“雇员最需要具备的三种能力是沟通技巧、人际交往能力和主动精神。”我亲身体验到这三种能力在工作中的重要性。我也见过有些员工，他们具备与工作有关的技能、知识和理解力，但是不能与其他同事和睦共事。情商高的人完成工作的方式最有效，结果更好。在工作中，员工怎样与他人交流共事很重要。戈尔曼列举出几个领域，说明在这些领域中更强的情感能力如何使公司获得更大益处。员工工作时状态越好，工作效率越高，成果回报越大。如今，雇主期望自己的员工能善解人意。雇主期望员工注意留意他人的情感线索、其他人的看法，在别人需要帮助时及时伸出援手。雇主也期待员工有极佳的能力去帮助他人进步。优秀雇主能够看出他人长处，对他人的优点和成就给予合适的奖励。优秀雇主有能力提供必要的信息反馈，帮助他人进步，能在必要时扮演培训师的角色，帮助别人培养并增强自己的能力。雇主希望员工具备乐于服务的精神。优秀员工能够理解并满足客户的需求，总是留意提高客户满意度的方法，乐于提供客户所需的援助，理解客户的观点，进而赢得客户的信任。一个员工如果努力建立自己与客户之间的紧密联系，在上述能力方面具备优势，就能提高自己的工作业绩。

为何阅读这本书很重要

无论是外出找工作还是在目前的工作岗位任职，了解雇主对员工有什么期待很重要。上午，我看了一部电影，叫作“审判日”（*Judgement Day*），在影片中，主人公缺乏理解力，不了解雇主对员工有什么期待。主人公找老板请求晋升加薪，老板拒绝了他，理由是他不具备公司希望员工具备的特质。老板指出，主人公很擅长处理数据，但是他缺乏社交能力，所以与晋升无缘。这位主人公缺乏的就是情商。每个人在一生中都会时不时地扮演雇主或雇员的角色，所以，现在就阅读这本书必然使你获益匪浅。这本书帮助读者明白具体怎样做才能提高情商，进而提高工作业绩。这本书强调工作中沟通的重要性，并指出怎样增进沟通。沟通能力增强以后，在工作时就会减少不必要的压力。其实，在工作以外的任何社交场合，前面提到的观点都适用。如果说某个人在生活中无须与他人来往，我可不相信。因此，这本书对任何人都会有所帮助。这本书指出，了解个人和他人的感受或情感很重要。它也谈到，尽管面对重重险阻，仍不屈不挠奋力实现目标，这也很重要。这里所谈的内容发生在工作中，也会发生在工作以外的生活中。在某些关系中（比如婚姻关系），了解自己以及配偶的感受和情感十分重要。通过阅读这本书，你能学会改善自己与你所爱之人的关系。

从小到大，父母努力教导我们言行得体，让我们礼貌地对别人使用尊称或是说“谢谢”表达感激。父母也教导我们明辨是非。父母可以使用这本书作为教导孩子提高情商的启蒙书。父母可以教导儿女自我激励，进而达成某些目标，比如，父母可以教孩子攒钱，然后用这些钱买一些孩子自己非常喜欢的东西。在孩子很小的时候也能培养他的同理心，他们需要明白其他人都有自己的感受和情绪，需要体恤他们，这一点很重要。我已经留意到，有些学校开始实行新的支持提高情商的课程设置。在学校里，教师努力帮助孩子看出他们的行为会让别人有怎样的感受，也帮助孩子们看出怎样做才能改善自己和其他小朋友之间的关系。我认为这是个很棒的想法。一个人越早把情感能力付诸实践，就会变得越强大。

成功关键在于你如何应用情感能力

迈克尔·埃里斯曼，美国西雅图

这本书太棒了，它有助于我们在工作中成功担当领导职责，相关论述见解独到，内容深刻。传统模式下的高级管理者往往喜欢掌控一切，包括所有资讯和知识技术，他们想知道企业内每个人都在具体做什么，这些领导者通常都很重视等级观念。可是，今天的商业世界剧变不断，市场需求和企业的组织结构时常改变，想要推动企业进步或是个人想在职业上有所发展，就不能拘泥于以前的传统。

情商与传统意义上的典型智力类型不同，而这本有关情商的著作就是个很好的学习平台。这本书着重论述，在各种社会场合下和复杂多样的人际关系当中，怎样施展情感能力，充分运用情感方面的具有启发性的信息。他指出，在我们这个时代的职场，要想成功就必须具备情感能力。

在这本书中，作者谈到5种能力，这5种能力使我们的综合能力得以体现。第一种是“自我意识”，其中包括情绪意识、自我评估能力和自信心。曾几何时，我们时常在职场上见到这样的人，他们不能控制情绪，缺乏自知之明，不知道自己的所作所为对周围人会产生怎样的影响，我们都曾为这样的人工作或是与之共事。今天我们比以往更需要培养良好的内在修养，如今员工在做好个人业绩的同时也要配合组织的价值观，在二者间保持平衡，这样做的重要性前所未见。很多人的智力水平足以满足工作需要，但是他们缺乏情商，不知道怎样建立人际关系或是培养所需的内在修养，也不知道怎样通过与人合作完成工作。这本书对上述谈及的难题进行剖析，也提出了改进的建议。

这本书不是手把手教人在生意场上进步和成功的使用手册，因为那样显得很荒谬，与所谓的智商提高手册无异了。这本书是旷世经典之作，它能开阔人的眼界，让人看出情感能力的重要性，也告诉我们怎样解读他人的情绪、怎样与人交往。我强烈推荐这本书，要想在今日的商业大环境中增强你的个人领导能力，这本书就是你的最佳启蒙书。

这本书的读者不必是管理者或首席执行官

你不一定非要是管理者或首席执行官才能从这本书获得启发。它有助于你与周围所有人建立良好的人际关系，还可以促进你和父母、配偶、子女、同事和老板的关系。这本书所强调的不是权力，而是一种内在力量，从中我们能学会成为有修养的人，或者重新做一个有修养的人。有时我们与人相处时会有一些本能的反应或行为，这本书对此进行了简明形象的定义（在故事中进行定义）。一旦我们明白自己为何做某些事，就容易做得更好。我本人从事情商方面的教学和培训，也亲自进行管理实践（不是从商业或盈利的角度出发），戈尔曼的著作是我生意场上的好帮手。

个人成长方面新的权威之作，高智商者尤其要阅读

很多聪明人在人生和事业方面一败涂地，对此我很是惊讶。无论是装配线上的工人还是大学教授，这本书都是一本必读之书。我坚信情商应该作为大学的一门必修课。市面上有成千上万本有关个人成长方面的书，很少有人能写出这样一本简明全面的书。这本书句句精辟，毫不拖泥带水，论述生动有力，十分适合作为情商的入门教材。对我个人而言，这本书颇具启发意义，让我对现实和我自身的看法产生了改变。此外，这本书也有助于每个人检讨自我，找出有价值的建议。

任何人都能从这本书中获益

麦克斯·摩尔

戈尔曼关于情商的第一本书在 1995 年首次出版发行，自那时起，戈尔曼已经把第一本书的理念应用到了工作场合的实践当中。那么为什么公司主管应该重视情商这种软技能呢？戈尔曼在这本书中引用了相关研究（见附录 2），研究的结论指出优秀员工与一般员工的主要区别在于能力，而这些能力大部分属于情感能力。模式识别以及全局观的理性思考，二者与工作表现得出色与否是息息相关的。认知能力（这里指的是高于某工作入门要求的认知能力）一般来说与业绩优秀与否关系不大。"情商"一词指的是能力的组合，这些能力会体现在人们控制情绪、进行人际互动和交流时。基于前人的研究结果，戈尔曼总结说，与情商密切相关的总共有 5 种个人能力和社会性能力，包括：自我意识、自我调节、激励、同理心和社交技能。这 5 种能力又细分为 12 种个人能力和 13 种社会性能力，比如，准确的自我评估、自制力、主动性、帮助他人进步、感召力、控制冲突的能力和团队领导力。

情商与智商不同，我们的情商可以一直提高。这本书并非普通意义上的指南书，任何公司主管都能从这本书中获益，并能借此理解情商所涉及的各方面的重要性。这本书列举个人和组织高情商与低情商的例子，让人更容易理解书中的观点。提高情商并不容易。戈尔曼解释说，与情商有关的很多能力与大脑的神经系统有关。他谈到大脑杏仁核的作用（杏仁核能让人变得冲动，导致在压力下一个人的坏习惯死灰复燃）以及杏仁核与大脑前额叶的相互作用（大脑前额叶与杏仁核一同发挥作用，影响人适应新改变的能力）。戈尔曼也谈到了儿茶酚胺连同肾上腺素和去甲肾上腺素，帮助我们分辨正面压力和负面压力。关于情商在工作场合的重要应用，戈尔曼对同理心模式和情绪在群体内的感染性进行了观察研究。戈尔曼甚至为读者写了“情感能力培训指南”。尽管这本书的部分内容是很多让读者有所触动的故事，但是通过翻阅这本书，读者仍然能够汲取一些重要的宝贵信息。在这个时代，人们的工作压力很大。因此，任何关于缓解工作压力并提高情商的书都值得一读。

这本书能帮助所有人塑造自己的品格

艾米利奥·加斯塔诺，荷兰国际集团工商管理硕士

戈尔曼博士在情商方面推出了又一本杰作，之所以称这本书为“杰作”是因为书中包含更多关于在生意场和职场中，一个缺乏情商的人可以怎样提高情商的详细资料。在这本书的前半部分，戈尔曼博士告诉我们怎样进行自我测试，以便明确自己缺乏哪个方面的情感能力（包括个人能力和社会性能力）；他也敦促读者在进行自我改进时，要记得及时强化新培养的好习惯，以免坏习惯死灰复燃，这样才能取得持久的成功效果。这本书也谈及情感能力培训的具体指南，这很有帮助，在与主管培训有关的研讨会上可以派上大用场。戈尔曼博士解释说，要想重塑一个人的品格需要好几个月的时间，这点让很多人安心，毕竟接受培训的主管的个人改变不可能在一夜之间发生，既需要时间做出改变，也要坚持不懈地进行相关练习，这样受训的主管才能具有高情商，体现出熟练的相关技巧和个人能力。戈尔曼博士在这本书中也解释了，压力会对人产生什么影响，以及压力是如何影响错误、记忆、健康及整体调节的。基于上述种种原因，这本书显出非凡的价值，应该成为所有工商管理硕士课程和项目经理培训的教科书。换句话说，戈尔曼博士正在帮助所有人塑造自己的品格，让每个人都能更有效率，减轻压力，不至于精疲力竭。相信读者在阅读这本书后事业会更加顺利，步步高升。

提高情商，摆脱困境

达伦·格兰迪，澳大利亚墨尔本

这本书是一部杰出的作品。我觉得这本书甚至比《情商》系列的第一本还好，因为这本书让人对情感能力有更清晰的认识，并且详细解释了怎样将相关能力应用到工作中。此外，这本书还帮助读者学会怎样在企业内培训员工的情商。有时我身处满是敌意或不友好的环境中，我发现这本书真是极具价值的参考书，帮我摆脱困境。有人说，许多人就是不喜欢接受教导。没错！所以我应该提醒像我一样的人，不要像传教士一样四处大谈特谈，告诉下属怎样提高情商，因为通常下属并不领情，他们听完你的教导后，往往是在暗地里讥讽你，而不是满怀感激。

我的朋友，如果你已经购买这本书，请不要后悔。这本书可以被视为情商方面的“圣经”，我把它推荐给大家。对待这本书的方法可以和《圣经》一样：把它放在家里显眼的位置随时阅读，把这本书推荐给需要这方面信息的人。但是，最好只把这本书推荐给那些主动寻求的人，如果我们主动推荐给别人，对方也许会产生抵抗心理，甚至误解我们的用意。我就有过这方面的教训，记得我曾把这本书借给一个下属，可是她这个人很敏感。我发现她变得行为异常，显得十分激动，我之后才意识到自己做错了。现在我仍不时从别人那里收到邮件，遭受这方面的指责。

阅读这本书感觉很棒，提醒我要更加重视工作中的软技能

帕罗奥图，美国加利福尼亚州

这本书是我的一位导师推荐给我的。从小到大，一般人总是强调纯粹技能的重要性，这本书犹如黑夜中的光明，让我们突然意识到软技能的重要，也开始知道软技能才是工作中表现出色所真正必需的技能。

我想向所有人大力推荐这本书，因为这本书有助于我们更好地了解自己，也能让我们更好地了解他人，与人关系融洽。这本书容易阅读，读者很容易投入其中，融入书中所讲内容。书中很多内容引人深思，针对情商所涉及的每一部分都有相应的例子，因此，读者可以轻

易抓住要点。

读到书中例子，给人的感觉是它们是经过仔细筛选和处理的，这样做有助于各行各业的人理解其中的道理，也能把相关道理运用于各种工作。不过，我却希望这本书在引人深思的同时，能更多阐释怎样培养相关的情感能力。

总而言之，这本书能帮助你从另一个新颖角度看待所处的工作环境。退一步讲，至少这本书有助于你看出自己是否在个人生活和工作上都在努力进步。

情感技能+人际交往能力=成功

迈克尔·G. 雷欧，医学博士，加拿大

这本书简明扼要地指出，成功不只是依靠认知能力，更主要的是运用情感能力。

总的来说，情感能力包括个人能力和社会性能力。个人能力指的是了解个人情绪，并能成功控制情绪的能力。具有社会性能力的人能够在社交时保持更恰当的敏感度，能够与他人和睦共处。

书中关于情商的概念解释十分清晰，作者时常举出真实的例子，戏剧性的故事有效强调了情商在企业环境中的重要性。生意场上缺乏情商则会一败涂地，情商高则一切欣欣向荣。

作者对每一种情感能力的讲解都清晰具体。然而，这本书并未提供具体策略，告诉人们怎样培养各种情感技能。例如，书中没有谈到怎样才能更有效地聆听、表现同理心、留意个人情感等。

总的来说，这本书的写作目的已经达到。它是相关领域的杰出之作，我强烈向各位推荐。

职场必备指南

哈立德·奥特哈，沙特阿拉伯

这本书是经典之作《情商》的续篇。书中解释并再次强调为何在工作中高情商比高智商更重要。在个人职业生涯中，我亲自体会到了这一点。我看到很多具有良好人际交往能力的人在工作中脱颖而出并青云直上。另一方面，我也看到很多聪颖过人的员工由于缺乏人际交往能力而一败涂地或是被“炒鱿鱼”。上述现象纯属巧合吗？我可不这么想。

这本书值得你一读再读（而不是读过之后就卖掉或扔到一旁），你会发现自己不时需要重温书中的建议或论点，因为在职场沉浮中，有时你可能茫然无措，想寻求相关帮助和指引，这本书就是你的必备指南。

21世纪职场新智商

马蒂·雅各布，佛蒙特州东塞特福德公司项目总监

丹尼尔·戈尔曼在其《情商》系列的第一本书中主要谈怎样培养

情商。在这本书中，他把注意力放在工作领域，并着重探讨情商对于组织的成功为何至关重要。戈尔曼在书中论述了情商的 5 个层面（自我意识、自我调节、激励、同理心以及社交能力），也针对 25 种情感能力进行了论述，着重指出哪些情感能力能促进生意成功，也指出哪些情感能力决定一位主管的成败。

戈尔曼在这本书中从头至尾都在强调培养情商的必要性，并指出经历重大变革的企业组织特别需要情商，也指出情商在卓有成效的领导者的必备素质中举足轻重。此外，戈尔曼特别赏识学习型组织，因为它们不断努力提高情商，尤其是努力学会建立信任、增进交流和沟通。在这本书结束时，戈尔曼指出企业缺乏情商就好比人的免疫系统出了毛病：尽管未必致命，但最终会影响企业的生产力和竞争力。今日世界与以往不同，形势严峻，并非所有企业都能基业长青。

高情商可产生奇迹般的效果

林连·洪吉尔与史密斯，美国中西部克启立公司

大脑可能是人类进行研究探索的最后一块领域了。人们已经花了多年时间进行研究，想知道在智能方面我们的大脑如何运作。霍华德·加德纳曾提出智力类型理论，很多人在理解这一理论时都忽视了一个重要部分，那就是情商，而丹尼尔·戈尔曼通过这本书引起了大家对情商的注意。此外，读者也可以通过这本书更透彻地理解在每日生活中，情商到底起到什么作用。

这本书有很多与情商有关的调查研究和企业趣闻，读者可以从中看出情商在日常生活中有怎样的影响力。情商对我们影响最大的一个方面是领导能力，我喜欢称领导能力为“自我领导能力”（其他人称之为“人际交往能力”或是“软技能”）。基本上，每个人都能提高自己的情商，并且因此获益。

这本书非常具有可读性

罗尔夫·多贝里，瑞士

丹尼尔·戈尔曼继畅销各地的经典之作《情商》问世之后，又向读者呈现了另一部同样经典的著作。这本书着重强调情感能力具体怎样应用在工作中，见解深刻，内容丰富翔实。戈尔曼的书给人教益，启发人思考，但从不是乏味的老生常谈，也没有额外添加不必要的内容，与某些草草写就的培训教案大为不同。如果你是个领导者，并且认为成功的关键是策略和技能，这本书就会为你提供一些独到而又实用的视角，让你看出其实人们到底是怎样看待管理和被管理的。这本书最有趣的部分在于情感能力在工作中的具体应用，不过它的内容也可以应用在家庭生活中（如果我们有时间逃离办公室，照顾家庭的话）。如果你认为自己不需要更加留意周围的情感暗流，我觉得有必要提醒你，你需要先读一读这本书了。

必备工具

利奥·斯克莱尔，业务流程经理，美国毛伊岛

这本书是培训师、受训者和人事经理的必读之书。戈尔曼的著作为培训行业和个人职业发展提供了一个参考标准。每个人都能从这本书中找到可循的模式，提高自己的自我意识和企业运作效果，无论是对于营利、非营利性机构或是对于家庭生活而言，这本书的指导原则都很有启发性。这本书没有华而不实的噱头，相反，它的内容简单实用，很多内容都是从之前的研究中得出的结论或是由经验得出的常识。我本人是一位培训师，培训过的学生和在职人员不计其数，我毫不犹豫地向大家推荐这本书。

企业员工必读之书

理查德·D. 佩尔森

这本书是企业员工的必读之书。大学应该认真考虑根据这本书开设相关的高年级课程，因为这本书涵盖了职场成功所必备的一切技能。如果你已经毕业并且已步入工作岗位，那么就给自己补上一课——阅读这本书吧！

注　释

第一章　情商新标准：你需要什么样的工作情商

1. Daniel Goleman, *Emotional Intelligence* (New York: BantamBooks, 1995). See Appendix 1 for details on the nature ofemotional intelligence.

2. Emotional intelligence in men and women: Reuven Bar-On, *Bar-On Emotional Quotient Inventory: Technical Manual*(Toronto: Multi-Health Systems, 1997).

3. No sex differences: Reuven Bar-On, a pioneer in assessingemotional intelligence and the researcher who did thestudy, tells me he finds the identical pattern of strengthsand weaknesses for men and women worldwide—amongthe Igbu in Nigeria and Tamils in Sri Lanka, in Germany,Israel, America—everywhere he's looked. Bar-On'sconclusions are based on studying the emotionalintelligence of more than fifteen thousand people in adozen countries on four continents.

4. Four out of five companies surveyed: ASTD BenchmarkingForum, Member-

to-Member Survey results, AmericanSociety for Training and Development, Alexandria,Virginia, October 1997.

5. Job search by the employed: data from Challenger, Grayand Christmas, reported in Bob Herbert, "SeparationAnxiety," *New York Times*, January 19, 1996.

6. Krugman: quoted in Stephen Lohr, "On the Road withChairman Lou," *New York Times*, June 26, 1994.

7. The rise in average IQ scores: Ulric Neisser (ed.), *TheRising Curve* (Washington, DC: American PsychologicalPress, 1997).

8. The decline in children's emotional intelligence: Thomas Achenbach and Catherine Howell, "Are America'sChildren's Problems Getting Worse? A 13-Year Comparison," *Journal of the American Academy of Childand Adolescent Psychiatry*, November 1989.

9. Survey of American employers: The Harris EducationResearch Council, "An Assessment of AmericanEducation," New York City, 1991.

10. What employers seek in entry-level hires: Anthony P.Carnevale et al., "Workplace Basics: The Skills EmployersWant," U.S. Department of Labor Employment andTraining Administration, 1989. By 1996, employers saidthe three most highly sought-after skills in new hires areoral communications, interpersonal abilities, andteamwork abilities.

11. Karen O. Dowd and Jeanne Liedtka, "What CorporationsSeek in MBA Hires: A Survey," *The Magazine of theGraduate Management Admission Council*, Winter 1994.

第二章　如何成为出类拔萃的员工

1. The study of foreign-service officers and the beginnings of the competence-testing movement are described by David C. McClelland in his introduction

to Lyle M. Spencer Jr.and Signe M. Spencer, *Competence at Work: Models for Superior Performance* (New York: John Wiley and Sons, 1993).

2. See David C. McClelland, "Testing for Competence Ratherthan Intelligence," *American Psychologist* 46 (1973).

McClelland's landmark paper has continued to stir debateeven after a quarter century.

3. The two computer programmers: Spencer and Spencer *Competence at Work.*

4. Academic tests failed to predict best diplomats: KennethClark found that scores by applicants on the selection testfor foreign-service officers did not predict success as ratedby their later on-the-job performance evaluations. Resultsof this study are reported by D. C. McClelland and C.Dailey, "Improving Officer Selection for the ForeignService," McBer, Boston, 1972.

5. The test is the Profile of Nonverbal Sensitivity, or PONSdeveloped at Harvard by Robert Rosenthal. See, e.g.,Robert Rosenthal, "The PONS Test: Measuring Sensitivityto Nonverbal Cues," in P. McReynolds (ed.), *Advances in Psychological Assessment* (San Francisco: Jossey-Bass, 1977).

6. The higher estimate of IQ and job performance: e.g., John B. Hunter and F. L. Schmidt, "Validity and Utility ofAlternative Predictors of Job Performance," *Psychological Bulletin* 96 (1984); F. L. Schmidt and John B. Hunter, "Employment Testing: Old Theories and New ResearchFindings," *American Psychologist* 36 (1981).

7. A more careful view of IQ and job performance: Robert Sternberg, *Successful Intelligence* (New York: Simon &Schuster, 1996).

8. Harvard graduates entrance exam scores and later-lifesuccess: Dean K. Whitla, "Value Added: Measuring theImpact of Undergraduate Education," Office ofInstructional Research and Evaluation, HarvardUniversity, 1975; cited in David C. McClelland, "TheKnowledge-Testing-Educational Complex Strikes

Back,"*American Psychologist* 49 (1994).

9. Originally called McBer, the firm was also founded with David Berlew, another of McClelland's former students.

10. IQ in professional and highly complex technical fields:Spencer and Spencer, *Competence at Work*. As they put it,cognitive abilities alone are not the mark of topperformers, since "in higher level technical, marketing,professional, and managerial jobs, almost everyone has anIQ of 120 or above and an advanced degree from a good university. What distinguishes superior performers inthese jobs is motivation, interpersonal skills, and politicalskills."

11. See Robert J. Sternberg and Richard K. Wagner, *PracticalIntelligence: Nature and Origins of Competence in theEveryday World* (Cambridge: Cambridge University Press, 1986).

12. See Sternberg, *Successful Intelligence*.

13. Practical intelligence and managerial success: R. K.Wagner and R. J. Sternberg, "Practical Intelligence in Real-World Pursuits: The Role of Tacit Knowledge,"*Journal of Personality and Social Psychology* 49 (1985).

14. Technical skills as threshold abilities: Spencer andSpencer, *Competence at Work*.

15. The tale of Penn and Matt is told by Robert Sternberg in*Successful Intelligence*.

16. The tale of the president was told by Ann GrahamEhringer, director of the Family Business Program at the Marshall School of Business at the University of Southern California.

17. The measure of capacity to handle cognitive complexitywas developed by Elliott Jacques; see Elliott Jacques, *Requisite Organization* (Arlington, VA: Cason Hall, 1989).

18. The term "emotional competence" has been used in thissense by several

other theorists and researchers; see, e.g.,Carol Saarni, "Emotional Competence: How emotions andrelationships become integrated," in R. A. Thompson(ed.), *Nebraska Symposium on Motivation*, vol. 36, 1988;Carol Saarni, "Emotional Competence and Self-regulationin Childhood," in Peter Salovey and David J. Sluyter(eds.), *Emotional Development and Emotional Intelligence*(New York: Basic Books, 1997). By highlighting emotionalcompetencies, I do not mean to imply that expertise andcognitive abilities are irrelevant; these abilities are part ofa complex system, and in any such interacting system allparts make their contribution. My aim is to give emotionalcompetencies—so easily discounted or overlooked—their due.

19. There is a nascent effort to translate emotional skills into software that will "humanize" computers. See Roz Picard, *Affective Computing* (Cambridge: MIT Press, 1998).

20. Damage to the brain's cortex impairs our abilities to thinkand perceive; damage to key subcortical areas destroysour ability to register emotions. Damage to circuits centering on the amygdala have the most devastatingimpact on the ability to register emotion. (See JosephLeDoux, *The Emotional Brain* [New York: Simon &Schuster, 1996].) Cutting central links between the brain'stopmost layers and these same emotional centerssabotages the emotional competencies, all of which depend on the tight orchestration of thought and feeling.The specific circuitry between neocortex and subcortexthat is crucial for integrating thought and emotion runsfrom the amygdala in the limbic system, the brain'ssubcortical center for emotion, and the ventromedial areaof the prefrontal lobes, the brain's neocortical executivecenter. This circuitry is described in detail in Antonio Damasio, *Descartes' Error: Emotion, Reason, and the HumanBrain* (New York: Grosset/Putnam, 1994). Damasio, aneurologist at the University of Iowa Medical School, hasdone the best research on the brain basis of competence.When I sent

him the list of emotional competencies, hisconclusion was that all of them (though not cognitive abilities) would be impaired in people who had brain damage that cut the connections between the crucial prefrontal and emotional centers. In the logic ofneurology, the capacities impaired in people with damage to a particular brain site suggest that this same area of thebrain regulates those capacities in people whose brains areintact. In other words, the underlying neural circuitry foremotional competence—as opposed to intellectual competence—connects the prefrontal area with the emotional centers. The main clue is that damage to these areas impairs the personal and social abilities that allow effective job performance, even though cognitive abilities are intact.

21. The term "emotional competence" includes both socialand emotional competencies, just as Howard Gardner uses the term "personal intelligence" to subsume both intra-and interpersonal abilities.

22. This generic competence framework distills findings from:MOSAIC competencies for professionals and administrators (developed by the U.S. Department ofPersonnel, 1996); Spencer and Spencer, *Competence at Work;* Richard Boyatzis, *The Competent Manager: A Modelfor Effective Performance* (New York: John Wiley and Sons,1982); and competence studies published in Richard H.Rosier (ed.), *The Competency Model Handbook*, Vols. 1–3(Lexington: Linkage, 1994–1996).

23. The specific competencies for Blue Cross reps, shoe storemanagers, brokers, and life insurance sales: Walter V.Clarke Associates, "Activity Vector Analysis: Some Applications to the Concepts of Emotional Intelligence,"June 1996.

24. Political awareness: Ann Howard and Douglas W. Bray *Managerial Lives in Transition* (New York: Guilford Press,1988).

25. Job-specific competencies: these can account for as muchas 20 percent of those needed for superior performance.See Spencer and Spencer, *Competence at Work.*

26. Spencer and Spencer, *Competence at Work*.

27. These emotional competencies are to a large extentapplicable to top performance in virtually every job. Oneestimate is that generic competencies cover 80 to 98 percent of behaviors typical of star performers, dependingon the specific job. That estimate includes three that are purely cognitive—analytical thinking, conceptualthinking, and job-specific expertise—and so do not fall among the emotional intelligence group. See Spencer and Spencer, *Competence at Work*, for a more detailed discussion.

第三章　最佳模式：情商与专业技能

1. The Lucent Technologies, University of Nebraska, and Amoco competence models: Richard H. Rosier (ed.), *TheCompetency Model Handbook*, vol. 1 (Lexington, MA:Linkage, 1994).

2. In the best of the competence models, average performersare compared with those who rank in the top of theirfield. The pool of top performers is typically chosen on thebasis of sales or other hard criteria of excellence, or on the basis of confidential 360-degree ratings, where bosses,peers, employees, and customers all rate the performance of a given person. Each nominee—and a comparable poolof average performers—goes through a rigorous interview about their job performance, including, for example,detailed narratives of what they actually did in three incidents of great on-the-job success and three instances of failure or missteps. The narratives are then analyzed andcoded for clues to the competencies the person displayedin these actual samples of their behavior. A less precise method, though one commonly used to save time and money, asks expert panels to generate the competencies they have found typify star performers.

3. The U.S. government competency models are in a CD-ROM, "Personnel

Manager." Personnel Resources andDevelopment Center, U.S. Office of Personnel Management, Washington, DC, 1997.

4. While the best leaders relied more on big-picturethinking, they relied less than other leaders on deductive,if-then reasoning abilities.

5. Patrick McCarthy, star sales associate: Robert Spector and Patrick D. McCarthy, *The Nordstrom Way* (New York: JohnWiley, 1995).

6. The landmark study of the value of top workers: John E.Hunter, Frank L. Schmidt, and Michael K. Judiesch,"Individual Differences in Output Variability as a Functionof Job Complexity," *Journal of Applied Psychology* 75, 1 (1990).

7. By contrast, for low-level jobs the top 1 percent comparedto the average, showed an advantage of 52 percent morevalue, and for medium-level jobs the added value was 85percent more—still impressive. See Hunter, Schmidt, and Judiesch, "Individual Differences."

8. See his landmark book, Lyle M. Spencer Jr. and Signe M.Spencer, *Competence at Work: Models for Superior Performance* (New York: John Wiley and Sons, 1993).

9. Computer programmers, the stars and superstars: J.Martin, *Rapid Application Development* (New York:Macmillan, 1990); C. Jones, *Programming Productivity* (New York: McGraw-Hill, 1986). Both were cited by LyleSpencer Jr. in his presentation to the annual meeting ofthe International Personnel Management Association,Boston, June 25, 1996.

10. The value-added of sales stars: S. Sloan and Lyle M.Spencer, "Participant Survey Results," Hay Sales force Effectiveness Seminar, Atlanta, 1991.

11. Top executives and competencies: The six or seven thatmade for the tipping point were from among a set oftwelve (ten of which are emotional competencies) that were especially important for success at a specific company. David C. McClelland, "Behavioral event interviews as an alternative to traditional ability

tests as away to identify personal competencies associated with to pexecutive success," *Psychological Science*, in press, 1998. McClelland shared additional data with me.

12. Turnover rates: Spencer and Spencer, *Competence at Work.*

13. Division presidents cost of turnover: Hay/McBer Researchand Innovation Group, 1997; McClelland, "BehavioralEvent Interviews."

14. The three cases: Hay/McBer Research and InnovationGroup, 1997.

15. Executive derailment meant getting fired, being forced toquit, or reaching a plateau in a dead-end position. Doneoriginally in the early 1980s by researchers at the Centerfor Creative Leadership, the study was updated in 1996 in interviews with sixty-two executives at fifteen Fortune500 multinational corporations in North America or the equivalent in ten European countries. Jean Brittain Leslieand Ellen Van Velsor, "A Look at Derailment Today: North America and Europe," Center for Creative Leadership,Greensboro, NC, 1996.

16. Leslie and Van Velsor, "A Look at Derailment Today."

17. Strengths and weaknesses of the successful versus failedmanagers were first identified in the original data set, andlargely confirmed in the follow-up in 1996. Leslie and VanVelsor, "A Look at Derailment Today."

18. Comparison of 23 failed executives with 227 successes inLatin America: Claudio Fernández-Aráoz, personal communication, 1997.

19. The studies of failed executives were done in Japan byKen Whitney and Tomo Watanabe in the Tokyo office of Egon Zehnder International and in Germany by Horst Bröcker of the Munich office of Egon Zehnder International.

20. Managers who failed: Leslie and Van Velsor, "A Look at Derailment Today."

21. Patrick McCarthy: Spector and McCarthy, *The NordstromWay.*

22. Stephen Rosen is director of the Science and Technology Advisory Board in New York City, a project of the Alfred P. Sloan Foundation. See Stephen Rosen

and Celia Paul *Career Renewal: Tools for Scientists and Technical Professionals* (New York: Academic Press, 1997).

23. Emotional intelligence in scientific careers: Gregory J.Feist and Frank Barron, "Emotional Intelligence and Academic Intelligence in Career and Life Success,"presented at the Annual Convention of the American Psychological Society, San Francisco, June 1996.

24. Ernest O. Lawrence: His comment was in a conversation to Alvin M. Weinberg, former director of Oak RidgeNational Laboratory, who repeated it to me.

第四章 发挥你的优势：工作情商的内在准则

1. Decision making in entrepreneurs: Ann Graham Ehringer*Make Up Your Mind* (Santa Monica, CA: MerrittPublishing, 1995).

2. The circuitry of the extended amygdala, which I refer tosimply as the "amygdala," is described in James D. Duffy,"The Neural Substrates of Emotion," *Psychiatric Annals*,January 1997.

3. The amygdala as the storehouse for emotional memory—if only in terms of the emotional valence (liking ordisliking) of what we experience: See Joseph LeDoux, *The Emotional Brain* (New York: Basic Books, 1996).

4. Bad decisions: Gretchen Vogel, "Scientists Probe FeelingsBehind Decision-making," *Science*, February 28, 1997. Likethe brilliant lawyer, Damasio's other patients withprefrontal deficits made disastrous financial, professional,or ethical decisions, even though perfectly capable ofdescribing the rational pros and cons of a decision. Theydrifted in and out of marriages, squandered money infoolish financial decisions, and at work wouldinadvertently offend or antagonize their coworkers.

5. Top executives and decision making: Weston Agor, *TheLogic of Intuitive*

Decision-making (New York: QuorumBooks, 1986).

6. Ehringer, *Make Up Your Mind.*

7. Nalini Ambady, "Half a Minute: Predicting Teacher Evaluations from Thin Slices of Nonverbal Behavior and Physical Attractiveness," *Journal of Personality and SocialPsychology* 64 (1993). Almost the same level of accuracyhas been found from brief observations in forty-four otherstudies, including one of people's interactions with bosses,peers, and subordinates: Nalini Ambady and Robert Rosenthal, "Thin Slices of Expressive Behavior as Predictors of Interpersonal Consequences: A Meta-analysis," *Psychological Bulletin* 111 (1992).

8. Gavin deBecker, *The Gift of Fear: Survival Signs That Protect Us from Violence* (New York: Little, Brown, 1997).

9. "Awareness of One's Emotional Experience," one ofseveral emotional competencies identified at American Express Financial Advisors, was shared with me by Kate Cannon, director of leadership development there.

10. The new introspectionism: Stratford Sherman, "LeadersLearn to Heed the Voice Within," *Fortune*, August 22, 1994.

11. Richard Abdoo: Sherman, "Leaders Learn to Heed theVoice Within."

12. Satisfying work and outstanding performance: Robert E.Kelley, *How to Be a Star at Work* (Times Books, 1998).

13. The unhappy entrepreneur: Ehringer, *Make Up Your Mind.*

14. Engaging skills at work and heart disease: see LeonardSyme, "Explaining Incqualities in Heart Disease," *TheLancet*, July 26, 1997.

15. One of the main self-awareness methods Zuboff uses is "focusing," developed by Eugene T. Gendlin at theUniversity of Chicago, and The Focusing Institute, Spring Valley, New York. See Eugene T. Gendlin, *Focusing* (NewYork: Bantam Books, 1981).

16. Mort Meyerson recants: Mort Meyerson, "Everything I Thought I Knew

About Leadership Is Wrong," *FastCompany*, special edition, May 1997.

17. Joe Jaworski: quoted in Allen M. Webber, "Destiny andthe Job of the Leader," *Fast Company*, June/July 1996.

18. The case of Harry: Robert E. Kaplan, *Beyond Ambition:How Driven Managers Can Lead Better and Live Better* (SanFrancisco: Jossey-Bass, 1991).

19. Lack of self-awareness and derailment: Morgan W. McCallJr. and Michael Lombardo, "Off the Track: Why and How Successful Executives Get Derailed," technical report no.21, Center for Creative Leadership, Greensboro, NC, 1983; A. M. Morrison et al., *Breaking the Glass Ceiling: CanWomen Reach the Top of America's Largest Corporations?* (Reading, MA: Addison-Wesley, 1987).

20. Accurate self-assessment in managers: Richard Boyatzis *The Competent Manager: A Model for Effective Performance* (New York: John Wiley and Sons, 1982).

21. Common executive blind spots: Kaplan, *Beyond Ambition*.

22. How others see us as a more accurate predictor of jobperformance: e.g., Dianne Nilsen, "Understanding Self-observer Discrepancies in Multirater Assessment Systems," presented at the annual meeting of the American Psychological Association, San Francisco, 1991.

23. A small, inventive step: James O. Prochaska et al.,*Changing for Good* (New York: Avon, 1994).

24. Self-awareness and superior performance: Dianne Nilsenand David P. Campbell, "Self-observer RatingDiscrepancies: Once an Overrater, Always an Overrater?"*Human Resource Manager*, Summer/Fall 1993.

25. Self-awareness in star performers: Kelley, *How to Be a Starat Work*.

26. Boyatzis, *The Competent Manager*.

27. Lee Iacocca, *Iacocca: An Autobiography* (New York:Bantam Books, 1984).

28. The tale of the shy lawnmowing entrepreneur: cited in David Leonard, "The

Impact of Learning Goals on Self-directed Change in Education and Management Development," Ph.D. thesis, Weatherhead School of Management, Case Western Reserve University, 1996.

29. People can learn to become more self-confident: see, for example, Jerome Kagan, *Galen's Prophecy* (New York:Basic Books, 1994).

30. Self-efficacy: see Albert Bandura, *Social Foundations ofThoughts and Action* (Englewood Cliffs, NJ: Prentice-Hall,1986); Albert Bandura, "Organizational Applications ofSocial Cognitive Theory," *Australian Journal of Management*, December 1988.

31. Self-efficacy and job performance in new accountants:Alan M. Saks, "Longitudinal Field Investigation of theModerating and Mediating Effects of Self-efficacy on the Relationship Between Training and Newcomer Adjustment," *Journal of Applied Psychology* 80 (1995).

32. Inner maps of self-efficacy: Daniel Cervone, "Social-cognitive Mechanisms and Personality Coherence: Self-knowledge, Situational Beliefs, and Cross-situational Coherence in Perceived Self-efficacy," *Psychological Science* 8 (1997).

33. Self-confidence early in career predicts success later atAT&T: Ann Howard and Douglas W. Bray, *Managerial Lives in Transition* (New York: Guilford Press, 1988). Study afterstudy finds that self-confidence distinguishes successful,effective workers from those who perform poorly; see, for example, Boyatzis, *The Competent Manager*.

34. Self-confidence in high-IQ people and career success:Carole K. Holahan and Robert R. Sears, *The Gifted Group inLater Maturity* (Stanford: Stanford University Press, 1995).

35. Self-confidence and dissent in nurses: Louise E. Parker"When to Fix It and When to Leave: Relationships Among Perceived Control, Self-efficacy, Dissent, and Exit," *Journal of Applied Psychology* 78 (1993).

第五章　情绪的自我控制

1. The amygdala: the best description of the emotional roleof the amygdala is Joseph LeDoux, *The Emotional Brain:The Mysterious Underpinnings of Emotional Life* (New York:Simon & Schuster, 1996).

2. More specifically, the release of CRF triggers anotherbrain chemical, called ACTH, which in turn causes a floodof hormones known as corticosteroids; in humans themain one is cortisol.

3. Cortisol and working memory: see, for example, O. M.Wolkowitz et al., "Cognitive Effects of Corticosteroids,"*American Journal of Psychiatry* 147, 10 (1990).

4. Stress shrinks the hippocampus: Bruce McEwen and R. M.Sapolsky, "Stress and Cognitive Function," *CurrentOpinions in Neurobiology* 5 (1995).

5. Cortisol and memory impairment: M. Mauri et al.,"Memory Impairment in Cushing's Disease," *Acta Neurologica Scandinavia* 87 (1993).

6. Deluge of messages: Alex Markels, "Memo 4/8/97, FYI:Messages Inundate Offices," *The Wall Street Journal*, April8, 1997.

7. Engineer: Robert E. Kelley, *How to Be a Star at Work*(Times Books, 1998).

8. For example, a man who had an injury to his prefrontal cortex when an exploding tire drove part of the tire riminto his forehead was suddenly transformed from a piouschurchgoer to someone who would hurl a glass of orange juice at a waitress because it was warm. People withfrontal lobe damage are prone to such fits of explosive, uncontrollable impulse, their primal feelings of fear orrage unchecked; Vietnam veterans with frontal-lobe damage were found to be up to six times as violent and aggressive as similar vets without such damage. Such clinical reports are telling for the rest of us: Wheneverinjury to a neural circuit results in dramatic changes in behavior, it suggests that normal variations

in the operation of that circuit cause parallel variations in that same range of behavior. I review the evidence for the roleof the prefrontal lobe, particularly the orbitofrontal cortex, in inhibiting impulse in more detail in *Emotional Intelligence* (New York: Bantam Books, 1995).

9. Impulsivity: Gordon D. Logan et al., "Impulsivity andMotor Control," *Psychological Science*, January 1997.

10. As these inhibitory circuits calm the amygdala, they allowthe intellect to operate more effectively, even under stress.For example, in one laboratory experiment, people weregiven a fairly good analogue of the stress operating in awide variety of jobs: They had to solve tough arithmeticproblems under ever-increasing time pressure. Peoplewhose cortisol levels remained the lowest had the most accurate answers, and stayed accurate longer despite thetension of the situation; those with high cortisol had themost anxiety, anger, depression, and fatigue—and the poorest intellectual performance. J. Lehmann et al.,"Differences in Mental Task Performance and Slow Potential Shifts in Subjects Differing in Cortisol Level,"*International Journal of Psychophysiology* 13 (1992).

11. Tense managers and poor store performance: Robert F.Lusch and Rapy Serpkenci, "Personal Differences, JobTension, Job Outcomes, and Store Performance: A Study of Retail Managers," *Journal of Marketing*, January 1990.

12. The story of the fight that didn't happen was passed on tome by Roger Grothe, then manager of in-flight training atNorthwest Airlines.

13. The marshmallow kids grow up: The data collection andanalysis of the children in the teen years and twenties wasconducted by Philip Peake, a psychologist at SmithCollege, who shared the findings with me.

14. As the people at the Educational Testing Service inPrinceton, who make the test, told me, a 210-pointadvantage is as great as that seen between children from the wealthiest and poorest homes, or between children whose parents have no

high-school diploma and those with a parent who has a master's degree or better.

15. The follow-up was directed by Philip Peake.

16. Emotional labor: Arlie Hochschild, *The Managed Heart:The Commercialization of Human Feeling*. Berkeley:University of California Press, 1983.

17. Identity and emotional labor: Blake E. Ashforth andRonald H. Humphrey, "Emotional labor in service roles:The influence of identity," *Academy of Management Review*,18, 1993.

18. The costs of emotional suppression: James J. Gross and Robert W. Levenson, "Hiding Feelings: The Acute Effectsof Inhibiting Negative and Positive Emotion," *Journal of Abnormal Psychology* 106 (1997).

19. Spontaneity in supervisors, managers, and executives:Richard Boyatzis, *The Competent Manager: A Model for Effective Performance* (New York: John Wiley and Sons, 1982).

20. The tale of Bill Gates's tirade: Fred Moody, "WonderWomen in the Rude Boys' Paradise," *Fast Company*,June/July 1996.

21. Relaxation as a stress buffer: My own research at Harvardoffered some of the first evidence for this effect; see Daniel Goleman and Gary E. Schwartz, "Meditation as an Intervention in Stress Reactivity," *Journal of Clinical and Consulting Psychology* 44 (1976). Many other studies have found the same effect in the years since; see Daniel Goleman and Joel Gurin (eds.), *Mind/Body Medicine* (NewYork: Consumer Reports Books, 1994).

22. Stress and strain: M. Afzalur Rahim and Clement Psenicka, "A Structural Equations Model of Stress, Locusof Control, Social Support, Psychiatric Symptoms, and Propensity to Leave a Job," *Journal of Social Psychology*136 (1996).

23. Little control over job, more heart disease: see Leonard Syme, "Explaining Inequalities in Heart Disease," *TheLancet*, July 26, 1997.

24. Lack of job control and heart disease: R. Karasek and T.Theorrell, *Healthy Work: Stress, Productivity, and the Reconstruction of Working Life* (New York: Basic Books,1990).

25. Colds and bad bosses: Sheldon Cohen, paper delivered atthe Third International Congress of the International Society for Neuroimmunomodulation, Bethesda, MD, November 1996. Reported in *Science*, November 29, 1996.

26. Distressing feelings and the heart: E. C. Gullete et al.,"Effects of Mental Stress on Myocardial Ischemia During Daily Life," *Journal of the American Medical Association* 227 (1997).

27. Higher cortisol levels in working mothers: L. J. Luecken etal., "Stress in Employed Women: Impact of Marital Statusand Children at Home on Neurohormone Output andHome Strain," *Psychosomatic Medicine* 59 (1997).

28. Cortisol and immune suppression: see Christine Blank"Anticortisols Can Help Many," *Drug Topics*, December 8, 1997.

29. Cortisol and work stress: Kathleen Fackelman, "The Cortisol Connection," *Science News*, November 29, 1997.

30. The stressed professor: Richard Lazarus, *Emotion and Adaptation* (New York: Oxford University Press, 1991).

31. The self-aware laid-off managers: James Pennebaker personal communication.

32. The experiment on self-awareness and handling stresswell: Peter Salovey, John D. Mayer et al., "EmotionalAttention, Clarity, and Repair: Exploring Emotional Intelligence Using the Trait Meta-mood Scale," in James W. Pennebaker (ed.), *Emotion, Disclosure, and Health* (Washington, DC: American Psychological Press, 1995).

33. Officer Wilson: in Deborah Sontag and Dan Barry"Disrespect as Catalyst for Brutality," *The New York Times*,November 19, 1997.

34. The unflappable traffic agents: Elizabeth Brondolo et al., "Correlates of Risk

for Conflict Among New York CityTraffic Agents," in Gary R. VandenBos and Elizabeth Q.Bulatao (eds.), *Violence on the Job: Identifying Risks and Developing Solutions* (Washington, DC, American Psychological Association, 1996).

35. Calm counselors are superior: Richard A. Boyatzis and James A. Burrus, "The Heart of Human Resource Development: Counseling Competencies," unpublished manuscript, July 1995.

36. Unflappable flight attendants: Lyle M. Spencer Jr. andSigne M. Spencer, *Competence at Work: Models for Superior Performance* (New York: John Wiley and Sons, 1993).

37. Self-control in managers and executives: Boyatzis, *TheCompetent Manager.*

38. Hardiness and stress resilience: Salvatore R. Maddi and Suzanne C. Kobasa, *The Hardy Executive: Health UnderStress* (Homewood, IL: Dow Jones-Irwin, 1984).

39. The inventor and the man with two sets of books: the story is told in Stanley Foster Reed, *The Toxic Executive*(New York: HarperBusiness, 1993).

40. Survey of unethical business practices: reported in Henry Fountain, "Of White Lies and Yellow Pads," *The New YorkTimes*, July 6, 1997.

41. The assessment of 4,265 people is reported in "ActivityVector Analysis: Some Applications to the Concepts of Emotional Intelligence," Walter V. Clarke Associates,Pittsburgh, June 1996.

42. Ratings of football players: "Activity Vector Analysis."

43. Conscientiousness and outstanding performance: M. R.Barrick and M. K. Mount, "The Big Five PersonalityDimensions and Job Performance: A Meta-analysis,"*Personnel Psychology* 44 (1991).

44. Conscientiousness and appliance sales: Murray R. BarrickMichael K. Mount, and Judy P. Strauss, "Conscientiousness and Performance of Sales Representatives: Test of the Mediating Effects of GoalSetting," *Journal of Applied*

Psychology 78 (1993).

45. Lack of conscientiousness and firing: Murray R. Barrick M. K. Mount, and J. P. Strauss, "Antecedents oflnvoluntary Turnover Due to a Reduction in Force,"*Personnel Psychology* 47 (1994).

46. Overconscientiousness and critical attitudes: Dennis W. Organ and Andreas Lingl, "Personality, Satisfaction, andOrganizational Citizenship Behavior," *The Journal of Social Psychology* 135 (1995).

47. Andrew S. Grove: Robert A. Burgelman, and Andrew S.Grove, "Strategic Dissonance," *California ManagementReview* 38, 2 (1996).

48. Reactions of top management to crises is like the stages ofcoping with catastrophe: These ideas are developed in Burgelman and Grove, "Strategic Dissonance."

49. The Schwinn saga: Judith Crown and Glenn Coleman, *TheRise and Fall of the Schwinn Bicycle Company, an American Institution* (New York: Henry Holt, 1996).

50. Managers and flexibility: Boyatzis, *The Competent Manager.*

51. Innovative solution at Levi Strauss: Stratford Sherman"Levi's: As Ye Sew, So Shall Ye Reap," *Fortune*, May 12, 1997.

52. Internal constraints: Robert Sternberg (ed.), *Handbook ofHuman Intelligence* (Cambridge: Cambridge University Press, 1988).

53. Creativity killers: Teresa Amabile, "The Intrinsic Motivation Principle of Creativity," in Barry Staw and L. L. Cummings (eds.), *Research in Organizational Behavior*,vol. 10 (Greenwich, CT: JAI Press, 1988).

54. Gina Imperato, "Dirty Business, Bright Ideas," *FastCompany*, February/ March 1997.

55. Factors that boost organizational creativity: Amabile 1988.

56. Innovators versus implementers in engineering R&D: E. B.Roberts and

A. R. Fusfeld, "Staffing the InnovativeTechnology-Based Organization," *Sloan Management Review* 22 (1981); C. M. Beath, "Supporting the Information Technology Champion," *MIS Quarterly* 15(1991).

第六章　涌流状态：工作中的忘我境界如何培养

1. The classic description of flow: Mihalyi Csikszentmihalyi*Flow: The Psychology of Optimal Experience* (New York:Harper and Row, 1990).

2. The real rewards of work: based on a survey of 1,528 menand women who had been followed at five-year intervalsor so through the course of their lives, into the 1990s. SeeCarole K. Holahan and Robert R. Sears, *The Gifted Group inLater Maturity* (Palo Alto, CA: Stanford University Press, 1995).

3. The brain in flow: Jean Hamilton et al., "Intrinsic Enjoyment and Boredom Coping Scales: Validation with Personality, Evoked Potential and Attention Measures,"*Personality and Individual Differences* 5 (1984).

4. Flow at work and leisure: Judith LeFevre, "Flow and Quality of Experience During Work and Leisure," inMihalyi Csikszentmihalyi and Isabella S. Csikszentmihalyi(eds.), *Optimal Experience: Psychological Studies of Flow in Consciousness* (Cambridge: Cambridge University Press, 1988).

5. Flow and outstanding performers: Robert E. Kelley, *Howto Be a Star at Work* (Times Books, 1998).

6. Being fully present: William A. Kahn, "To Be Fully There:Psychological Presence at Work," *Human Relations* 45(1992); William A. Kahn, "Psychological Conditions of Personal Engagement and Disengagement at Work,"*Academy of Management Journal* 33 (1990).

7. The professor and the factory worker: Maria T. Allisonand Margaret C. Duncan, "Women, Work and Flow," in Csikszentmihalyi and Csikszentmihalyi

(eds.), *OptimalExperience.*

8. The neurochemistry of motivation undoubtedly entailsmany neurochemicals, since the brain is continuallysecreting larger or smaller amounts of the more than twohundred neurotransmitters. But the catecholamines havebeen most studied, and they figure prominently in theunderlying brain chemistry of motivation. See, e.g., U.Lundberg, "Catecholamine and Cortisol Excretion Under Psychologically Different Laboratory Conditions," in J.Usdin, T. Kvetnanski, and D. Kopin (eds.), *Catecholaminesand Stress: Recent Advances* (North Holland: Elsevier,1980).

9. Eugenia Barton, the compassionate teacher: in CaryCherniss, *Beyond Burnout* (New York: Routledge, 1995).

10. Affiliation: see Richard Boyatzis, *The Competent Manager:A Model for Effective Performance* (New York: John Wileyand Sons, 1982); Lyle M. Spencer Jr. and Signe M.Spencer, *Competence at Work: Models for Superior Performance* (New York: John Wiley and Sons, 1993).

11. Managers low in affiliation: Spencer and Spencer *Competence at Work.*

12. Managers and affiliation: Boyatzis, *The Competent Manager.*

13. In a series of studies in which underlying brain chemistry was assessed in people ranked high in various motives,David McClelland deduced that norepinephrine is involved when the need for power is aroused, while theneed for affiliation—wanting to feel close and connectedto people—seems associated with dopamine, a brain chemical involved in pleasure, among other moods (seeDavid C. McClelland et al., "The Relationship of AffiliativeArousal to Dopamine Release," *Motivation and Emotion* 11[1987]; David C. McClelland et al., "The Need for Power,Brain Norepinephrine Turnover, and Memory," *Motivation and Emotion* 9 [1985]). And the need to achieve seemed toinvolve, among other brain chemicals, a pituitary hormone, vasopressin (see David C. McClelland,"Achievement Motivation in Relation to Achievement Related Recall, Performance, and Urine

Flow, a Marker Associated with Release of Vasopressin," *Motivation and Emotion* 19 [1995]). But such specific connections between motives and brain chemistry are highly speculative at this point.

14. Computers and emotion: see Roz Picard, *AffectiveComputing* (Cambridge, MA: MIT Press, 1998).

15. The amygdala and motivation: see James D. Duffy, "TheNeural Substrates of Emotion," *Psychiatric Annals*, January 1997.

16. In an analysis of 286 studies from organizations intwenty-one countries, the achievement motive turned upas the single most frequent distinguishing competence among superior executives. Spencer and Spencer, *Competence at Work*.

17. In Gates's industry, software development, as in mostother technical and professional specialties, the need toachieve distinguishes star performers from average morethan any other competency. Spencer and Spencer,*Competence at Work*.

18. Qualities of the wealthiest: Michael Klepper and Robert Gunther, *The Wealthy 100: A Ranking of the Richest Americans, Past and Present* (New York: Carol Publishing Group, 1997).

19. The study of fifty-nine high-tech entrepreneurs: John B.Miner et al., "Role of Entrepreneurial Task Motivation inthe Growth of Technologically Innovative Firms:Interpretations from Follow-up Data," *Journal of Applied Psychology* 79 (1994).

20. The enterprising workers at Donnelly: in Carl F. Frost, *Changing Forever: The Well-Kept Secret of America's Leading Companies* (East Lansing: Michigan State University Press, 1996).

21. Money as keeping score: Ann Graham Ehringer, *Make Up Your Mind* (Santa Monica, CA: Merritt Publishing, 1995).

22. Nathan Myhrvold: Ken Auletta, "Annals of Communication," *The New Yorker*, May 12, 1997.

23. The description of the concern for efficiency is based largely on Spencer and Spencer, *Competence at Work.*

24. The Herman Miller raise-the-plush weekend: Frost *Changing Forever.*

25. Patricia Sueltz: quoted in *Fast Company*,October/November 1997.

26. Commitment to the organization and thriving understress: C. S. Leong et al., "The Moderating Effect of Organizational Commitment on the Occupational Stress Outcome Relationship," *Human Relations*, October 1996.

27. Attachment makes good organizational citizens: see, forexample, Arthur Brief and S. J. Motowidlo, "ProsocialOrganizational Behaviors," *Academy of Management Review* 11 (1986).

28. Organizational support and loyalty: Robert Eisenberger etal., "Perceived Organizational Support and EmployeeDiligence, Commitment and Innovation," *Journal of Applied Psychology* 75 (1990).

29. The glory-sharing manager and the glory-seeking consultant: in Spencer and Spencer, *Competence at Work.*

30. The new shape of loyalty: Tom Peters, "The Brand CalledYou," *Fast Company*, August/September 1997.

31. Adam Werbach: "We Can Sit Here Bemoaning Beavis andButthead or We Can Learn from Their Appeal," *Time*, June27, 1997.

32. The enterprising shipping clerk: The tale is told bySpencer and Spencer, *Competence at Work.*

33. The PNC Bank computer savings: Kelley, *How to Be a Starat Work.*

34. The extended time horizon as a mark of success: Elliott Jacques, *Requisite Organization* (Arlington, VA: Cason Hall, 1989).

35. Initiative in government: Boyatzis, *The Competent Manager.*

36. Initiative in real estate sales: J. Michael Crant, "The Proactive Personality Scale and Objective Job Performance Among Real Estate Agents," *Journal of Applied Psychology* 80 (1995).

37. Deloitte & Touche Consulting competency model: in Richard H. Rosier (ed.), *The Competency Model Handbook*,vol. 3 (Boston: Linkage, 1996).

38. The hardworking salesman: cited in Spencer and Spencer, *Competence at Work.*

39. The whims of fate and difficulty in managers: Ferdinand A. Gul et al., "Locus of Control, Task Difficulty, and TheirInteraction with Employees' Attitudes," *Psychological Reports* 75 (1994).

40. The tale of the too-brash vice president of marketing istold in Boyatzis, *The Competent Manager.*

41. Too-eager managers perform poorly: Boyatzis, *The Competent Manager.*

42. The case of the two executives refused a promotion isdescribed in Salvatore E. Maddi and Suzanne C. Kobasa,*The Hardy Executive: Health Under Stress* (Homewood, IL:Dow Jones-Irwin, 1984).

43. The cases of Anne Busquet and Arthur Blank: PatriciaSellers, "So You Fail. Now Bounce Back," *Fortune*, May 1,1995.

44. Martin Seligman's studies of optimism and pessimism among insurance sales agents are detailed in Peter Schulman, "Explanatory Style and Achievement in Schooland Work," in G. Buchanan and Martin Seligman (eds.),*Explanatory Style* (Hillsdale, NJ: Lawrence Erlbaum, 1995).

45. Superior managers: Boyatzis, *The Competent Manager;*Spencer and Spencer, *Competence at Work.*

46. Hope in human services: Spencer and Spencer *Competence at Work.*

47. Hopefulness in caseworkers: Stuart Kirk and Gary Koeske"The Fate of Optimism: A Longitudinal Study of Case Managers' Hopefulness and Subsequent

Morale," *Researchin Social Work Practice*, January 1995.

48. The utility of unrealistic optimism: Shelley Taylor and J. D. Brown, "Illusion and Well-being: A Social Psychological Perspective on Mental Health," *Psychological Bulletin* 183(1988).

第七章　社交雷达：如何养成同理心

1. Empathy in couples: Robert W. Levenson and Anna M.Ruef, "Physiological Aspects of Emotional Knowledge and Rapport," in William Ickes (ed.), *Empathic Accuracy* (NewYork: Guilford Press, 1997).

2. The physiological mirroring found in married couples hasa paradoxical wrinkle. In couples who get along the leastwell, there is a strong tendency for physiological linkage during the viewing of the video of their disagreement: The spouse viewing the video gets upset along with the spouse being viewed. This amygdala tango does not help the marriage, however, because though spouses have high empathy for what the other is feeling, they do not act on that knowledge in a constructive way. Though they have araw empathy with their partner, they lack full empathic accuracy, in that they are clue less about what caused those feelings, what to do about them to make things better, and how to keep them from recurring in the future.See Robert Levenson and Anna Ruef, "Emotional Knowledge and Rapport," in William Ickes (ed.), *Empathic Accuracy* (New York: Guilford Press, 1997).

3. The physiological linkage was strongest for the high arousal negative emotions, like anger, fear, disgust, and contempt. When partners were in rapport with positive emotions, the empathic physiological stance was to have low heart rate, an indicator of an amygdala in equipoise rather than in attack mode.

4. The insensitivity effect increases to the extent one's own strong emotions

differ from those of the person one iswith. Two angry people can still resonate with each other, but not an angry person and a sad one. See Levenson andRuef, "Emotional Knowledge and Rapport."

5. Tuning in to one's own feelings as basis for empathy:Richard Boyatzis and James Burrus, "Validation of a Competency Model for Alcohol Counselors in the U.S.Navy," McBer, Boston, 1977.

6. The silent synchrony: Elaine Hatfield et al., *Emotional Contagion* (New York: Cambridge University Press, 1994).

7. Seeing an emotional face evokes the corresponding feelingin us: the data is reviewed in Hatfield et al., *Emotional Contagion*.

8. Coordination leads to emotional attunement: Hatfield etal., *Emotional Contagion*.

9. Neurons in the amygdala automatically register theemotions in the people around us. Studies with primates show that they have amygdala neurons that fire only in response to specific emotional expressions, like a grimace of fear or a threatening baring of teeth. See Leslie A.Brothers in *Science News*, January 18, 1997; and her "A Biological Perspective on Empathy," *American Journal of Psychiatry* 146 (1989). People with damage to the amygdala fail to display or register emotional distress,whether anger or fear, and have trouble recognizing cues for happiness and sadness. Ross Buck and Benson Ginsburg, "Communicative Genes and the Evolution of Empathy," in William Ickes (ed.), *Empathic Accuracy* (NewYork: Guilford Press, 1997).

10. The temperamental designer: William A. Kahn"Psychological Conditions of Personal Engagement andDisengagement at Work," *Academy of Management Journal* 33 (1990).

11. Empathic physicians: Howard Friedman and RobertDiMatteo, *Interpersonal Issues in Health Care* (New York:Academic Press, 1982).

12. Interruptions by physicians: H. B. Beckman and R. M.Frankel, "The Effect of Physician Behavior on the Collection of Data," *Annals of Internal Medicine* 101(1984).

13. Doctors who are sued don't listen: Wendy Levinson et al.,"Physician-Patient Communication: The Relationship withMalpractice Claims Among Primary Care Physicians and Surgeons," *Journal of the American Medical Association*, February 19, 1997.

14. Empathic design: Dorothy Leonard and Jeffrey F. Rayport "Spark Innovation Through Empathic Design," *Harvard Business Review*, November/December 1997.

15. Product development and customer service: Spencer and Spencer, *Competence at Work*.

16. Listening: Anthony P. Carnevale et al., *Workplace Basics:The Skills Employers Want* (American Society for Trainingand Development, Arlington, VA, and U.S. Department of Labor, Washington, DC, 1989).

17. Empathy limits sales: R. B. Marks, *Personal Selling* (Boston:Allyn and Bacon, 1991).

18. Sales and empathy: Bruce K. Pilling and Sevo Eroglu, "AnEmpirical Examination of the Impact of SalespersonEmpathy and Professionalism and Merchandise Salabilityon Retail Buyers' Evaluations," *Journal of Personal Selling and Sales Management*, Winter 1994.

19. Extroverted glad-handing does not make for better sales:see also Murray R. Barrick, Michael K. Mount, and Judy P.Strauss, "Conscientiousness and Performance of Sales Representatives: Test of the Mediating Effects of Goal Setting," *Journal of Applied Psychology* 78 (1993).

20. Machiavellians lack empathy, those who trust have it:Mark Davis and Linda Kraus, "Personality and EmpathicAccuracy," in Ickes, *Empathic Accuracy*.

21. Sam's emotional tone deafness: Hatfield et al., *Emotional Contagion.*

22. Avoiding empathy to resist caring: Laura Shaw et al., "Empathy Avoidance: Forestalling Feeling for Another in Order to Escape the Motivational Consequences," *Journalof Personality and Social Psychology* 67 (1994).

23. Managers who care too much: see, e.g., Richard Boyatzis *The Competent Manager: A Model for Effective Performance* (New York: John Wiley and Sons, 1982).

24. Empathy and the collective good: C. Daniel Batson et al.,"Empathy and the Collective Good: Caring for One of theOthers in a Social Dilemma," *Journal of Personality and Social Psychology* 68 (1995).

25. The powerful don't empathize: see, for example, Hatfieldet al., *Emotional Contagion.*

26. The GE plant closing follow-up: Deborah Sholl Humphreys, "Decline as a Natural Resource for Development," presented at the annual meeting of the Academy of Management, 1987.

27. Developing others is the second most frequent managerial competence: Spencer and Spencer, *Competence at Work.*

28. Sales managers and developing others: Spencer and Spencer, *Competence at Work.*

29. Competence of counselors: Richard Boyatzis and JamesBurrus, "The Heart of Human Resource Development:Counseling Competencies," unpublished manuscript, 1995; also Boyatzis and Burrus, "Validation of a Competency Model."

30. Developing others—supervisors, managers, executives:Boyatzis, *The Competent Manager.*

31. Career coaching pays off: Christopher Orpen, "The Effectof Mentoring on Employees' Career Success," *Journal of Social Psychology* 135 (1995); David Laband and BernardLentz, "Workplace Mentoring in the Legal Profession,"

Southern Economic Journal, January 1995.

32. Coaching by top executives: David Peterson et al.,"Management Coaching at Work: Current Practices inFortune 250 Companies," presented at the annualconference of the American Psychological Association, Toronto, August 1996.

33. Teaching superiors: Spencer and Spencer, *Competence atWork.*

34. Silence damages self-confidence as much as negativefeedback: Paulette A. McCarty, "Effects of Feedback on theSelf-confidence of Men and Women," *Academy of Management Journal* 29 (1986).

35. The low-performing sailors: K. S. Crawford et al.,"Pygmalion at Sea: Improving the Work Effectiveness ofLow Performers," *Journal of Applied Behavioral Science* 16(1980).

36. Socratic coaching: Mark Lepper et al., "Motivational Techniques of Expert Human Tutors," in S. P. Lajoie and S. J. Derry (eds.), *Computers as Cognitive Tools* (Hillsdale,NJ: Lawrence Erlbaum, 1993).

37. Too much coaching, too little managing: Boyatzis, *The Competent Manager.*

38. Sandoz Pharmaceuticals: in Richard H. Rosier (ed.), *The Competency Model Handbook*, vol. 2 (Boston: Linkage, 1995).

39. Empathy in successful sales: Donald Mc Bane, "Empathyand the Salesperson: A Multidimensional Perspective," *Psychology and Marketing* 12 (1995).

40. The helpful manager: Spencer and Spencer, *Competence at Work.*

41. The tale of Nancy Cohen: Jennifer Steinhauer, "Whatever Happened to Service?" *The New York Times*, March 4, 1997.

42. Customer service orientation: for more details, seeSpencer and Spencer, *Competence at Work.*

43. Yankelovich survey of customer satisfaction: reported in Steinhauer, "Whatever Happened to Service?"

44. Flaws in *The Bell Curve:* The book ignores data showing that the black-white difference found in IQ scores amongAmericans does not hold in Caribbean cultures, where blacks are not an oppressed group, and that in every society where there is a privileged class and an oppressed group the same spread in IQ scores is found as that between American blacks and whites, suggesting the effectis due to economic and social conditions, not race. Thebook also neglects to mention data showing that when members of an oppressed group migrate to a culture where they are not victims of oppression, the IQ difference disappears in a single generation. See Ulric Neisser (ed.), *The Rising Curve: Long-Term Gains in IQ*(Washington, DC: APA Press), 1998.

45. Stereotype threat: Claude M. Steele, "A Threat in the Air:How Stereotypes Shape Intellectual Identity andPerformance," *American Psychologist*, June 1997.

46. Reasons women are prevented from advancing tocorporate leadership: "Women in Corporate Leadership: Progress and Prospects," *Catalyst*, New York, 1996.

47. Workplace prejudice against women leaders: The researchby Alice Eagly, at Northwestern University, was reportedin *The American Psychological Association Monitor*, August 1997.

48. Women in math, engineering, and science: N. M. Hewittand E. Seymour, "Factors Contributing to High Attrition Rates Among Science and Engineering Undergraduate Majors," report to the Alfred P. Sloan Foundation, 1991.

49. Managers: Boyatzis, *The Competent Manager*.

50. People have more difficulty reading a person's emotionswhen that person is from a group they are not so familiarwith. For example, when people from other nations try toread emotions from Americans on the PONS, they do morepoorly the more dissimilar their own culture is from thatof the United States: Robert Rosenthal, Judith Hall, et al., *Sensitivity to Nonverbal Communications: The*

PONS Test (Baltimore: Johns Hopkins University Press, 1979).

51. David A. Thomas and Robin J. Ely, "Making Differences Matter: A New Paradigm for Managing Diversity," *Harvard Business Review*, September/October 1996.

52. Thomas and Ely, "Making Differences Matter."

53. Thomas and Ely, "Making Differences Matter."

54. The politically aware diplomat is described by David McClelland in his introduction to Spencer and Spencer,*Competence at Work*.

55. Key to the sale: Spencer and Spencer, *Competence at Work*.

56. Objective perception in superior managers and executives: Boyatzis, *The Competent Manager*.

57. The oil executive and the silent Chinese group: told inRichard Rosier, *The Competency Model Handbook*, vol. 3.

第八章　影响力的艺术

1. Transmission of mood over two silent minutes: Howard Friedman and Ronald Riggio, "Effect of Individual Differences in Nonverbal Expressiveness on Transmission of Emotion," *Journal of Nonverbal Behavior* 6 (1981).

2. Sigal Barsade. "The ripple effect: emotional contagion ingroups." Working paper, Yale School of Management,1998; Sigal Barsade and Donald E. Gibson, "Groupemotion: A view from the top and bottom," in D.Gruenfeld et al. (eds.) *Research on Managing Groups and Teams* (Greenwich, CT: JAI Press, in press, 1998).

3. Smiling the most contagious facial expression, and simplysmiling primes happiness: Robert Levenson and Anna Ruef, "Emotional Knowledge and Rapport," in WilliamIckes (ed.), *Empathic Accuracy* (New York: Guilford Press, 1997).

4. Pathway of emotional transmission: Hatfield et al., 1994op. cit.

5. Emotional adeptness and impact: Howard Friedman et al.,"Understanding and Assessing Non-verbal Expressiveness:The Affective Communication Test," *Journal of NonverbalBehavior* 6 (1981).

6. The rep who would not translate: Cited in Richard H.Rosier (ed.), *The Competency Model Handbook*, vol. 3(Boston: Linkage, 1996).

7. Deloitte & Touche competency model for top-performing management consultants: In Rosier (ed.), *The Competency Model Handbook*, vol. 3.

8. Impact on supervisors, managers, and executives: Richard Boyatzis, *The Competent Manager: A Model for Effective Performance* (New York: John Wiley and Sons, 1982).

9. Quality services: Boyatzis, *The Competent Manager*.

10. The dramatic service call: Lyle M. Spencer Jr. and SigneM. Spencer, *Competence at Work: Models for SuperiorPerformance* (New York: John Wiley and Sons, 1993).

11. The oil executive and the leisurely cup of coffee: cited inRosier (ed.), *The Competency Model Handbook*, vol. 3.

12. Rapport in sales: Spencer and Spencer, *Competence at Work.*

13. Use local leaders: Sander Larkin, reply in *Harvard BusinessReview*, September-October 1996.

14. When strategic decisions are ignored: Paul C. Nuttprofessor of management, Ohio State University, reportedin *Fast Company*, October/November, 1997.

15. Power at the expense of others is a negative: Spencer andSpencer, *Competence at Work.*

16. Jerry Kalov's open phone line: Michelle Conlin, "TheTruth," *Forbes*, February 10, 1997.

17. Poor communications: *Newsweek*, August 12, 1996.

18. Listening and effective communication: John Haas andChrista Arnold, "An Examination of the Role of Listeningin Judgments of Communication Competence in Co-workers," *The Journal of Business Communication*, April 1995.

19. Self-regulation and communication: Walter V. ClarkeAssociates, Pittsburgh, April 1997.

20. The virtues of being an emotional clean slate for socialinteraction: see Ralph Eber et al., "On Being Cool and Collected: Mood Regulation in Anticipation of Social Interaction," *Journal of Personality and Social Psychology*70, (1996).

21. "Away": Goffman cited as the primary example ofsomeone who is away people with mental illness, whodisplay their private moods in public places. Irving Goffman, *Behavior in Public Places* (New York: Free Press, 1963).

22. The universal appreciation of composure: see S. M. Lymanand M. B. Scott, "Coolness in Everyday Life," in S. M.Lyman and M. B. Scott (eds.), *The Sociology of the Absurd* (Pacific Palisades, CA: Goodyear, 1968).

23. Effective communicators are composed: "Activity VectorAnalysis: Some applications to the concepts of emotional intelligence," Walter V. Clarke Associates, Pittsburgh,June 1996.

24. Extroversion not an asset in all settings: Greg L. Stewartand Kenneth P. Carson, "Personality Dimensions and Domains of Service Performance: A Field Investigation,"*Journal of Business and Psychology* 9 (1995).

25. Charlene Barshefsky in negotiation: Elsa Walsh, "TheNegotiator," *The New Yorker*, March 18, 1996.

26. Negotiation as cooperation: Herbert Kelman, "Negotiationas Interactive Problem-solving," *International Negotiation* 1 (1996).

27. Vendor-retailer relations and negotiation style: Shankar Ganesan, "Negotiation Strategies and the Nature of Channel Relationships," *Journal of*

Marketing Research,May 1993.

28. The confrontation in Harlem: Linda Lantieri and Janet Patti, *Waging Peace in Our Schools* (Boston: Beacon Press, 1996).

29. The twin tales of Ronald W. Allen and Gerald Grinstein: Martha Brannigan and Joseph B. White, "Why Delta AirLines Decided It Was Time for CEO to Take Off," *WallStreet Journal*, May 30–31, 1997; Phyllis Berman and Roula Khalaf, "Sweet-talking the Board," *Forbes*, March15, 1993.

30. Lou Gerstner: quoted in Stephen Lohr, "On the Road with Chairman Lou," *New York Times*, June 26, 1994.

31. The power of Ronald Reagan's smile: G. J. McHugo et al.,"Emotional Reactions to a Political Leader's Expressive Displays," *Journal of Personality and Social Psychology* 49 (1985). There was a downside to Reagan's emotiona-lintelligence capabilities, as he displayed a certain lack of self-awareness, if not outright self-deception. At times heseems not to have known the difference between films hehad seen or stories he heard and the actual facts. Reaganonce brought tears to the eyes of Yitzhak Shamir, then prime minister of Israel, with a story about his days withthe U.S. Signal Corps recording the atrocities of the German death camps at the end of World War II. Theproblem: Reagan spent the entire war in Hollywood recruiting for the army's film units. He had, however, seen footage from the liberated camps and, apparently,convinced himself he'd been there. See Michael Korda,"Prompting the President," *The New Yorker*, October 6, 1997.

32. Positive leader, positive group mood: J. M. George and K.Bettenhausen, "Understanding Prosocial Behavior, Sales Performance, and Turnover: A Group Level Analysis in a Service Context," *Journal of Applied Psychology* 75 (1990).

33. Expressiveness: Howard S. Friedman et al.,"Understanding and Assessing Non-verbal Expressiveness:The Affective Communication Test," *Journal of Nonverbal Behavior* 6 (1981).

34. Sincerity and charisma: Patricia Wasielewski, "TheEmotional Basis of Charisma," *Symbolic Interaction* 8 (1985).

35. In my (unweighted) analysis of leadership competence models from organizations around the world, theproportion of emotional intelligence-based competencies listed to cognitive abilities and expertise was about 80 percent. But in many corporate competence models forleadership, 100 percent of the ingredients listed derivefrom emotional intelligence. A weighted analysis, done byHay/McBer, puts the value of emotional competence incontributing to outstanding leadership at just below 90percent. See Appendix 2.

36. Cross-cultural comparison of CEO competencies: LyleSpencer Jr. et al., *Competency Assessment Methods: Historyand State of the Art* (Boston: Hay/ McBer, 1997). CEOsstudied were in Japan, China, the Philippines, Canada, the United States, Mexico, Venezuela, the United Kingdom,Belgium, France, Germany, Spain, and Italy. This recipefor excellence in leadership seems roughly the sameworldwide; differences from region to region are innuances of how the competencies play out in a givenculture.

37. Robert E. Kaplan, *Beyond Ambition: How Driven ManagersCan Lead Better and Live Better* (San Francisco: Jossey-Bass, 1991).

38. Commands in the U.S. Navy: Wallace Bachman, "Nice Guys Finish First: A SYMLOG Analysis of U.S. Naval Commands," in Richard Brian Polley et al. (eds.), *The SYMLOG Practitioner: Applications of Small Group Research* (New York: Praeger, 1988).

39. Navy command emotional style: Polley et al. (eds.), *The SYMLOG Practitioner*.

40. The manager who put his foot down: Spencer and Spencer, *Competence at Work*.

41. Self-control and managers: David C. McClelland and Richard Boyatzis, "The

Leadership Motive Profile and Long-term Success in Management," *Journal of Applied Psychology* 67 (1982).

42. Self-control and organizational goals: Boyatzis, *The Competent Manager*.

43. John Patrick's epiphany at IBM: the tale is told in Eric Ransdell, "IBM's Grassroots Revival," *Fast Company*, October/November 1997.

44. Self-confidence and flourishing in change: Jane Howell and Bruce Avolio, "Transformational Leadership, Transactional Leadership, Locus of Control, and Support for Innovation: Key Predictors of Consolidated-Business-Unit Performance," *Journal of Applied Psychology* 78 (1993).

45. Transformational leadership: M. B. Bass, *Bass and Stodgill's Handbook of Leadership: Theory, Research and Applications*, 3rd ed. (New York: Free Press, 1990).

46. Transformational leadership: see the discussion in BlakeE. Ashforth and Ronald H. Humphreys, "Emotion in the Workplace: An Appraisal," *Human Relations* 48 (1995).

47. Transformational leadership marshals greater efforts: R. J. House et al., "Charismatic and Non-charismatic Leaders: Differences in Behavior and Effectiveness," in J. A. Conger et al. (eds.), *Charismatic Leadership: The Elusive Factor in Organizational Effectiveness* (San Francisco: Jossey-Bass, 1988).

48. Test of transformational leadership at a Canadian financial services company: Howell and Avolio, "Transformational Leadership."

49. Management versus leadership: John Kotter, "What Leaders Really Do," *Harvard Business Review*, May/June 1990.

第九章　团队合作与集体智慧

1. The 1982 meeting: John Markoff, "The Soul of a New Economy," *New York*

Times, December 29, 1997.

2. John Doerr: interviewed by Michael S. Malone, "John Doerr's Startup Manual," *Fast Company*, February/March 1997.

3. The need for cooperation as a force in shaping the brain in evolution was perhaps first proposed by Alison Jolly in "Lemur Social Behaviour and Primate Intelligence," *Science* 153 (1966).

4. The main theorist here is David S. Wilson, "Incorporating Group Selection into the Adaptationist Program: A Case Study Involving Human Decision-making," in J. Simpson and D. Kendrick (eds.), *Evolutionary Social Psychology* (Hillsdale, NJ: Lawrence Erlbaum, 1997). While some

evolutionary psychologists focus on the human ability to deceive others as a source of competitive advantage, they slight the larger benefits accrued to the survival of a group by the more widespread acts of cooperation and mutual help that are essential to the group's very survival.

5. The evolutionary advantage of cooperation in human evolution can be glimpsed among chimpanzee bands; Jane Goodall reports those females who have particularly strong cooperative alliances with other females have a higher rate of infant survival, faster maturing daughters, and produce offspring most rapidly. Anne Pusey, Jennifer Williams, and Jane Goodall, "The Influence of Dominance Rank on Reproductive Success of Female Chimpanzees," *Science*, August 8, 1997.

6. Cooperation and a radar for selfishness: described in Bruce Bower, "Return of the Group," *Science News*, November 18, 1995.

7. The human brain evolved to handle the challenge of group life: The main proponent of this theory is Denise Cummins, an evolutionary psychologist, and author of *Human Reasoning: An Evolutionary Perspective* (Cambridge, MA: Bradford/MIT Press, 1997).

8. Neocortex is larger the bigger the group: T. Sawaguchi and H. Kudo,

"Neocortical Development and Social Structures in Primates," *Primates* 31 (1990).

9. Social pressures drove brain evolution: see Cummins, *Human Reasoning*.

10. What percent of knowledge is stored in your own mind?: Robert E. Kelley, *How to Be a Star at Work* (New York: Times Books, 1998).

11. Intellect not in my skin: Howard Gardner, *Frames of Mind* (New York: Basic Books, 1993).

12. Groups outscore individuals: G. W. Hill, "Group Versus Individual Performance: Are N+1 Heads Better Than One?" *Psychological Bulletin* 91 (1982).

13. Collective memory in teams: Roger Dixon, *Interactive Minds* (New York: Cambridge University Press, 1996).

14. Simulated management teams: R. Meredith Belbin, *Management Teams: Why They Succeed or Fail* (London: Halstead Press, 1982); R. Meredith Belbin, *Team Roles at Work* (London: Butterworth-Heinemann, 1996).

15. The concept of group IQ was first developed in Wendy M. Williams and Robert J. Sternberg, "Group Intelligence: Why Some Groups Are Better Than Others," *Intelligence* 12 (1988). They define group intelligence as "the functional intelligence of a group of people working as a unit."

16. The classic study: Williams and Sternberg, "Group Intelligence."

17. Critical elements for effectiveness: Michael A. Campion et al., "Relations Between Work Team Characteristics and Effectiveness: A Replication and Extension," *Personnel Psychology* 49 (1996).

18. Jeffrey Katzenberg, as observed by Nathan Myhrvold of Microsoft, and described in Ken Auletta, "The Microsoft Provocateur," *The New Yorker*, May 1997.

19. Knowledge workers and networks: Kelley, *How to Be a Star at Work*.

20. Time saved through good networks: Kelley, *How to Be a Star at Work*.

21. The power of the alliance between high-tech start-ups and venture

capitalists: "Venture Capitalists," *The Economist*, January 25, 1997.

22. People on whom performance depends: quoted in John Kotter, *Power in Management* (New York: AMACOM, 1979).

23. Superior managers effective at building bonds: Richard Boyatzis, *The Competent Manager: A Model for Effective Performance* (New York: John Wiley and Sons, 1982); Robert E. Kaplan, *Beyond Ambition: How Driven Managers Can Lead Better and Live Better* (San Francisco: Jossey-Bass, 1991).

24. Carefully chosen favors: Kelley, *How to Be a Star at Work.*

25. Marks and Spencer and other retailers are forging bonds of trust with suppliers: Nirmalya Kumar, "The Power of Trust in Manufacturer-Retailer Relationships," *Harvard Business Review*, November/December 1996.

26. Kraft Foods: Ken Partch, "Partnering: A Win-Win Proposition … or the Latest Hula Hoop in Marketing?" *Supermarket Business*, May 1991.

27. Kumar, "The Power of Trust."

28. The working relationship as a "couple": James Krantz, "The Managerial Couple: Superior-Subordinate Relationships as a Unit of Analysis," *Human Resource Management*, Summer 1989.

29. Projective identification: The best work on this insidious process is the classic by Thomas Ogden, *Projective Identification and Psychotherapeutic Technique* (New York: Jason Aronson, 1991).

30. Owens Corning and SAP: "Owens Corning: Back from the Dead," *Fortune*, May 26, 1997.

31. Self-managed work teams: cited in Lawler et al., *Employee Involvement and Total Quality Management: Practices and Results in Fortune 1,000 Companies* (San Francisco: Jossey-Bass, 1992).

32. Advantages of self-managed work teams: Richard

Moreland et al., "Training People to Work in Groups," in R. S. Tinsdale (ed.),

Applications of Theory and Research on Groups to Social Issues (New York: Plenum, 1997).

33. The value of a top team in a polyester fiber plant was 31 million pounds per year, while average teams produced 24 million pounds per year. The value of the fiber from average teams was $33.6 million, that from superior teams $43.4 million. The total salary for a team was just $270,000. Source: Lyle Spencer Jr., presentation at International Family Business Programs Association, Northampton, MA, July 1997.

34. Team achievement profile: Lyle Spencer Jr. et al., *Competency Assessment Methods: History and State of the Art* (Boston: Hay/McBer, 1997).

35. Jean Brittain Leslie and Ellen Van Velsor, "A Look at Derailment Today: North America and Europe," Center for Creative Leadership, Greensboro, NC, 1996.

36. Team leadership most frequent competence in managers: Lyle M. Spencer Jr. and Signe M. Spencer, *Competence at Work: Models for Superior Performance* (New York: John Wiley and Sons, 1993).

37. The team studies were presented by Lyle Spencer Jr. and Charles Morrow at the International Conference on Competency-based Tools and Applications to Drive Organizational Performance, London, October 1997.

38. There were different ways teams could translate their competencies into team effectiveness; not every star team excelled in every one. One winning combination, for example, combined the drive to improve with a strong interpersonal focus, ensuring the team was cohesive and harmonious in working together. Another way to excel combined the drive to improve with an external outlook, emphasizing serving the needs of and building bonds with other parts of the company.

39. Strategic decision making in management teams: Allen C. Amason,

"Distinguishing the Effects of Functional and Dysfunctional Conflict in Strategic Decision Making: Resolving a Paradox for Top Management Teams," *Academy of Management Journal* 39 (1996).

40. The Data General engineering team: Tracy Kidder, *The Soul of a New Machine* (Boston: Little, Brown, 1981).

41. The analysis of the Data General team: Lee Bolman and Terrence E. Deal, "What Makes a Team Work?" *Organizational Dynamics*, vol. 23, 1992.

42. The pharmaceutical R&D teams: Richard E. Boyatzis et al., "Entrepreneurial Innovation in Pharmaceutical Research and Development," *Human Resource Planning* 15 (1990).

43. The de facto leader: See Wilson, "Incorporating Group Selection."

44. Team leaders need to hold back: see, for example, L. E. Anderson and W. K. Balzer, "The Effects of Timing of Leaders' Opinions on Problem-solving Groups: A Field Experiment," *Group and Organizational Studies* 16 (1991).

45. Self-managing work teams: Susan G. Cohen et al., "A Predictive Model of Self-managing Work Team Effectiveness," *Human Relations* 49 (1996).

46. A meta-analysis of studies with hundreds of self-managing teams found that those without supervisors performed better than those that had supervisors: R. I. Beekun, "Assessing the Effectiveness of Sociotechnical Interventions: Antidote or Fad?" *Human Relations* 47 (1989).

47. The disastrous cross-functional meeting: Daniel R. Denison et al., "From Chimneys to Cross-functional Teams: Developing and Validating a Diagnostic Model," *Academy of Management Journal* 39 (1996).

48. The signs of group flow are seen in what Warren Bennis calls "Great Groups" in his landmark study of a half dozen remarkable teams. These groups display the hallmarks of people in a collective state of flow. That figures; flow is the state exhibited by people who are outdoing themselves, and so emerges

with truly outstanding groups. Warren Bennis and Patricia Ward Biederman, *Organizing Genius: The Secrets of Creative Collaboration* (Reading, MA: Addison-Wesley, 1997).

49. Feynman quoted in Bennis and Biederman.

50. "I work to win.": Kidder, *The Soul of a New Machine.*

第十章　为什么情商培训如此低效：最佳指导原则

1. The case study of emotional competence at American Express was made available to me by Kate Cannon, director of leadership development at American Express Financial Advisors.

2. Brain changes at Promega were measured by the state-ofthe-art method, a functional MRI before and after training. Those who went through the training were compared to a randomized control group of peers who had not yet had the training. The data was collected by Richard Davidson, director of the Laboratory for Affective Neuroscience at the University of Wisconsin. The mindfulness training was given by Jon Kabat-Zinn, director of the Stress and Relaxation Program at the University of Massachusetts Medical School in Worcester.

3. Training in empathy: see, for example, H. J. Smith et al., "Just a Hunch: Accuracy and Awareness in Person Perception," *Journal of Nonverbal Behavior* 15 (1991). While women on average do better than men on some tests of empathy, what gender differences exist can be erased by training men to be as accurate in reading emotions as women; see William Ickes (ed.), *Empathic Accuracy* (New York: Guilford Press, 1997).

4. Empathy training carryover: William Ickes et al., "Studying empathic accuracy in a clinically relevant context," in Ickes (ed.), *Empathic Accuracy.*

5. Adults are better at emotional intelligence than adolescents: John D. Mayer, David R. Caruso, and Peter Salovey, "Emotional Intelligence Meets Traditional Standards for an Intelligence," unpublished manuscript, 1997.

6. Emotional intelligence increases with age: Reuven Bar-On, *Bar-On Emotional Quotient Inventory: Technical Manual* (Toronto: Multi-Health Systems, 1997).

7. Most improvement in those over twenty-five: Ronald Ballou et al., "Fellowship in Lifelong Learning: An Executive Development Program for Advanced Professionals," unpublished manuscript, Weatherhead School of Management, 1997.

8. The case of Henry and Lai: Kelley, *How to Be a Star at Work* (Times Books, 1998).

9. Little correlation between knowledge of competence and on-the-job behavior: Bruce Tracey et al., "Applying Trained Skills on the Job: The Importance of the Work Environment," *Journal of Applied Psychology* 80 (1995). A more general review of correlations between what people learn in training programs and what they actually take back with them to daily life found that more than half of reported correlations between learning and behavior were disappointingly low—that is, it is common for people not to execute what they have learned. See G. M. Alliger and E. A. Janak, "Kirkpatrick's Levels of Training Criteria: Thirty Years Later," *Personnel Psychology* 42 (1989).

10. Consider all training the same: Scott I. Tannenbaum and Gary Yukl, "Training and Development in Work Organizations," *Annual Review of Psychology* 43 (1992).

11. Habits strengthen neural pathways: Gerald Edelman, *Neural Darwinism: The Theory of Neuronal Group Selection* (New York: Basic Books, 1987).

12. Learning principles based on trivial experiments: Tannenbaum and Yukl, "Training and Development."

13. The enlightened CEO's demand: Charley C. Morrow et al., "An Investigation of the Effect and Economic Utility of Corporate-wide Training," *Personnel Psychology* 50 (1997).

14. The gloomy estimate of transfer of skills to the job in corporate trainings: Timothy T. Baldwin and J. Kevin Ford, "Transfer of Training," *Personnel Psychology*, 41 (1988).

15. Two thirds of companies did not evaluate the impact of emotional competence training: Benchmarking Forum member-to-member survey results, American Society for Training and Development, Alexandria, Virginia, October 1997.

16. The ASTD survey: Laurie J. Bassi et al., "The Top Ten Trends," *Training*, November 1996.

17. The state-of-the-art training evaluation: see Morrow et al., "An Investigation of the Effect."

18. Two programs for managers were on cognitive or technical topics, not emotional competence.

19. While the pharmaceutical company evaluation cost was a trivial part of the total training budget, it did not evaluate all the trainings given there. However, as a pilot effort it established methods for ongoing evaluation that presumably could be adopted as a routine practice at a much lower cost.

20. The main effect of corporate training seminars is to increase self-confidence: Richard Boyatzis, "Consequences and Rejuvenation of Competency-based Human Resource and Organization Development," *Research in Organizational Change and Development* 9, 1993.

21. The current review of training and development: Robert Dipboye,

"Organizational Barriers to Implementing a Rational Model of Training," in M. A. Quinones and A. Ehrenstein (eds.), *Training for a Rapidly Changing Workforce: Applications of Psychological Research* (Washington, DC: American Psychological Association, 1996).

22. Survey of Fortune 500 companies: William H. Clegg, "Management Training Evaluation: An Update," *Training and Development Journal*, February 1987.

23. The Consortium for Research on Emotional Intelligence in Organizations can be reached through my cochair, Dr. Cary Cherniss, in the Graduate School of Applied and Professional Psychology, Rutgers University, Piscataway, New Jersey 08855–0819.

24. The final report from the Consortium can be obtained from Dr. Cary Cherniss (see note 23), or the website:Http://www.EIConsortium.org

25. The Weatherhead initiative and details of the Managerial Assessment and Development course are detailed in Richard Boyatzis et al., *Innovation in Professional Education: Steps on a Journey from Teaching to Learning* (San Francisco: Jossey-Bass, 1995).

26. The competencies include self-confidence, initiative, flexibility, self-control, empathy, persuasiveness, networking, negotiating, team leadership, and developing others, among others. Analytic and technical skills are also included.

27. Assessments: Boyatzis et al., *Innovation in Professional Education*.

28. Three-year follow-up: Ronald Ballou et al., "Fellowship in Lifelong Learning"; Richard Boyatzis and Robert Wright, "Competency Development in Graduate Education: A Longitudinal Perspective," presented at First World Conference on Self-Directed Learning, Boston, September 1997.

29. Details of the JOBS program: J. Curran, *A Manual for Teaching People Successful Job Search Strategies* (Ann Arbor: Michigan Prevention Research

Center, Institute for Social Research, University of Michigan, 1992).

30. The toll of the job search: Richard H. Price, "Psychosocial Impact of Job Loss on Individuals and Families," *Current Directions in Psychological Science* 1 (1992).

31. JOBS program: Robert Caplan, A. D. Vinokur, and Robert Price, "Field Experiments in Prevention-focused Coping," in George Albee and Thomas Gullotta (eds.), *Primary Prevention Works* (Thousand Oaks, CA: Sage, 1997).

第十一章　如何真正提高你的情商：最佳实践方法

1. Strategic planning is a purely cognitive task: see, for example, Chris Argyris and S. A. Schon, *Theory in Practice: Increasing Professional Effectiveness* (San Francisco: Jossey-Bass, 1974).

2. Strategic planners need competence beyond intellect: David C. McClelland, "Assessing Competencies Associated with Executive Success Through Behavioral Interviews," unpublished manuscript, 1996.

3. State-of-the-art methodology: the methods are detailed in several sources, e.g., Lyle M. Spencer Jr. and Signe M. Spencer, *Competence at Work: Models for Superior Performance* (New York: John Wiley and Sons, 1993).

4. Assessing competence models: see, for example, Spencer and Spencer, *Competence at Work;* David Dubois, *Competency-Based Performance Improvement: A Strategy for Organizational Change* (Amherst, MA: HRD Press, 1993).

5. Flight attendant competence study: Spencer and Spencer, *Competence at Work.*

6. Empathic accuracy for people very different from ourselves, like any other emotional competence, can be learned. We included training in reading feelings from faces of people from cultures that flight attendants were unfamiliar with. We

also adapted the way empathy was approached to fit the cross-cultural realities of the job. The result: six months later, the attendants at a large overseas hub who had had the worst record of passenger complaints now had none.

7. People are poor evaluators of their own level of empathy: Mark Davis and Linda Kraus, "Personality and Accurate Empathy," in William Ickes (ed.), *Empathic Accuracy* (New York: Guilford Press, 1997).

8. One measure of the full spectrum of emotional intelligence capabilities I've co-developed is the Emotional Competence Inventory—360 (ECI-360), available from Emotional Intelligence Services, Sudbury, MA, 01776, email: EISGlobal@AOL.com.

9. The Southwest health plan: in Mark R. Edwards and Ann J. Ewen, *360° Feedback* (New York, AMACOM, 1996).

10. Using 360-degree feedback as an emotional bludgeon: see, for example, "Performance Review Input by Peers Catches on at More Firms," *Los Angeles Times*, April 17, 1997.

11. The 20 percent rule is based on data from a wide range of behavior change programs, but its conclusion seems apt for development and training in organizations. See James O. Prochaska et al., *Changing for Good* (New York: Avon, 1994).

12. Questions to gauge readiness: In Prochaska et al., *Changing for Good.*

13. Motivation: Miguel Quinones, "Contextual Influences on Training Effectiveness," in M. A. Quinones and A. Ehrenstein (eds.), *Training for a Rapidly Changing Workforce: Applications of Psychological Research* (Washington, DC: American Psychological Association, 1996).

14. Windows of opportunity: Ellen Van Velsor and Christopher Musselwhite, "The Timing of Training, Learning, and Transfer," *Training and Development Journal*, August 1986.

15. Motivation and effectiveness of training: see, for example, Miguel Quinones, "Pretraining Context Effects: Training Assignment as Feedback," *Journal of Applied Psychology* 80 (1995).

16. Adapting training to the individual: see, for example, Scott I. Tannenbaum and Gary Yukl, "Training and Development in Work Organizations," *Annual Review of Psychology* 43 (1992).

17. Boyatzis: Richard Boyatzis et al., *Innovation in Professional Education: Steps on a Journey from Teaching to Learning* (San Francisco: Jossey-Bass, 1995).

18. Break large goals into smaller goals: C. R. Snyder, *The Psychology of Hope* (New York: Free Press, 1993).

19. Keep hopes high: Snyder, *The Psychology of Hope*.

20. Possible selves: Hazel Markus and Peter Nurius, "Possible Selves," *American Psychologist* 41 (1989).

21. The basic principles of relapse prevention are in Alan Marlatt and Judith Gordon (eds.), *Relapse Prevention* (New York: Guilford Press, 1985). The adaptation for organizational training and development is described in Robert D. Marx, "Relapse Prevention for Managerial Training: A Model for Maintenance of Behavior Change," *Academy of Management Review* 7 (1982) and Robert D. Marx, "Improving Management Development Through Relapse Prevention Strategies," *Journal of Management Development* 5 (1993).

22. Positive feedback enhances self-confidence and transfer of skills to job: Quinones, "Contextual Influences on Training Effectiveness."

23. Practice better when extended through time: F. N. Dempster, "The Spacing Effect: A Case Study in the Failure to Apply the Results of Psychological Research," *American Psychologist* 43 (1990).

24. Power of practice: Lyle Spencer and Charley Morrow did the analysis of data, reported in Lyle Spencer, "Competency Assessment Methods: what works;

assessment development and measurement" (Hay/McBer, 1997).

25. Overlearning: See, for example, Timothy T. Baldwin and J. Kevin Ford, "Transfer of Training," *Personnel Psychology* 41 (1988).

26. Much of the research on the benefits of longer periods of effort in behavior change has been done by Kenneth Howard, a psychologist at Northwestern University. See, for example, Kenneth Howard et al., "The Dose-Effect Relationship in Psychotherapy," *American Psychologist* 41 (1986); Kenneth Howard et al., "Evaluation of Psychotherapy," *American Psychologist* 51 (1996).

27. Kathy E. Kram, "A Relational Approach to Career Development," in Douglas T. Hall and Associates, *The Career Is Dead—Long Live the Career* (San Francisco: Jossey-Bass, 1996).

28. Judith Jordan et al. (eds.), *Women's Growth in Connections* (New York: Guilford Press, 1991). As the title suggests, the relational mode of mutual learning comes more readily to women than men (at least in the United States).

29. Buddy systems: see, for example, R. K. Fleming and B. Sulzer-Azaroff, "Peer Management: Effects on Staff Teaching Performance," presented at the Fifteenth Annual Convention of the Association for Behavioral Analysis, Nashville, Tennessee, 1990. Cited in Tannenbaum and Yukl, "Training and Development."

30. Models: there is a rich documentation of the power of positive models in behavior change, dating from Albert Bandura's pioneering work. See, for example, Albert Bandura, "Psychotherapy Based on Modeling Principles" in A. E. Bergin and S. L. Garfield (eds.), *Handbook of Psychotherapy and Behavior Change: An Empirical Analysis* (New York: John Wiley and Sons, 1971).

31. Imitation focuses on high-status people: see, for example, H. M. Weiss, "Subordinate Imitation of Supervisor Behavior: The Role of Modeling in Organizational Socialization," *Organizational Behavior and Human Performance* 19 (1977).

32. Taking on bad habits of the high-status person: Charles C. Manz and Henry P. Sims, "Beyond Imitation: Complex Behavioral and Affective Linkages Resulting from Exposure to Leadership Training Models," *Journal of Applied Psychology* 71 (1986).

33. The callous and compassionate aides: cited in Cary Cherniss, *Beyond Burnout* (New York: Routledge, 1995).

34. Psychological safety: David Kolb and Richard Boyatzis, "Goal Setting and Self-directed Behavior Change," *Human Relations* 23, 1970.

35. Supportive climate determines transfer: see, for example, Van Velsor and Musselwhite, "The Timing of Training."

36. Banker's Trust New York: reported in *Business Week*, October 20, 1997.

37. Survey of training evaluation in Fortune 500 companies: William H. Clegg, "Management Training Evaluation: An Update," *Training and Development Journal*, February 1987.

38. Liking does not imply learning: Tannenbaum and Yukl, "Training and Development."

39. The Weatherhead follow-up is under the direction of Richard Boyatzis.

第十二章　如何打造高情商团队

1. Analysis of organizational assessment surveys: Mary York, U.S. Office of Personnel Management, unpublished report, November 1997. Among the assessment instruments and models for high-performing organizations included in this analysis: S. M. Arad and M. A. Hanson, "High Performance Workplaces: A Construct Definition." Presented at the Twelfth Annual Conference of the Society for Industrial and Organization Psychology, St. Louis, MO; David Campbell, *The Campbell Organizational Survey: For Surveying Employee Attitudes about*

Organizational Issues. National Computer Systems, 1988; James Collins and J. I. Porras, *Built to Last: Successful Habits for Visionary Companies*. (New York: HarperCollins Publishers, 1994); D. R. Denison, *Organizational Dynamics: Bring Corporate Culture to the Bottom Line*. (New York: American Management Association, 1984); D. R. Denison and A. K. Mishra, "Toward a Theory of Organizational Culture and Effectiveness," Organization Science, vol. 6 (2), 1995; D. R. Denison and W. S. Neale, *DENISON: Organizational Culture Survey, Linking Organizational Culture to the Bottom Line*. AVAIT, 1994; Jac Fitz-enz, *The 8 Practices of Exceptional Companies: How Great Organizations Make the Most of Their Human Assets*, (New York: American Management Association, 1997). D. J. Kravetz, *The Human Resource Revolution: Implementing Progressive Management Practices for Bottom-Line Success*. (San Francisco: Jossey-Bass Publishers, 1988); United States Office of Personnel Management, *Building a Model Agency: Changing OPM's Culture to Support Workplace Partnership and Diversity Initiatives, Organizational Assessment Survey*, (Washington, DC: US Office of Personnel Management, 1995).

2. Gaps: in the preliminary analysis, only one—or, more often, none—of the lists of key dimensions for organizational effectiveness matched on emotional competence at the collective level.

3. See Chris Argyris, "Interpersonal Barriers to Decision Making," *Harvard Business Review*, March/April 1966.

4. Volvo and the workers' vacations: Carl F. Frost, *Changing Forever: The Well-Kept Secret of America's Leading Companies* (East Lansing: Michigan State University Press, 1996).

5. Bearing bad news: William Jennings, "A Corporate Conscience Must Start at the Top," *New York Times*, December 29, 1996.

6. Jennings, "A Corporate Conscience."

7. The CEO and burnout: Christina Maslach and Michael P. Leiter, *The Truth About Burnout: How Organizations Cause Personal Stress and What to Do About It* (San Francisco: Jossey-Bass, 1998).

8. Nurse burnout and patient satisfaction: Michael P. Leiter et al., "The Correspondence of Nurse Burnout and Patient Satisfaction," *Social Science and Medicine*, in press, 1998.

9. Stress and malpractice: John W. Jones et al., "Stress and Medical Malpractice: Organizational Risk Assessment and Intervention," *Journal of Applied Psychology* 73 (1988).

10. The study of organizational factors in burnout: Michael P. Leiter and L. Robichaud, "Relationships of Occupational Hazards with Burnout: An Assessment of Measures and Models," *Journal of Occupational Health Psychology* 2 (1997); Maslach and Leiter, *The Truth About Burnout.*

11. Net result: Maslach and Leiter, *The Truth About Burnout.*

12. Peter Senge et al., *The Fifth Discipline Fieldbook: Strategies and Tools for Building a Learning Organization* (New York: Doubleday Currency, 1994).

13. Much of my account of the emotional turmoil faced in the 1995 Lincoln Continental launch, and how these problems were solved, comes from the documentation by George Roth and Art Kliener in "The Learning Initiative at the AutoCo Epsilon Program, 1991–1994," distributed by the Center for Organizational Learning at MIT, 1995. While the document describes how the principles of the learning organization were implemented, it also inevitably describes the emotional and social dynamics at work, since the two streams are intimately intertwined in life.

14. For more on the method, see Chris Argyris, *Overcoming Organizational Defenses* (New York: Prentice-Hall, 1990).

15. For more on the two-column method, see Peter Senge et al., *The Fifth*

Discipline Fieldbook. While the two-column method is always explained as bringing to the surface hidden thoughts and feelings, in practice the emotions that accompany hidden thoughts seem often to be ignored, though in theory they are as important as the thoughts.

16. Zeniuk, in a presentation with Fred Simon to the Council for Continuous Improvement, "Learning to Learn: A New Look at Product Development," 1996.

第十三章　工作业绩与情商

1. The meeting at GE is described in L. B. Ward, "In the Executive Alphabet You Call Them C.L.O.'s," *New York Times*, February 4, 1996.

2. The seminal article on organizational intelligence: Mary Ann Glynn, "Innovative Genius: A Framework for Relating Individual and Organizational Intelligences to Innovation," *Academy of Management Review* 21 (1996). Glynn offers this somewhat cumbersome definition: "Organizational intelligence is an organization's capability to process, interpret, encode, manipulate, and access information in a purposeful, goal-directed manner, so it can increase its adaptive potential in the environment in which it operates."

3. This definition of intelligence is a variant of that offered by Howard Gardner in his groundbreaking book *Frames of Mind* (New York: Basic Books, 1993).

4. The tech reps' rap sessions: John Seely Brown and Estee Solomon Gray, "The People Are the Company," *Fast Company*, November 1995.

5. Top 25 percent of companies: Jac Fitz-Enz, "The Truth About Best Practices: What They Are and How to Apply Them," *Human Resources Management*, Spring 1997.

6. Practices: Jac Fitz-Enz, *The Eight Practices of Exceptional Companies* (New York: American Management Association, 1997).

7. Of course, the collective emotional intelligence is but one set among the innumerable complex forces at play in determining business performance.

8. Egon Zehnder International: in addition to helpful sources at the firm, I have used the Harvard Business School case study done of the firm, "Egon Zehnder International," by Eunice Lai and Susan Harmeling under the direction of Professor Michael Y. Yoshino, Harvard Business School (N9–395–076), November 2, 1994.

9. Egon Zehnder International data: Nancy Garrison-Jenn, Economist Intelligence Unit, 1996.

后　记

1. Death rate of Fortune 500 companies: of those companies listed in 1955, 325 had disappeared by 1995. See Charles J. Bishop, 1995 annual report of the Industrial Research Institute, cited in Philip H. Abelson, "The Changing Frontiers of Science and Technology," *Science*, July 26, 1996.

2. The survey of American knowledge workers: this study was done by Michael Hair of Frank N. Magid Associates, Los Angeles, and reported in Dudley Buffa and Michael Hair, "How knowledge workers vote," *Fast Company*, October/November 1996.

附录 1　情商

1. Multiple intelligence model: see Howard Gardner, *Frames of Mind* (New York: Basic Books, 1983). In addition to the standard cognitive abilities like mathematical reasoning and verbal fluency (as well as intelligences in domains like movement and music), Gardner proposed that there are "personal

intelligences": one for managing oneself and another for handling relationships. But in Gardner's descriptions of the personal intelligences, he emphasized the cognitive elements of these personal intelligences, little exploring the crucial role of emotions in these realms.

2. Peter Salovey and John D. Mayer, "Emotional Intelligence," *Imagination, Cognition, and Personality* 9 (1990).

3. Reuven Bar-On's theory of emotional intelligence first appeared in his doctoral dissertation, which with further research was summarized in Reuven Bar-On, "The Development of a Concept and Test of Psychological Wellbeing," unpublished manuscript, 1992. In essence, his model describes emotional intelligence as "an array of personal, emotional and social abilities that influence one's ability to succeed in coping with environmental demands and pressures." The fifteen key abilities fall into five general clusters: intrapersonal capacities (the ability to be aware of one's self, to understand one's emotions, and to assert one's feelings and ideas); interpersonal skills (the ability to be aware of and understand others' feelings, to be concerned about people in general, and to establish emotionally close relationships); adaptability (the ability to verify one's feelings, to accurately size up the immediate situation, to flexibly change one's feelings and thoughts, and to solve problems); stress management strategies (the ability to cope with stress and to control strong emotions); and motivational and general mood factors (the ability to be optimistic, to enjoy oneself and others, and to feel and express happiness).

附录 2　评估优秀员工的能力

1. The classic study of competence among supervisors, managers, and executives: Richard E. Boyatzis, *The Competent Manager: A Model for Effective*

Performance (New York: John Wiley and Sons, 1982).

2. Top leaders need more conceptual thinking: see, for example, Elliott Jacques, *Requisite Organization* (Arlington, VA: Cason Hall, 1989).

附录 3　性别与同理心

1. Scientific studies of sex differences in empathy: see, for example, Tiffany Graham and William Ickes, "When Women's Intuition Isn't Greater than Men's," in William Ickes (ed.), *Empathic Accuracy* (New York: Guilford Press, 1997).

2. Women match emotions better than men: Graham and Ickes, "When Women's Intuition Isn't Greater than Men's."

3. Women better than men at decoding emotion: see Judith Hall, *Nonverbal Sex Difference* (Baltimore: Johns Hopkins University Press, 1984).

4. Men did as well as women in empathic accuracy: Graham and Ickes, "When Women's Intuition Isn't Greater than Men's."

5. Women become more empathic when motivated to be so: Graham and Ickes, "When Women's Intuition Isn't Greater than Men's."

6. Empathy as a sign of nurturance—or weakness: Graham and Ickes, "When Women's Intuition Isn't Greater than Men's."

7. Ickes, quoted in *Science News*, March 23, 1996.

附录 4　利用多元化优势

1. The remedial program for threatening stereotypes: Claude M. Steele, "A Threat in the Air: How Stereotypes Shape Intellectual Identity and Performance," *American Psychologist*, June 1997.

附录 5　培训中的其他因素

1. Rules of thumb: adapted from Lyle Spencer Jr. et al., *Competency Assessment Methods: History and State of the Art* (Boston: Hay/McBer, 1997).

2. Simulations: Scott I. Tannenbaum and Gary Yukl, "Training and Development in Work Organizations," *Annual Review of Psychology* 43 (1992).

3. High-tech should not replace basic guidelines for training: Miguel Quinones, "Contextual Influences on Training Effectiveness," in M. A. Quinones and A. Ehrenstein (eds.), *Training for a Rapidly Changing Workforce: Applications of Psychological Research* (Washington, DC: American Psychological Association, 1996).

《情商》

套装·全6册

全 新 升 级 版

EMOTIONAL INTELLIGENCE

千万级畅销书，“情商之父”**丹尼尔·戈尔曼**

巅峰巨献！

情商：为什么情商比智商更重要

Why It Can Matter More Than IQ

[美] 丹尼尔 · 戈尔曼 著

ISBN：978-7-5086-8376-8
定 价：69.00 元

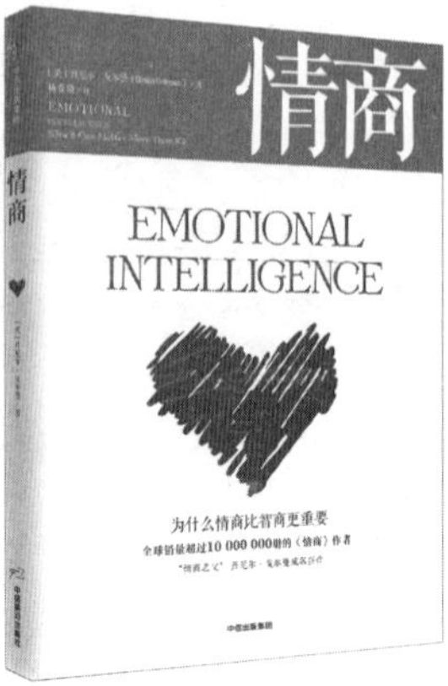

ISBN 978-7-5086-8376-8

全球销量超过 10 000 000 册的《情商》作者
“情商之父”丹尼尔 · 戈尔曼成名巨作

情商 2：影响你一生的社交商

Social Intelligence:
The New Science of Human Relationships

[美] 丹尼尔 · 戈尔曼 著

ISBN：978-7-5086-8377-5
定 价：75.00 元

ISBN 978-7-5086-8377-5

社交商是一种基本生存能力，决定你的心智表现，决定你一生的走向与成就

情商 3：影响你一生的工作情商

Working With Emotional Intelligence

[美] 丹尼尔 · 戈尔曼 著

ISBN：978-7-5086-8379-9
定 价：69.00 元

职场成功的秘诀不仅仅是知识和技能，更重要的是你的工作情商

情商 4：决定你人生高度的领导情商

Primal Leadership:
Learning to Lead with Emotional Intelligence

[美] 丹尼尔 · 戈尔曼 著

ISBN：978-7-5086-8382-9
定 价：59.00 元

打造高活力工作团队，深刻影响你的职业生涯，决定你的人生高度

情商 5：影响人类未来的生态商

Ecological Intelligence:
How Knowing the Hidden Impacts of What We Buy Can Change Everything

[美] 丹尼尔 · 戈尔曼 著

ISBN：978-7-5086-8378-2
定 价：59.00 元

ISBN 978-7-5086-8378-2

智商关乎一个人，情商关乎一群人，生态商关乎全人类
《时代周刊》评为“正在改变世界的十大观念”之一

情商（实践版）：新发现——从“情商更重要”到如何提高情商

The Brain and Emotional Intelligence:
New Insights

[美] 丹尼尔 · 戈尔曼 著

ISBN：978-7-5086-8380-5
定 价：49.00 元

ISBN 978-7-5086-8380-5

全球销量超过 10 000 000 册的《情商》作者
“情商之父”丹尼尔 · 戈尔曼最新研究成果